全国高等农林院校十二五规划教材

家畜解剖生理学

李敬双　张玉科　主编

中国农业科学技术出版社

图书在版编目（CIP）数据

家畜解剖生理学/李敬双，张玉科主编. —北京：中国农业科学技术出版社，2011.5
ISBN 978-7-5116-0486-6

Ⅰ.①家… Ⅱ.①李…②张… Ⅲ.①家畜—动物解剖学：生理学—高等学校—教材 Ⅳ.①S852.1

中国版本图书馆CIP数据核字（2011）第101687号

责任编辑　闫庆健
责任校对　贾晓红

出 版 者	中国农业科学技术出版社
	北京市中关村南大街12号　邮编：100081
电　　话	（010）82106632（编辑室）　（010）82109704（发行部）
	（010）82109709（读者服务部）
传　　真	（010）82106632
网　　址	http://www.castp.cn
经 销 者	各地新华书店
印 刷 者	北京建宏印刷有限公司
开　　本	787mm×1092mm　1/16
印　　张	15.25
字　　数	348千字
版　　次	2011年5月第1版　2018年7月第2次印刷
定　　价	35.00元

版权所有·翻印必究

编写人员

主　编　李敬双　张玉科

副主编　隋　慧　刘国权　王立辛

编　者　李敬双　张玉科　隋　慧　刘国权　王立辛
　　　　李　明　张　玲　肖银霞　韩喜彬　莲　花

主　审　于　洋

前 言

家畜解剖生理学是畜牧兽医专业的一门专业基础课程，学习和掌握本课程的理论知识和实践技能，将为以后专业基础课和专业课的学习打下坚实的基础，从而为生产服务。

家畜解剖生理学包括家畜解剖学、家畜组织胚胎学和家畜生理学三部分，从已出版的教材看，有适用于动物医学专业和动物科学专业本科的家畜解剖学、家畜组织胚胎学和家畜生理学教材，而适用于畜牧兽医专业本科的家畜解剖生理学教材很少，为了满足畜牧兽医专业本科教学的需要，特编写此教材。

教材内容的选择以培养应用型人才为目标，理论以必需和够用为度的原则，注重突出实践性，力求做到删繁就简，推陈出新，主线清晰，深入浅出，理论联系实际。宗旨是为畜牧兽医本科专业的学生学习后续课程奠定基础，为他们专业的继续拓展提供重要资料。全书共两篇二十四章，第一篇共13章，重点介绍牛体的形态结构，采用比较的方法阐述猪、马、犬和家禽的解剖学特征。第二篇共11章，重点阐述家畜的生命活动现象和各器官的生理功能，比较家禽的生理特点。

教材的呈现方式符合学生学习的心理特点和规律，注重用生动形象的方法激发学生的学习兴趣。编写形式多样、版面活泼，文字通俗流畅，图文并茂。图标直接用汉字，非常醒目；内容编写简单插入举例和联系实际，增强学生的重视；增加列表，示意图，增加拍摄图，直观易懂；每章开篇有知识目标，结尾有复习思考题，便于学生学习。

本教材由长期从事家畜解剖学、家畜组织胚胎学和家畜生理学教学工作，并具有丰富教学和实践经验的教师编写。编写人员有辽宁医学院李敬双（第三、第五、第十三章）、张玉科（第六、第九章）、隋慧（第一、第四章）、刘国权（第二章）、王立辛（绪论、第四、第十七章）、李明（第七、第八章）、张玲（第十、第十四、第十五章）、肖银霞（第十一、第十二、第二十二章）和韩喜彬（第十八、第十九、第二十章），黑龙江省商业职工大学莲花（第十六、第二十一、第二十三、第二十四章），最后由主编统稿。

本教材由辽宁医学院于洋教授主审，并在审定过程中提出了很宝贵的意见，在此表示衷心的感谢！教材中部分插图是引用教材后所附参考文献的插图或进行修改，在此对原书作者和出版者致以诚挚的谢意！

由于编写内容有取舍、有详略，不周之处在所难免，希望广大读者提出宝贵意见，以便进行修改。

李敬双

2011年5月

目 录

第一篇 家畜解剖学

第一章 机体的基本结构 3
 第一节 细 胞 3
 第二节 组 织 6
 第三节 器官、系统和有机体 14

第二章 运动系统 17
 第一节 骨 骼 17
 第二节 肌 肉 28

第三章 消化系统 38
 第一节 概 述 38
 第二节 消化系统各器官 40

第四章 呼吸系统 55
 第一节 概 述 55
 第二节 呼吸系统各器官 56

第五章 泌尿系统 62
 第一节 肾 62
 第二节 输尿管、膀胱和尿道 67

第六章 生殖系统 69
 第一节 雄性生殖系统 69
 第二节 雌性生殖系统 75

第七章 心血管系统 81
 第一节 心 81
 第二节 血 管 84

第八章 淋巴系统 91
 第一节 淋巴管和淋巴 91
 第二节 淋巴组织和淋巴器官 92

第九章 神经系统 100
 第一节 中枢神经系统 100
 第二节 周围神经系统 105

第十章 内分泌系统 111

第十一章 感觉器官 116

第一节　视觉器官 ··· 116
　　第二节　听觉器官 ··· 118
第十二章　被皮系统 ·· 121
第十三章　家禽的解剖特征 ··· 126
　　第一节　运动系统 ··· 126
　　第二节　消化系统 ··· 129
　　第三节　呼吸系统 ··· 131
　　第四节　泌尿系统 ··· 133
　　第五节　生殖系统 ··· 134
　　第六节　心血管系统 ·· 136
　　第七节　淋巴系统 ··· 137
　　第八节　神经系统 ··· 138
　　第九节　内分泌系统 ·· 139
　　第十节　感觉器官 ··· 140
　　第十一节　被皮系统 ·· 141

第二篇　家畜生理学

第十四章　细胞的基本功能 ··· 145
　　第一节　细胞膜的结构特点和基本功能 ··· 145
　　第二节　生命活动的基本特征和机体功能的调节 ·· 146
　　第三节　细胞生物电现象 ··· 147
第十五章　血　液 ··· 150
第十六章　血液循环 ·· 160
　　第一节　心脏生理 ··· 160
　　第二节　血管生理 ··· 164
第十七章　呼吸生理 ·· 169
　　第一节　呼吸的过程 ·· 169
　　第二节　肺通气 ·· 170
　　第三节　气体交换 ··· 172
　　第四节　气体运输 ··· 175
　　第五节　呼吸运动的调节 ··· 178
第十八章　消化和吸收 ··· 180
　　第一节　概　述 ·· 180
　　第二节　口腔、咽和食管消化 ··· 181
　　第三节　胃的消化 ··· 182
　　第四节　小肠的消化 ·· 185
　　第五节　大肠的消化 ·· 188

第六节　吸　收··· 188
第十九章　体　温··· 191
第二十章　泌　尿··· 195
第二十一章　神经生理··· 199
第二十二章　内分泌生理··· 209
　　第一节　概　述··· 209
　　第二节　内分泌腺··· 211
第二十三章　生殖和泌乳··· 219
　　第一节　生　殖··· 219
　　第二节　泌　乳··· 223
第二十四章　家禽的生理特点··· 226

参考文献·· 234

第一篇 家畜解剖学

第一章 机体的基本结构

知识目标
1. 掌握细胞、组织、器官、系统和有机体的定义。
2. 熟悉细胞的结构。
3. 掌握四大基础组织的构成。
4. 掌握家畜体表名称和方位术语。

第一节 细 胞

细胞（cell）是有机体形态结构和生命活动的基本单位。构成细胞的基本物质是原生质（protoplasm），其化学成分主要有蛋白质、核酸、脂类、糖类、水和无机盐等。

一、细胞的形态和大小

（一）细胞的形态

细胞形态多种多样，有圆形、卵圆形、柱状、立方形、扁平形、梭形、星形和多突起等。细胞的形态是与其分布位置和执行的功能相适应的。如在血液中活动的白细胞多呈球形，能舒缩的平滑肌细胞呈梭形，具有接受刺激和传导冲动的神经细胞呈多突起的星形。

（二）细胞的大小

细胞的大小不一，相差悬殊。在动物体内多数细胞直径为$10\sim30\mu m$，最小的细胞是小脑颗粒细胞，直径只有$4\mu m$；最大的是成熟的卵细胞，直径可达$200\mu m$左右，但鸟类的卵细胞特别大，直径可达数厘米；最长的细胞是神经细胞，其突起可长达1m左右。

二、细胞的结构

细胞由细胞膜、细胞质和细胞核构成。

（一）细胞膜

细胞膜（cell membrane）是细胞表面的一层薄膜，又称质膜。在光镜下难以分辨，若在高倍率的电镜下可呈现出3层结构：内、外两层色暗，电子密度高；中间层明亮，电子密度低。通常将具有这种3层结构的膜称为单位膜。单位膜在细胞质中还构成某些细胞器的细胞内膜。细胞膜和细胞内膜统称为生物膜（biomembrane）。

细胞膜化学成分主要包括蛋白质、脂质

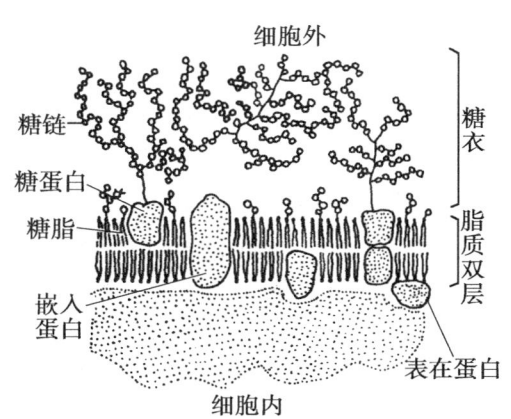

图1-1 细胞膜结构

和少量多糖。细胞膜的分子结构，目前，普遍认为是液态镶嵌模型学说（图1-1）。该学说认为，细胞膜是由液态的脂质双分子层中镶嵌着可移动的球状蛋白构成。每个脂质分子均包括一个头部和两个尾部。头部亲水称亲水端。尾部疏水称疏水端。头部分别朝向膜内、外两面，尾部则朝向膜的内部。蛋白质分子有的镶嵌在脂质分子之间，称为嵌入蛋白；有的附着在脂质分子的内外表面，主要在内表面，称为表在蛋白。少量多糖与部分表在蛋白质或脂质分子中结合形成糖蛋白和糖脂。

（二）细胞质

细胞质（cytoplasm）填充在细胞膜与细胞核之间。由细胞器、内含物和基质组成。

1. **细胞器**（cell organelles） 是具有一定形态结构和执行一定功能的小器官，包括线粒体、核蛋白体、内质网、高尔基复合体、溶酶体、过氧化体、中心体、微丝和微管。

（1）线粒体（mitochondria）：在光镜下，线粒体呈线状和粒状。在电镜下（图1-2），线粒体是由内、外两层单位膜围成的大小不等的圆形或椭圆形小体。外膜光滑，内膜向内折转形成线粒体嵴。在内膜和嵴的基质面上分布有带柄的球形颗粒，称为基粒。线粒体内含有多种氧化酶，参与细胞内的物质氧化，释放能量，供细胞活动的需要。故线粒体有"细胞动力站"之称。

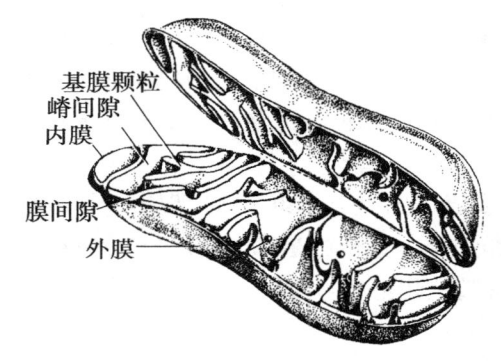

图1-2 线粒体结构

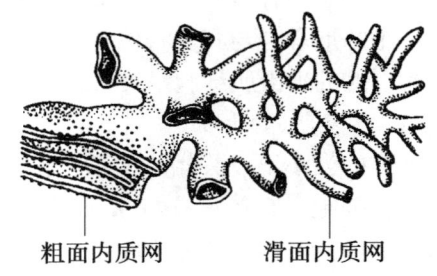

图1-3 内质网结构

（2）核蛋白体（ribosome）：又称核糖体，在电镜下呈颗粒状，其化学成分是由核糖体核糖核酸（rRNA）与蛋白质构成，由大、小两个亚基（亚单位）构成。有的核蛋白体附着在内质网膜的表面，称为膜旁核蛋白体；有的游离在细胞质中，称为游离核蛋白体。它们都有合成蛋白质的功能。

（3）内质网（endoplasmic reticulum，ER）：由单位膜构成相互连通的小管、小泡或扁囊状结构，腔内含有多种酶。根据其表面有无核蛋白体附着而分为粗面内质网（rough endoplasmic reticulum）和滑面内质网（smooth endoplasmic reticulum）两种（图1-3）。

粗面内质网膜上附着有核蛋白体，多呈扁平囊状。其功能主要是合成、分泌和运输蛋白质的作用；滑面内质网膜上没有核蛋白体附着，多呈分支小管状或小泡状。其功能复杂，参与糖原、脂类、激素的合成和解毒作用。

（4）高尔基复合体（Golgi complex）：在光镜下呈网状，电镜下的是由单位膜构成的扁囊、大泡和小泡，它们可与内质网相通（图1-4）。主要功能是对细胞合成物质进行加工、浓缩和包装，像一个加工车间一样，有利于细胞合成物的排出。

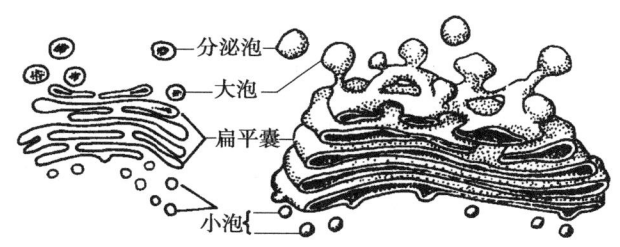

图1-4　高尔基复合体结构

（5）溶酶体（lysosome）：在光镜下不易看出，在电镜下呈大小不等的囊泡状，散在细胞质中。含有多种水解酶，其作用是把进入细胞内的异物（如细菌和病毒）或细胞本身的物质（如衰老的细胞器）进行消化分解，因此可把溶酶体看做细胞的消化器官。

（6）过氧化体（peroxisome）：是由单位膜构成的球形或卵圆形小泡。在小泡内含有40多种酶，包括氧化酶、过氧化氢酶和过氧化物酶等。主要存在肝细胞和肾小管上皮细胞内。主要功能是保护细胞免受H_2O_2的毒害，此外，还参与糖原异生和脂肪代谢作用。

（7）中心体（centrosome）：位于细胞的中央，细胞核附近。光镜下，是由两个中心粒构成，在中心粒的周围着一团浓密的细胞质。电镜下，中心体由两个互相垂直的中心粒和周围特化的致密基质组成的中心球共同构成（图1-5），圆筒体状结构的壁由九组纵行的微管束很有秩序地排列而成。每一组微管束都包含3条紧密排列的细管称三联微管。中心体是与细胞分裂有关的细胞器，中心体遭到破坏时细胞失去分裂能力。

（8）微丝和微管：微丝（microfilament）是直径约5~7nm的细丝，与细胞的运动、吞噬功能有关。微管（microtubule）是直径约18~25nm的细管，与细胞的运动、支持和神经递质的运输有关。

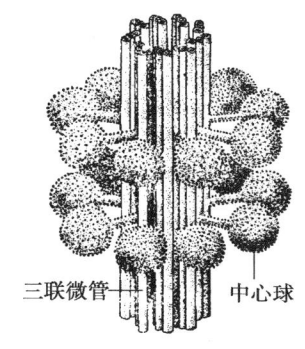

图1-5　中心粒结构

2. **内含物**（inclusion）是广泛存在于细胞内的营养物质或新陈代谢产物，包括糖原、脂肪、蛋白质和一些色素等。它们存在于细胞器之间。其数量多少及形态可随生理状态和病理情况而变化。

3. **基质**（cytoplasmic matrix）呈均匀透明而无定形的胶状，内含蛋白质、糖、无机盐和水等。基质为各种细胞器维持其正常结构提供所需的离子环境，为细胞器完成其功能提供所需的一切底物。此外，基质还是细胞进行某些生化活动的场所。

（三）细胞核

细胞核（nucleus）内存在着大量的遗传信息（即基因），是细胞遗传和代谢活动的控制中心。在家畜体内，除成熟的红细胞没有核外，所有细胞均有细胞核。细胞核由核膜、核仁、染色质与染色体和核基质（图1-6）构成。

1. **核膜**(nuclear membrane) 又称核被膜，是包在细胞核表面的界膜。电镜下，由内外两层单位膜构成。两层膜之间的间隙为核周隙，核外膜的表面有核蛋白体附着，与粗面内质网相连，使内质网与核周隙相通。核膜上有许多小孔称核孔，是细胞核与细胞质之间进行物质交换的通道。

2. **核仁**(nucleolus) 呈球形，通常为1~2个。化学成分主要是蛋白质、RNA和DNA。主要功能是形成核蛋白体，核蛋白体形成后，通过核孔进入细胞质内，参与蛋白质的合成。

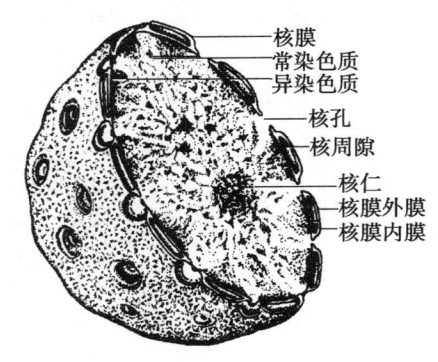

图1-6 细胞核结构

3. **核基质**(nucleplasm) 是细胞核内无色透明的胶状物质，内含水、无机盐和酶类等。核基质内还存在以纤维蛋白为主的网络结构，称核内骨架。核内骨架与核纤层、核孔复合体相连，一起构成核骨架。核骨架可能参与DNA复制、RNA转录、染色质的有序空间排列以及染色体的构建等。

4. **染色质与染色体** 染色质(chromatin)是指间期细胞核内能被碱性染料着色的物质，由DNA、RNA、组蛋白和非组蛋白构成，高倍电镜下呈纤维状。在细胞分裂时，染色质复制加倍，高度卷曲折叠而变粗变短，形成棒状的染色体(chromosome)。含有大量的遗传信息，可控制细胞的代谢、生长、分化和繁殖，决定着子代细胞的遗传形状。每个染色体由两条并列的染色单体组成，它们通过一个着丝粒相连。着丝粒位于两条染色单体相连处的中心，呈颗粒状，将每个染色单体分为两臂。在着丝粒处两条染色单位的外侧表层，各有一个与纺锤体微管相连的部位，称为着丝点。染色体的数目是恒定的，猪38条、黄牛60条、绵羊54条、山羊60条和鸡78条。正常家畜体细胞的染色体为双倍体，而成熟的性细胞的染色体为单倍体。

第二节　组　织

组织(tissue)是由来源相同、形态结构和功能相似的细胞群和细胞间质所构成。分为四大基本组织，即上皮组织、结缔组织、肌组织和神经组织。

一、上皮组织

上皮组织(epithelial tissue)由一层或多层密集排列的细胞和少量的细胞间质构成。覆盖在动物的体表、内脏器官的表面，具有保护、吸收、分泌、排泄和感觉等功能。上皮组织可分为被覆上皮、腺上皮和感觉上皮。

上皮组织的形态结构特点是：①上皮细胞呈层状分布，细胞多，细胞间质少。②上皮细胞呈现明显的极性，朝向身体表面或有腔器官的腔面，称游离面；与其相对的朝向深部的结缔组织的面，称基底面。基底面附着于基膜上，基膜是一薄膜，上皮细胞借此膜与结缔组织相连。③上皮组织内没有血管，其营养依靠结缔组织中的血管通过基膜扩散而获得。④上皮细胞排列紧密，相邻细胞间常形成特化的细胞连接结构。

(一) 被覆上皮

被覆上皮 (covering epithelial) 根据上皮细胞排列层数和细胞形态可分为以下几种：

1. 单层扁平上皮（simple squamous epithelium） 由一层扁平细胞组成。表面观，细胞呈不规则形或多边形，细胞核椭圆形，位于细胞中央，细胞边缘呈锯齿状互相嵌合。侧面观，细胞呈梭形（图1-7）。分布在心、血管和淋巴管腔面称内皮，分布在胸膜、腹膜和心包表面称间皮。

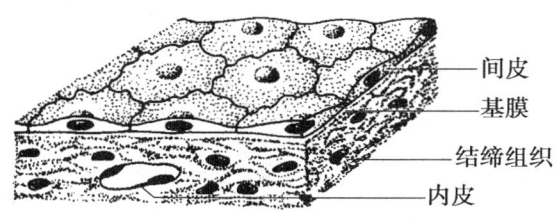

图1-7 单层扁平上皮

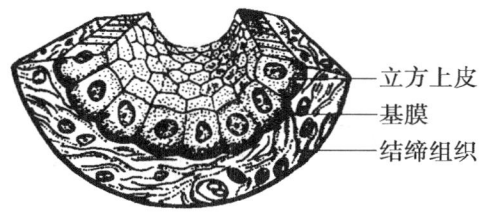

图1-8 单层立方上皮

2. 单层立方上皮（simple cuboidal epithelium） 由一层近似于立方形的细胞排列而成。表面观，细胞呈六角形或多角形；侧面观，细胞呈立方形，细胞核圆形，位于细胞中央（图1-8）。分布于肾小管和甲状腺滤泡等处，具有分泌和吸收作用。

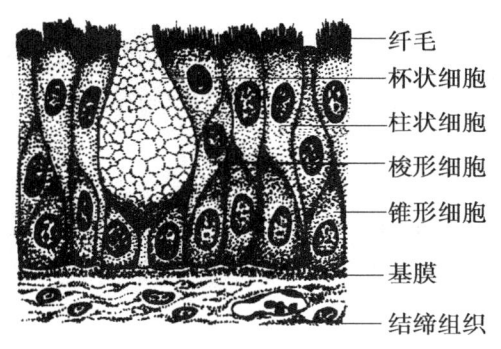

图1-9 单层柱状上皮

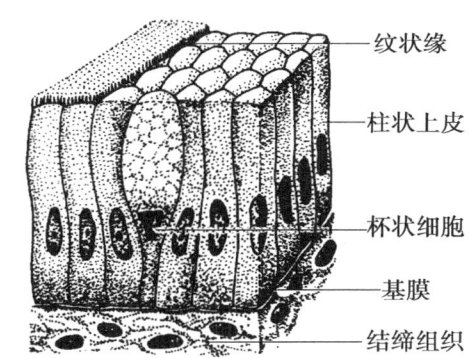

图1-10 假复层柱状纤毛上皮

3. 单层柱状上皮（simple columnar epithelium） 由一层高柱状细胞组成。从表面观，细胞呈六角形或多角形；由侧面观，细胞呈柱状，细胞核椭圆形，多位于细胞基底部（图1-9）。分布于胃、肠黏膜，胆囊、子宫内膜及输卵管黏膜腔面。有吸收或分泌功能。

4. 假复层柱状纤毛上皮（pseudostratifled ciliated columnar epithelium） 由一层高矮不等、形态不同的上皮细胞构成，上皮细胞包括柱状细胞、杯状细胞、梭形细胞和锥形细胞，柱状细胞游离面具有纤毛，每一个细胞都与基底膜相连，只有柱状细胞和杯状细胞的顶端伸到上皮游离面（图1-10）。分布在呼吸管道的腔面（如支气管黏膜上皮）。

5. 变移上皮（transitional epithelium） 分布在排尿管道（肾盏、肾盂、输尿管和膀胱）的腔面。变移上皮的细胞形状和层数可随所在器官的收缩与扩张而发生变化。如器官缩小时，上皮变厚，细胞层数较多，此时表层细胞呈大立方形；中间层细胞为多边形或梨形；基底细胞为矮柱状或立方形。当器官扩张时，上皮变薄，细胞层数减少，细胞形状也变扁。电镜下观察表明，表层和中间层细胞下方都有突起附着于基膜，故应列为变移上皮（图1-11）。

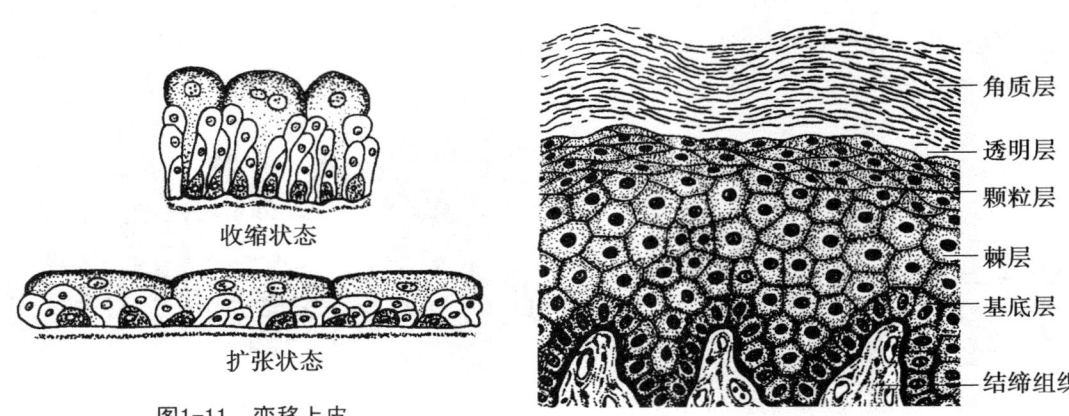

图1-11　变移上皮

图1-12　复层扁平上皮

6. **复层扁平上皮**（stratified squamous epithelium）　由多层细胞组成，表面数层为扁平细胞，中间数层为多边形细胞，基底层为一层矮柱状或立方形细胞，此层细胞具有较强的分裂增殖能力（图1-12）。分布于口腔、食管和阴道等黏膜上皮和皮肤表面，具有耐摩擦和阻止异物侵入等作用。

7. **复层柱状上皮**（stratified columnar epithelium）　表面为一层柱状细胞，基底层细胞呈矮柱，中间为多角形细胞。这种上皮比较少见，主要位于一些动物的眼睑结膜，在有些腺体内较大的导管也可以见到，具有保护作用。

（二）腺上皮

具有分泌功能的上皮称为腺上皮（glandular epithelium）。以腺上皮为主构成的器官称为腺。腺细胞多呈立方形，核较大，位于细胞中央。

二、结缔组织

结缔组织（connective tissue）由细胞和大量细胞间质构成，细胞间质包括细丝状的纤维和液态、胶态或固态的基质。结缔组织是动物体内分布最广的一种基本组织，具有支持、连接、充填、营养、保护、修复和防御等功能。按照形态的不同，结缔组织分为液态流动的血液与淋巴、松软的固有结缔组织、较坚硬的软骨组织和骨组织。

结缔组织与上皮组织相比，具有以下特点：①细胞数量少，种类多，散在于细胞间质中，细胞无极性。②细胞间质成分多。③不直接与外界环境接触，因而亦称为内环境组织。

（一）血液

血液（blood）是一种液态的流动的结缔组织，由液态的血浆和混悬于其中的血细胞组成。

血细胞　血细胞（hemocyte，blood cell）包括红细胞、白细胞和血小板（图1-13）。

（1）红细胞（erythrocyte，red blood cell，RBC）：大多数哺乳动物成熟的红细胞呈中央薄而周缘厚的双面凹的圆盘状，骆驼和鹿的为椭圆形，无细胞核和细胞器。禽类的红细胞呈椭圆形，细胞中央有一个椭圆形的核。

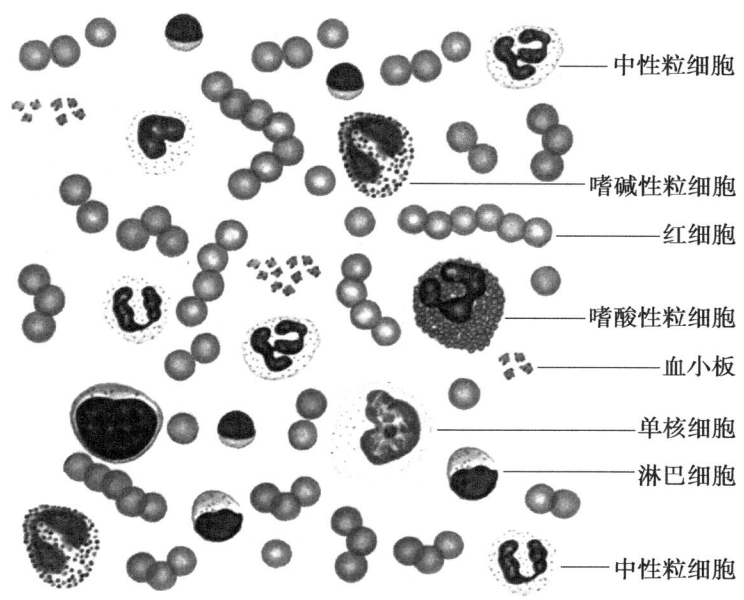

图1-13　牛血液涂片

（2）白细胞（leukocyte，wgite blood cell，WBC）：为无色有核的球形细胞，一般较红细胞体积大。光镜下，根据白细胞胞质内有无特殊颗粒，可将其分为有粒白细胞和无粒白细胞两类。有粒白细胞又可根据颗粒的嗜色性，分为中性粒细胞、嗜酸性粒细胞和嗜碱性粒细胞；无粒白细胞分为单核细胞和淋巴细胞。

①中性粒细胞（neutrophilic granulocyte，neutrophil）。平均直径约7～15μm。核的形态多样，有杆状核和分叶形。在一般的血液涂片中，以2～3叶的核居多，核的分叶越多，表明越近衰老。胞质呈淡粉红色，内含淡紫色或淡红色的细小颗粒。颗粒内含有多种酶类，如过氧化物酶、酸性磷酸酶、碱性磷酸酶、吞噬素和溶菌酶等，能消化、分解吞噬的异物和细菌。

②嗜酸性粒细胞（acidophilic granulocyte）。直径在8～20μm，核常为2个叶，胞质内有较粗大的嗜酸性颗粒，呈橘红色。颗粒内含有酸性磷酸酶、组胺酶、芳基硫酸酯酶和过氧化物酶等。

③嗜碱性粒细胞（basophilic granulocyte）。直径在10～15μm，胞核分叶或"S"形或不规则形，着色较浅，常被胞质颗粒掩盖。胞质内嗜碱性颗粒，大小不等，分布不均，瑞氏染色呈蓝紫色，颗粒内含肝素、组织胺和白三烯。

④单核细胞（monocyte）。是白细胞中体积最大的细胞，直径10～20μm，核呈卵圆形、肾形、马蹄形或不规则形等。染色淡，胞质丰富，瑞氏染色呈均质的浅灰色，其中可见到散在的嗜天青颗粒。颗粒含有过氧化物酶和酸性磷酸酶等。

⑤淋巴细胞（lymphocyte）。直径在5～20μm，依体积大小分为大、中、小3种类型，

小淋巴细胞直径5～8μm，中淋巴细胞直径9～12μm，大淋巴细胞直径13～20μm。在正常的血液中只有小和中淋巴细胞，大淋巴细胞见于骨髓、脾和淋巴结的生发中心，小淋巴细胞数量占血液淋巴细胞总数的90%，核大而圆、染色深、几乎占据整个细胞，核一侧常有凹陷。细胞质很少，呈一窄带状，染成淡的蓝色。根据其发生部位、表面特性、寿命长短和免疫功能的不同，分为T淋巴细胞（又称胸腺依赖淋巴细胞）、B淋巴细胞（又称囊依赖淋巴细胞）、杀伤性淋巴细胞（又称K细胞）和自然杀伤性淋巴细胞（又称NK细胞）。

（3）血小板（blood platelet）：是骨髓巨核细胞脱落脱离下来的一些胞质的小片，单个的血小板呈圆形、椭圆形或有小突起，直径在2～4μm，表面有完整的细胞膜，无细胞核。有细胞器，中央部分含紫色颗粒，周围部均质弱嗜碱性染色。血液涂片上，往往十几个乃至几十个聚集在一起，故血小板常无明显的轮廓。

（二）固有结缔组织

按其结构和功能的不同分为疏松结缔组织、致密结缔组织、脂肪组织和网状组织。

1. **疏松结缔组织**（loose connective tissue） 广泛分布于器官、组织和细胞之间（如浅筋膜），结构疏松，形似蜂窝，又称蜂窝组织（图1-14）。

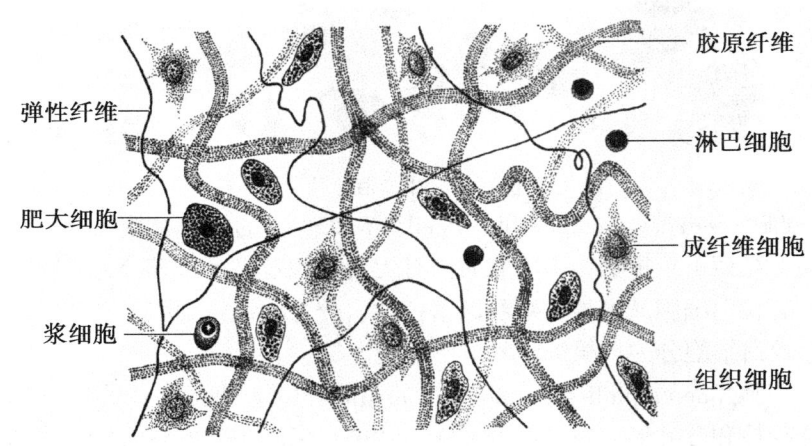

图1-14 疏松结缔组织

（1）细胞：包括成纤维细胞、组织细胞、浆细胞、肥大细胞和脂肪细胞。

①成纤维细胞（fibroblast cell）。是疏松结缔组织的主要细胞成分。数量最多，细胞体积大，呈扁平形，多突起。核较大，卵圆形。功能：产生纤维和分泌基质，具有较强的再生能力。

②组织细胞（plasma cell）。又称巨噬细胞，数量较多。细胞体积小，有圆形、椭圆形或不规则形。细胞表面有短而钝的突起。细胞核较小而圆。功能：能做变形运动，具有很强的吞噬功能。

③浆细胞（mast cell）。体积较小，多呈卵圆形。细胞核圆形，较小，常偏于细胞的一侧，染色质呈块状附着于核膜上，呈辐射状分布。功能：能产生抗体，参与体液免疫。

④肥大细胞。数量较多，常沿小血管和小淋巴管分布。胞体较大，呈圆形或卵圆形。胞核小而圆，多位于中央。胞质内充满异染性颗粒，颗粒易溶于水。功能：颗粒中含有肝素、组胺和白三烯，具有抗凝血、增加毛细血管通透性和促使血管扩张等作用。

⑤脂肪细胞。常单个或成群分布。细胞较大，呈球形，胞质含大小不等的脂滴，最终融合成一个大的脂肪滴，居于细胞的中央，将胞质及核挤到一侧。在HE染色标本上，因脂滴被溶剂溶解，细胞呈空泡状。功能：具有合成、储存脂肪的功能。

（2）纤维（fiber）：包括胶原纤维、弹性纤维和网状纤维。

①胶原纤维（collagenous fiber）。是疏松结缔组织中的主要纤维成分，新鲜时呈白色，故又称白纤维。常集合成粗细不等的束。特点：具有很强的韧性和抗拉力。

②弹性纤维（elastic fiber）。数量比胶原纤维少，新鲜时呈黄色，又称黄纤维。常单根存在，纤维较细。特点：富于弹性而韧性差。

③网状纤维（reticular fiber）。很细、分支多互相连结成网。HE染色标本上不着色，镀银染色时显黑褐色，故又称嗜银纤维。网状纤维在疏松结缔组织较少见，主要分布在结缔组织与其他组织的交界处。

（3）基质（ground substance）：是一种无色透明、均质状的胶态物质，没有一定的形态结构，充满于纤维和细胞之间。基质的主要化学成分是蛋白多糖、糖蛋白和水，蛋白多糖主要是透明质酸。基质有阻止细菌进入和异物扩散的作用。

2. **致密结缔组织**（dense connective tissue） 组成与疏松结缔组织基本相同，两者的主要区别是，致密结缔组织中的纤维成分特别多，而且排列紧密，细胞和基质成分很少。

3. **脂肪组织**（adipose tissue） 由大量脂肪细胞集聚而成。被少量疏松结缔组织将成群的脂肪细胞分隔成许多脂肪小叶（图1-15）。分布于皮下组织、系膜、网膜、肾脂肪囊和黄骨髓等处，具有支持、缓冲、维持体温和储存能量等作用。

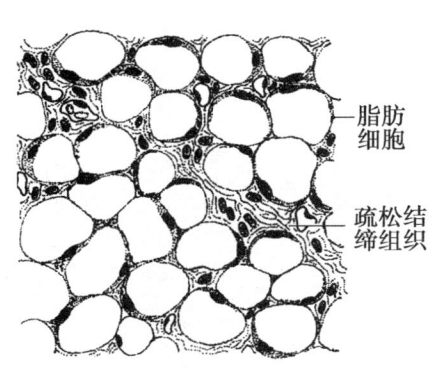

图1-15 脂肪组织

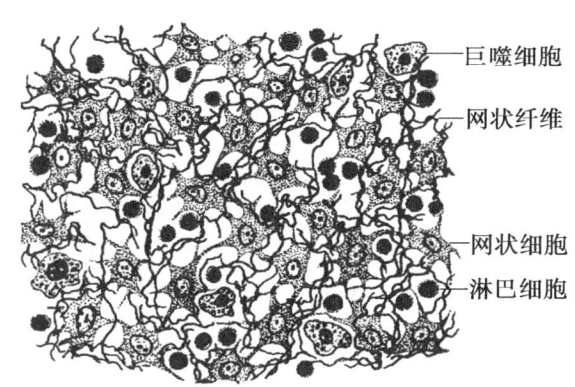

图1-16 网状组织

4. **网状组织**（reticular tissue） 包括网状细胞、网状纤维和基质。网状细胞为星形多突起细胞，其突起彼此连接成网（图1-16）。核较大，椭圆形，染色浅，核仁清楚。网状纤维细而多分支，沿着网状细胞的胞体和突起分布，并交织成网，构成网状细胞的支架。网状纤维分支互相连接成的网孔内充满基质。分布于骨髓、淋巴结、脾脏和淋巴组织等处。

（三）软骨组织和骨组织

1. **软骨组织**（cartilage tissue） 由少量的软骨细胞和大量的细胞间质构成。间质由半固体的凝胶状基质和纤维构成。软骨细胞埋藏在由基质形成的软骨陷窝内，表面细胞较小，呈扁圆形，单个存在；深层细胞逐渐增大，呈圆形或椭圆形。根据软骨组织中纤维不同，可将软骨分为透明软骨（较细的胶原纤维）、弹性软骨（弹性纤维）和纤维软骨（成束的胶原纤维）。

2. 骨组织　是一种坚硬的结缔组织，由骨细胞和大量钙化的细胞间质组成。钙化的细胞间质称骨基质。

（1）骨细胞（osteogenitor cell）：为扁椭圆形多突起的细胞，核亦扁圆，染色深。位于骨陷窝内。骨陷窝为骨板内或骨板之间形成的小腔，骨陷窝向周围呈放射状排列的细小管道，称骨小管。相邻骨陷窝的骨小管相互连通，骨细胞多突起，突起伸入骨小管内。相邻骨细胞突起彼此互相接触有缝隙连接，供骨组织进行物质交换。

（2）骨基质：固态，由有机成分和无机成分构成。有机成分包括大量的胶原纤维和基质，由骨细胞分泌形成的。有机成分使骨具有韧性。无机成分主要为钙盐，又称骨盐。动物体内90%的钙以骨盐的形式存在骨内。

三、肌组织

肌组织（muscular）主要由肌细胞组成，肌细胞之间有少量的结缔组织以及血管和神经，肌细胞呈长纤维形，又称为肌纤维。肌纤维的细胞膜称肌膜，细胞质称肌浆。根据结构和功能的特点，将肌组织分为：骨骼肌、心肌和平滑肌。

（一）骨骼肌

骨骼肌（skeletal muscle）因大多借肌腱附着于骨骼而得名，由骨骼肌纤维组成。骨骼肌纤维为长圆柱形，核呈扁椭圆形，有几十个甚至几百个细胞核，位于细胞周围近肌膜处。肌浆内含许多与细胞长轴平行排列的肌原纤维。每条肌原纤维上都可见折光性不同的明带、暗带，所有肌原纤维的明带与暗带都整齐地排列在同一平面上，在肌纤维上形成明暗相间的横纹（图1-17），故称横纹肌。其收缩有力，受意识支配，又称随意肌。

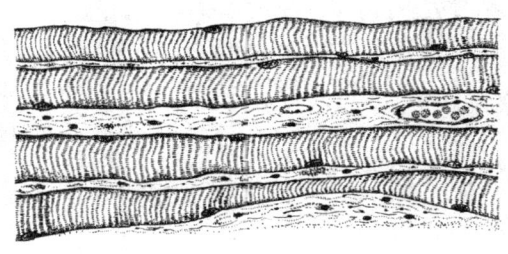

图1-17　骨骼肌纵切面（高倍）

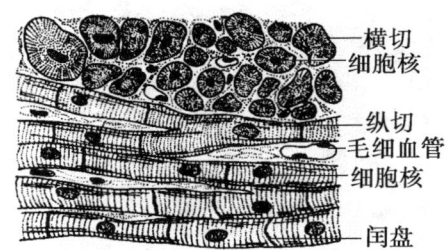

图1-18　心肌（高倍）

（二）心肌

心肌（cardiac muscle）是由心肌纤维组成，心肌纤维呈短柱状，多数有分支，相互连接成网状。心肌纤维的连接处称闰盘。心肌纤维有1~2个椭圆形的核，位居中央。心肌纤维有明暗相间的横纹，也属横纹肌（图1-18）。其心肌收缩力强而有节律，不受意识支配，是不随意肌。

（三）平滑肌

平滑肌（smooth muscle）由平滑肌细胞构成，排列整齐。主要分布于胃肠道、呼吸道、泌尿生殖道以及血管和淋巴管的管壁，又称内脏肌。平滑肌纤维呈长梭形，平滑肌只有一个核，呈棒状或椭圆形，位于细胞中央。平滑肌纤维无横纹（图1-19）。其收缩启动缓慢，不受意识支配，属于不随意肌。

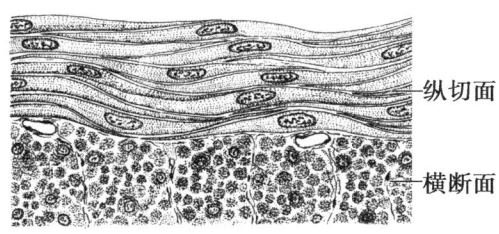

图1-19 平滑肌（高倍）

四、神经组织

神经组织是由神经细胞和神经胶质细胞组成的。

（一）神经元

1. 神经元的结构 神经细胞又称神经元（neuron），分布于脑、脊髓和神经节内。神经元由胞体和突起两部分构成。

（1）胞体（perikaryon）：包括细胞核和周围的胞质（称核周体），胞体呈圆形、椎体形、梭形或星形。胞核大而圆，位于胞体中央，染色质细小而分散，着色浅，核仁明显。细胞质内还有尼氏体和神经元纤维。尼氏体是一种嗜碱性物质，在光镜下呈斑块状或颗粒状。神经元纤维呈细丝状，在核周体内交织成网，在突起内排列成束。

（2）突起：分树突（dendrites）和轴突（axon）。树突有多个，比较短，呈树枝状分支。具有接受刺激的功能，神经冲动沿树突传入胞体。轴突是一条细长，具有传导的功能。

2. 神经元的分类

（1）按照神经元突起的数目，可将其分为假单极神经元、双极神经元和多极神经元。

（2）根据神经元的形态，可将其分为锥体细胞、星形细胞和梭形细胞等。

（3）根据神经元的功能，又可将其分为感觉神经元（又称传入神经元）、中间神经元（又称联络神经元）和运动神经元（又称传出神经元）。

（4）按照对下一级神经元的影响，则可分为兴奋性神经元和抑制性神经元。

（二）神经胶质细胞

神经胶质细胞也称神经胶质，分布于神经元之间，其数量比神经元多，胶质细胞体积一般比神经元小，胞质中缺乏尼氏体和神经元纤维。胶质细胞与神经元一样具有突起，但其胞突不分树突和轴突。胶质细胞可分为：星状胶质细胞、少突胶质细胞、小胶质细胞和室管膜细胞等。

（三）神经纤维

神经纤维（neurofibrils）由轴突和包在外表的神经胶质细胞构成。可分有髓神经纤维和无髓神经纤维。

1. 有髓神经纤维 周围神经和中枢神经系统白质中的神经纤维多数是有髓神经纤维。光镜下，有髓神经纤维的中心为神经元的轴突，外包髓鞘。髓鞘是由神经膜细胞节段性包绕轴索而成。每一节有一个神经膜细胞，相邻节段间有一无髓鞘的狭窄处，称神经纤维结或郎飞氏结，两个结之间的一段纤维称结间段。

2. 无髓神经纤维 周围神经的无髓神经纤维光镜下可见细长的神经膜细胞核，排在轴索表面，神经纤维直径较细。

第三节 器官、系统和有机体

一、器官

几种不同的组织按照一定的规律结合在一起，具有一定的形态，能完成一定的生理功能，称为器官（organ）。器官分为两大类，即中空性器官和实质性器官。中空性器官又称管状器官，是内部有较大而明显的空隙的器官（如气管、肠和血管）。实质性器官为柔软的组织集团，无特有的空腔，由实质和间质两部分组成（如肝、肾和睾丸）。实质的主要成分是上皮组织，是实质性器官功能的主要部分。间质由结缔组织构成，起联系和支架作用。被覆于器官的外表面，称为被膜，并深入实质内将器官分隔成许多小叶（如肝小叶）。实质性器官有血管、淋巴管、神经和导管出入的部位，常为一凹陷，特称此处为该器官的门（如肝门、肺门和肾门）。

二、系统

由几种在功能上相关的器官，彼此分工合作来完成某一方面的生理功能，这些器官就构成一个系统（system）。如口腔、咽、食管、胃、肠、肝和胰等器官构成消化系统，共同完成消化和吸收功能。

动物机体有十一大系统构成：运动系统、消化系统、呼吸系统、泌尿系统、生殖系统、心血管系统、淋巴系统、神经系统、内分泌系统、被皮系统和感觉器官。其中，消化系统、呼吸系统、泌尿系统和生殖系统合称为内脏，构成内脏的器官为内脏器官。内脏都有中空性器官和实质性器官；大部分位于胸腔、腹腔和骨盆腔内；以一端或两端的开口与外界相通。

三、有机体

有机体是由所有系统构成的统一体。任何生物有机体，都生活在一定的环境中。

（一）畜体的各部位名称

畜体各部的划分是以骨为基础。可分为头部、躯干部和四肢部（图1-20）。

1. 头部 分为上方的颅部与下方的面部。

（1）颅部：位于颅腔周围。分为枕部、顶部、额部、颞部、耳廓部和眼部。

（2）面部：位于口腔和鼻腔周围。分为眶下部、鼻部、咬肌部、颊部、唇部、颏部、下颌间隙部。

2. 躯干部 包括颈部、胸背部、腰腹部、荐臀部和尾部。

（1）颈部：分为颈背侧部、颈侧部（是肌肉注射的部位）和颈腹侧部。

（2）胸背部：分为鬐甲部、背部、肋部、胸前部和胸骨部。

（3）腰腹部：分为腰部和腹部（分为腹侧部、腹底部）。

（4）荐臀部：位于腰腹部的后方。分为荐部和臀部（是肌肉注射的部位）。

（5）尾部：分为尾根、尾体和尾尖。

3. 四肢部 包括前肢部和后肢部。

（1）前肢部：分为肩部、臂部、前臂部和前脚部。前脚部分为腕部、掌部和指部。

指部又分为系部、冠部和蹄部。

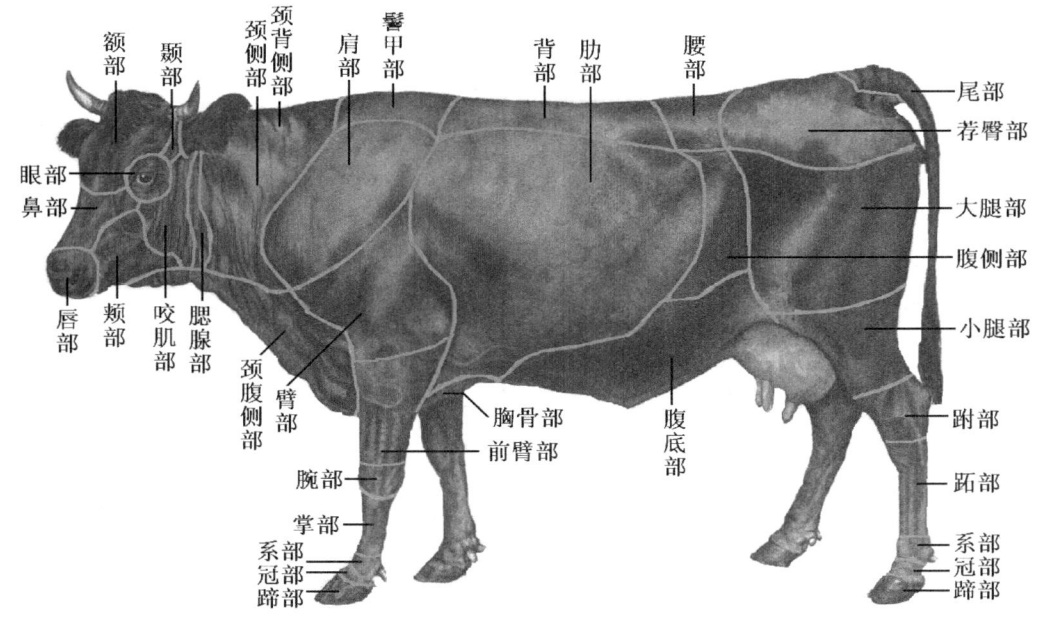

图1-20 牛体表各部位名称

（2）后肢部：分为大腿部（股部）、小腿部和后脚部。后脚部分为跗部、跖部和趾部。趾部又分为系部、冠部和蹄部。

(二) 家畜解剖学常用的术语

为了说明畜体各部结构的位置关系，必须了解有关定位用的轴、面和方位术语（图1-21）。叙述解剖学方位术语时，家畜呈站立姿势，将畜体的长轴和地面作为参照物。

1. **轴** 有长轴和横轴。

（1）长轴：又叫纵轴，是指畜体与地面平行的轴。长轴也可以用于头、颈、四肢和各器官，均以自身长度作为标准。如四肢的长轴是四肢的近端至四肢的远端，与地面垂直。

（2）短轴：又叫横轴，是指与长轴垂直的轴。

2. **面** 有矢状面、横断面和额面。

（1）矢状面：又叫纵切面，是指将畜体分为左右两部分，与畜体长轴平行，与地面垂直的切面。分正中矢状面和侧矢状面。正中矢状面：将畜体分为左右对称的两部分，只有一个。侧矢状面：与正中矢状面平行，位于正中矢状面的两侧，有无数个。

（2）横断面：是指将畜体分为前、后两部分，与畜体长轴垂直，与地面垂直的切面。

（3）额面：又叫水平面，是指将畜体分为背、腹两部分，与畜体长轴平行，与地面平行的切面。

3. **方位术语**

（1）用于躯干的术语：是在3个面的基础上进行叙述。

内侧和外侧：将畜体切一侧矢状面，侧矢状面的两侧。内侧是靠近正中矢状面的一侧；外侧是远离正中矢状面的一侧。

背侧和腹侧：将畜体切一额面，额面上下部分。背侧是额面上方的部分；腹侧是额面下方的部分。

头侧和尾侧：将畜体切一横断面，横断面的前后部分。头侧是横断面的前方，即朝向头部的一侧；尾侧是横断面的后方，即朝向尾部的一侧。

（2）用于四肢的术语

近端和远端：近端又叫上端，离躯干近的一端；远端又叫下端，离躯干远的一端。

背侧：四肢的前面。

掌侧和跖侧：掌侧是前肢的后面；跖侧是后肢的后面。

桡侧和尺侧：桡侧是前肢的内侧；尺侧是前肢的外侧。

胫侧和腓侧：胫侧是后肢的内侧；腓侧是后肢的外侧。

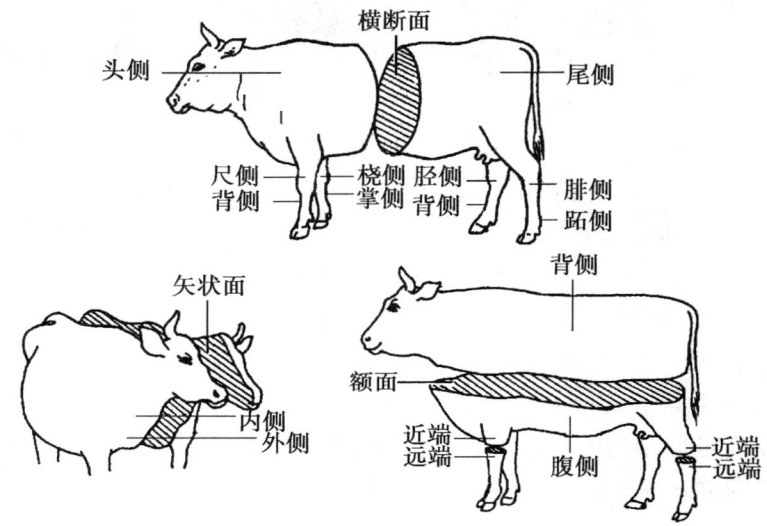

图1-21　三个基本切面及方位用语

复习思考题

1. 比较疏松结缔组织和被覆上皮的区别？
2. 如何区分各种白细胞？
3. 疏松结缔组织的组成和各种成分的功能？
4. 如何区分骨骼肌、心肌和平滑肌？
5. 家畜体表名称？
6. 解剖学常用的方位术语？

第二章 运动系统

知识目标
1. 熟悉骨的类型，掌握骨的构造。
2. 掌握家畜全身骨的划分，熟悉全身骨的名称。
3. 掌握关节的构造，掌握四肢骨的连结。
4. 熟悉肩部和臂部、臀部和股部肌肉。
5. 掌握胸壁肌和腹壁肌的名称及肌纤维方向。

运动系统是由骨骼和肌肉构成，骨骼包括骨（os）和骨连结。骨是运动的杠杆；骨连结是运动的枢纽；肌肉是运动的动力。

第一节 骨 骼

一、概述

（一）骨

1. 骨的类型 骨分为长骨、短骨、扁骨和不规则骨。

（1）长骨（*os longum*）：呈长管状，分为骨骺和骨体，骨体有骨髓腔，容纳骨髓，主要分布于四肢的游离部（如臂骨和股骨）。骨骺和骨体之间有骺板，幼龄时明显，成年后骺板骨化，骨骺和骨体愈合（图2-1）。作用：支持体重，形成运动杠杆。

（2）短骨（*os breve*）：呈不规则的立方形，多成群地分布于四肢的长骨之间（如腕骨）。作用：支持、分散压力和缓冲震动。

（3）扁骨（*os planum*）：呈板状，主要位于头部（如额骨）、胸廓（如肋骨）和四肢带部（如肩胛骨）。作用：保护和供肌肉附着。

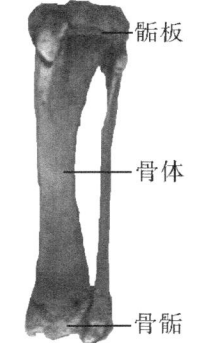

图2-1 长骨的形态

（4）不规则骨（*os irregulare*）：形状不规则，一般构成畜体中轴（如椎骨）。作用：支持、保护和供肌肉附着。

2. 骨的构造 包括骨膜、骨质、骨髓、血管和神经（图2-2）。

（1）骨膜（*periosteum*）：包括骨外膜和骨内膜。骨外膜较厚，包裹于除关节面以外骨的表面；骨内膜较薄，衬在骨髓腔内面和骨松质腔隙内。骨膜分深浅两层，浅层为纤维层，富有血管和神经，具有营养保护作用。深层为成骨层，富有成骨细胞，正在生长的骨，直接参与骨的生成。在骨受损伤时，成骨层有修补和再生骨质的作用。

（2）骨质：分为骨密质（*substantia compacta*）和骨松质（*substantia spongiosa*）。骨密质致密而坚硬，耐压性强，分布于长骨的骨体、骨骺和其他类型骨的表面；骨松质结构

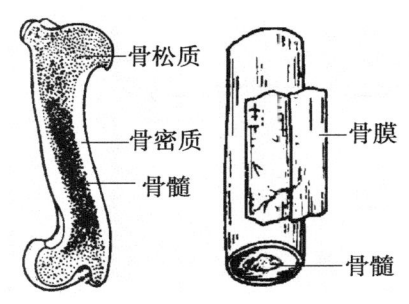

图2-2 骨的构造

疏松，由许多骨板和骨针交织呈海绵状，分布于长骨的骨骺和其他类型骨的内部。

（3）骨髓（medulla ossium）：位于骨髓腔和骨松质的间隙内。分为红骨髓和黄骨髓。红骨髓具有造血功能。胎儿和幼龄动物全是红骨髓。随动物年龄的增长，骨髓腔中的红骨髓逐渐被脂肪组织所代替，称为黄骨髓，失去造血功能。

（4）血管和神经：分布在骨膜上的小血管经骨表面的小孔进入并分布于骨密质，较大的血管穿过骨的滋养孔分布于骨髓。骨膜、骨质和骨髓均有丰富的神经分布。

3. **骨的化学成分和理化特性**　骨的化学成分包括有机质和无机质两种。

（1）有机质：主要为骨胶原，决定骨的弹性和韧性。如用酸溶液脱去骨内钙盐，只剩有机质，骨虽保留原来形状，但失去了支持作用，柔软易弯曲。

（2）无机质：主要是磷酸钙、碳酸钙和氟化钙等，决定骨的坚固性。将骨煅烧后，除去有机质，骨的外形仍保留，但脆而易破碎。

有机质和无机质的比例，随年龄和营养状况不同有很大的变化。幼龄家畜有机质多，骨柔韧富弹性，易形成佝偻病；老龄家畜无机质多，骨质硬而脆，易发生骨折，且愈合较慢。妊娠母畜骨内钙质被胎儿吸收，使母畜骨质疏松而发生骨软症。乳牛在泌乳期，如饲料成分比例失调，也可发生骨质变形。

（二）骨连结

骨与骨之间的连结装置称骨连结。分为直接连结和间接连结。

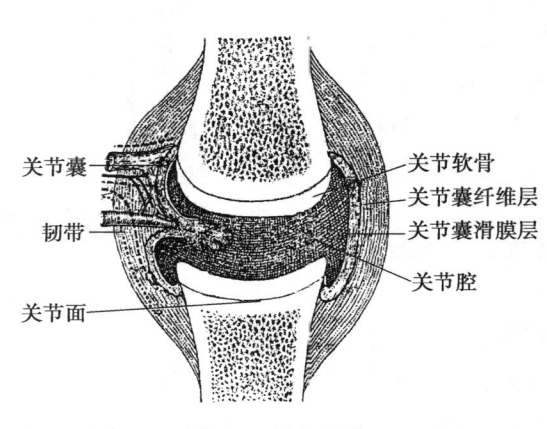

图2-3 关节构造

1. **直接连结**　是骨与骨之间借纤维结缔组织、软骨或骨组织直接相连。其间无腔隙，不活动或仅有小范围活动。直接连结分为纤维连结（如头骨缝间的缝韧带）、软骨连结（如长骨的骨体与骨骺之间有骺软骨连结）和骨性结合（如髂骨、坐骨和耻骨之间的结合）。

2. **间接连结**　由两块或两块以上的骨构成。相对骨面间具有间隙，没有直接联系，又称关节（articulation）（如四肢的关节）。

（1）关节的构造：包括关节面、关节软骨、关节囊、关节腔、关节的辅助结构及血管和神经（图2-3）。

关节面（facies articularis）：是骨与骨相接触的光滑面，一般多为一凹一凸。

关节软骨（cartilage articularis）：是覆盖在关节面表面一层透明软骨。有减少摩擦和缓冲震动的作用。

关节囊（capsula articularis）：是包在关节周围的结缔组织囊。分为纤维层和滑膜层。纤维层位于关节囊的外层，由致密结缔组织构成，具有保护作用；滑膜层位于关节囊的内层，由疏松结缔组织构成，能分泌透明黏稠的滑液。

关节腔（cavum articulares）：为关节囊和关节软骨共同围成的密闭腔隙，内有少量滑液，具有润滑、缓冲震动和营养关节软骨的作用。

关节的辅助结构：有韧带、关节盘和关节唇。①韧带（ligamenta）由致密结缔组织构成，连于相邻两骨之间。有增强关节稳固性的作用。②关节盘（discus articularis）位于两关节面之间的纤维软骨板（如颞下颌关节的关节盘），有加强关节稳定性和缓冲震动的作用。有的关节盘呈半月状，故称半月板（如股胫关节的半月板）。③关节唇（labrum articularis）为附着在关节窝周围的纤维软骨环（如髋臼周围的唇软骨），可加深关节窝、扩大关节面，并有防止边缘破裂的作用。

关节的血管和神经：关节的血管主要来自附近的血管分支，在关节周围形成血管网，再分支到骨骺和关节囊。神经也来自附近神经的分支，分布于关节囊和韧带。

（2）关节的运动：可分为下列4种。

屈、伸运动：关节角变小的称屈；反之，使关节角变大的为伸（如腕关节）。

内收、外展运动：关节沿纵轴运动，使骨向正中矢状面移动的为内收；相反，使骨远离正中矢状面的运动为外展（如肩关节）。

旋转运动：骨环绕垂直轴运动时称旋转运动。向前内侧转动的称为旋内，向后外侧转动的称旋外（如髋关节）。

滑动：一个关节面在另一个关节面上轻微滑动（如股膝关节）。

（3）关节的类型

①按构成关节的骨数，可分为单关节和复关节两种。单关节由相邻的两骨构成（如肩关节）；复关节由两块以上的骨构成（如腕关节），或在两骨间夹有关节盘组成（如膝关节）。

②根据关节运动轴的数目，可分为单轴关节、双轴关节和多轴关节。单轴关节只能沿横轴在矢状面上做屈、伸运动（如指关节）；双轴关节：除了可沿横轴做屈、伸运动外，还可左右摆动（如环枕关节）；多轴关节能做屈和伸、内收和外展和旋转运动（如肩关节）。

二、全身骨骼的构成

畜体全身骨骼（图2-4）分为头部骨骼、躯干骨骼和四肢骨骼。

（一）头部骨骼

1.头骨　分为颅骨和面骨两部分（图2-5至图2-7）。

（1）颅骨（ossa cranii）：有7种10块构成。单骨有：顶间骨、蝶骨、筛骨和枕骨；双骨有：额骨、顶骨和颞骨。

额骨（os frontale）：牛额骨构成颅腔的顶壁，向后外伸出角突。猪和马额骨构成颅腔的顶壁前部。

蝶骨（os spgenoidale）：构成颅腔的底壁，呈蝴蝶状。

筛骨（os ethmoidale）：构成颅腔的前壁，有嗅神经通过。

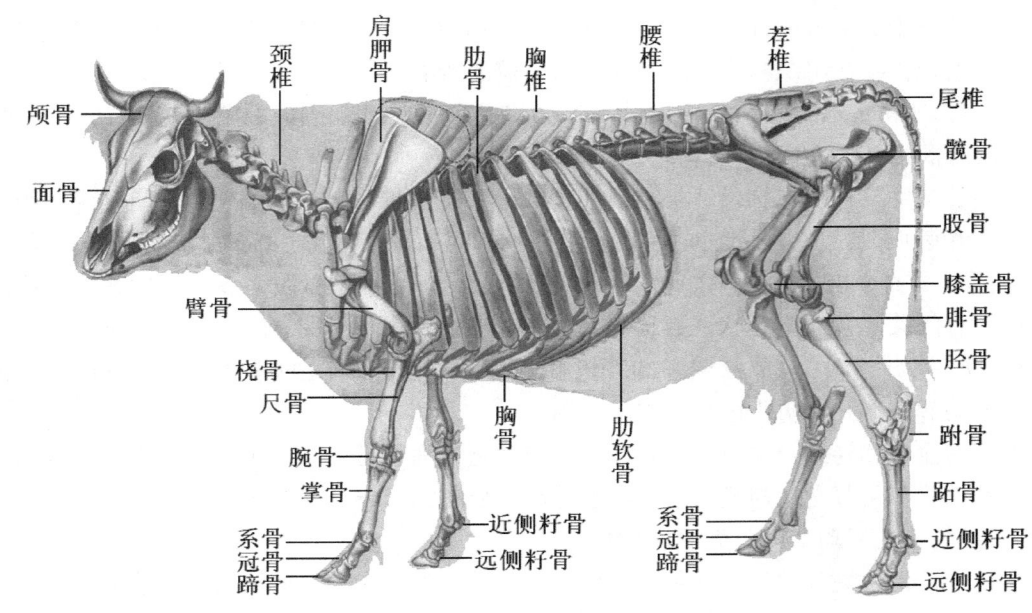

图2-4 牛全身骨

枕骨（os cooipitale）：构成颅腔后壁和底壁的一部分。后方中部有枕骨大孔和枕髁。

顶骨和顶间骨：顶间骨（os interparietale）位于顶骨之间，牛的顶骨和顶间骨（os parietale）位于颅腔后壁，枕骨的上方；猪和马的顶骨和顶间骨构成颅腔顶壁后部。

颞骨（os temporale）：构成颅腔的两侧壁。分为鳞颞骨、岩颞骨和鼓部。

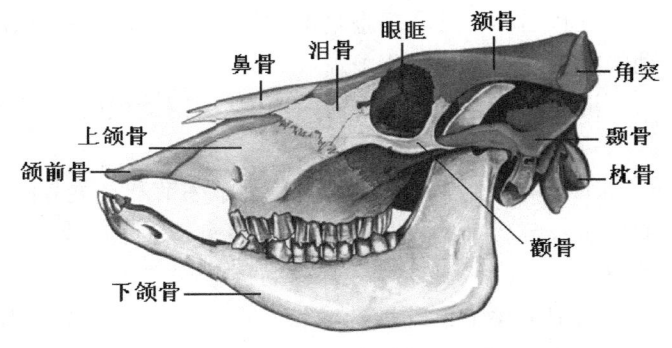

图2-5 牛头骨（侧面）

（2）面骨（ossa faciei）：牛面骨由11种22块构成。单骨有：犁骨和舌骨。双骨有：鼻骨、上颌骨、泪骨、颧骨、颌前骨、下颌骨、腭骨、翼骨和鼻甲骨。猪还多1块吻骨。

鼻骨（os nasale）：构成鼻腔的顶壁大部分。

上颌骨（os maxillare）：构成鼻腔的侧壁、底壁和口腔的顶壁。上颌骨的下缘两侧有臼齿齿槽。

泪骨（os lacrimale）：位于眼眶前部。有泪囊窝，为骨性鼻泪管的入口。

颧骨（os zygomaticum）：位于泪骨外侧，构成眶窝的前外侧壁。

颌前骨（切齿骨）（incisivum）：位于上颌骨的前方，除反刍动物外，骨体上均有切齿齿槽。

腭骨（os palatinum）：位于上颌骨内侧后方。

翼骨（os pterygoideum）：为狭窄而薄的小骨板，附着于蝶骨翼突的内侧。

犁骨：位于蝶骨体前方，沿鼻腔底壁中线向前延伸。

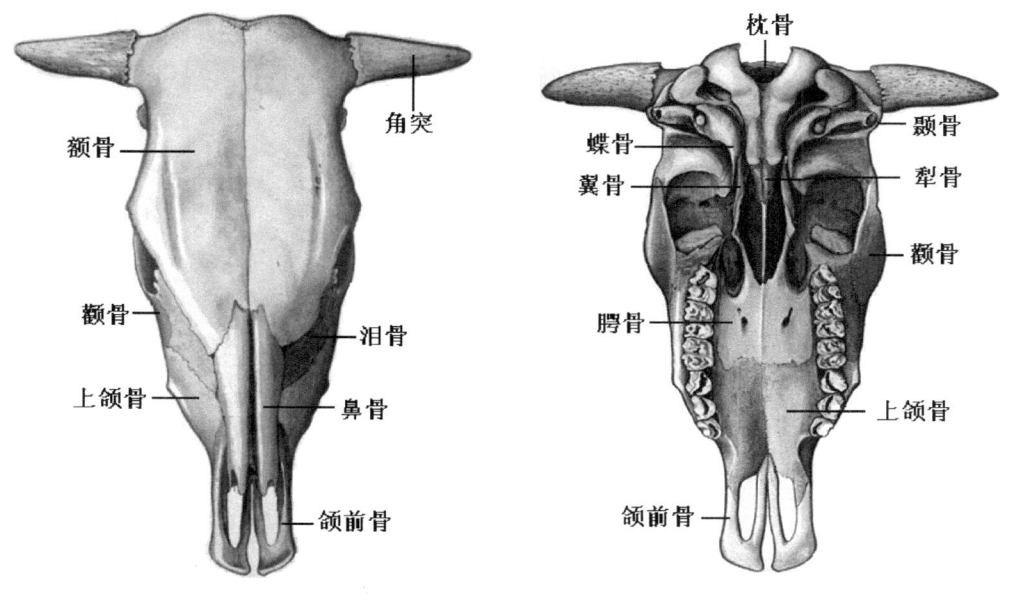

图2-6 牛头骨（背面）　　　图2-7 牛头骨（腹面）

鼻甲骨（ossa conchae nasalis）：位于鼻腔内，是两对卷曲的薄骨片，分为上鼻甲骨和下鼻甲骨。

下颌骨（mandibula）：构成口腔的侧壁、底壁。牛分左、右两半，每半分下颌骨体和下颌骨支。有切齿齿槽、臼齿齿槽、齿槽间隙、下颌间隙、下颌髁、咬肌面、翼肌面和下颌血管切迹，马和猪下颌骨左、右愈合。

舌骨（os hyoideum）：位于下颌间隙后部，由数块小骨组成。

吻骨：位于颌前骨上方和鼻骨前方，三棱椎形小骨。

（3）副鼻窦：又称鼻旁窦（sinus paranasales），是鼻腔附近一些头骨内的含气腔体的总称（图2-8、图2-9）。它们直接或间接与鼻腔相通，故称鼻旁窦。主要有额窦、上颌窦、腭窦和筛窦。因鼻黏膜和鼻旁窦内的黏膜相延续，当鼻黏膜发炎时，可蔓延引起副鼻窦炎。

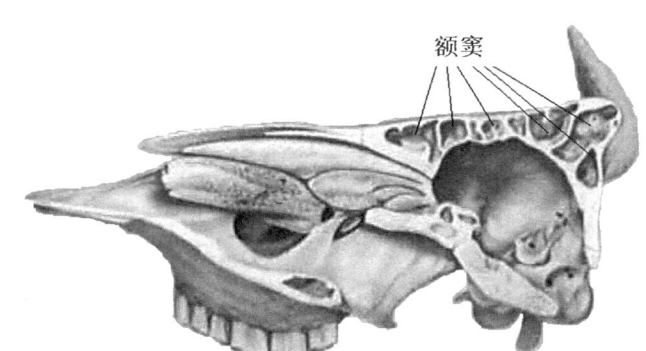

图2-8 牛额窦和上颌窦

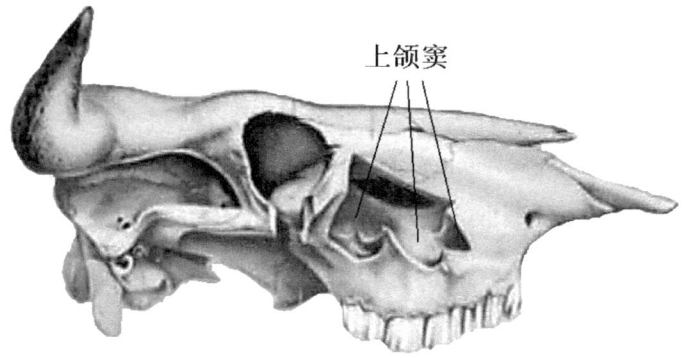

图2-9 牛上颌窦

2. **头骨的连结** 头骨大部分为直接连结,主要是纤维连结;有的形成软骨连结。只有一个关节,即颞下颌关节(art. temporomandibularis),由颞骨、关节盘和下颌骨构成。可进行开口、闭口和左右运动。

(二)躯干骨骼

1. **躯干骨** 包括椎骨、肋和胸骨。

(1)椎骨(vertebrae):分为颈椎、胸椎、腰椎、荐椎和尾椎。

①各种家畜不同椎骨的数量。见表2-1。

表2-1　各种家畜不同椎骨的数量

家畜种类	颈椎	胸椎	腰椎	荐椎	尾椎
牛	7	13	6	5	18～20
羊	7	13	6～7	4	3～24
猪	7	14～16	6～7	4	20～23
马	7	18	6	5	14～21
犬	7	13	7	3	20～30

②典型椎骨的构造。各段椎骨由于机能不同,形态和构造虽有差异,但基本结构相似,均由椎体、椎弓和突起组成(图2-10)。

椎体:位于椎骨的腹侧,呈短圆柱形,前面略凸称椎头,后面稍凹称椎窝。

椎弓:是椎体背侧的拱形骨板。椎弓与椎体之间形成椎孔,所有的椎孔依次相连,形成椎管容纳脊髓。椎弓基部的前缘有1对前切迹,后缘有1对后切迹,相邻椎弓的前切迹与后切迹合成椎间孔,供血管和神经通过。

突起:有3种,从椎弓背侧向上方伸出的1个突起,称为棘突;从椎弓基部向两侧伸出的1对突起,称为横突;从椎弓背侧的前后缘各伸出1对关节突,为前关节突和后关节突。

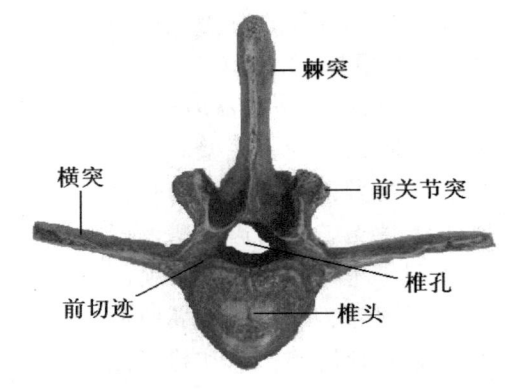

图2-10　典型椎骨的构造

③各部椎骨的主要特征。

颈椎(vertebrae cerviales):第1颈椎又称寰椎,呈环形,由背侧弓和腹侧弓构成。前面有较深的前关节凹,后面有鞍状关节面,背侧有背结节,腹侧有腹结节。寰椎的两侧有1对寰椎翼。第2颈椎又称枢椎,椎体前端形成发达的齿状突,齿状突的腹侧有鞍状关节面。无前关节突。第3~6颈椎椎体发达,椎头和椎窝均很明显。前、后关节突很发达。横突分前后两支。第7颈椎与第3~6颈椎相似,横突1支,椎窝两侧有1对肋凹。

胸椎(vertebrae thoracicae):棘突发达,牛2~6胸椎棘突最高,马3~5胸椎棘突最高。关节突小。椎头与椎窝的两侧均有肋凹。横突短,游离端有横突肋凹。

腰椎(vertebrae lumbales):横突发达,呈上下扁的板状,伸向外侧。

荐椎(vertebrae sacrales):成年时荐椎愈合成一整体,称荐骨,有背侧荐孔和腹侧荐孔。荐椎的横突相互愈合称荐骨翼,荐骨翼上有耳状关节面和卵圆关节面。牛的荐骨棘突愈合在一起；猪的棘突不发达，常部分缺少；马的棘突未愈合。

尾椎（vertebrae coccygeae）：前几个尾椎仍具有椎骨的构造，牛前几个尾椎椎体腹侧有成对腹棘，中间形成一血管沟，供尾中动脉通过。后几个尾椎椎弓、突起则逐渐退化，仅保留椎体并逐渐变细，呈棒状。

（2）肋（costae）：是左右成对的扁骨，构成胸廓的侧壁。包括肋骨和肋软骨。肋骨（os costae）：位于背侧，分为椎骨端、肋骨体和胸骨端。椎骨端有肋骨小头和肋结节；肋骨体后缘有肋沟。肋软骨（cartilage）：位于肋的腹侧，由透明软骨构成。

表2-2 各种家畜肋、真肋和假肋的对数

家畜种类	牛	羊	猪	马	犬
肋	13	13	14～16	18	13
真肋	8	8	7	8	9
假肋	5	5	7～9	10	4

前几对肋的肋软骨，直接与胸骨相连称真肋；其余肋的肋软骨不与胸骨相连称为假肋。最后1对肋骨和所有假肋则由结缔组织顺次连接形成肋弓。相邻两肋之间的空隙称为肋间隙。肋的数量与胸椎对数相同，各种家畜肋的对数、真肋和假肋的对数见表2-2。

（3）胸骨（sternum）：位于腹侧，构成胸廓的底壁，由若干个胸骨片和软骨构成。牛、猪和犬的胸骨上下扁平，马的胸骨呈舟状。胸骨的前部为胸骨柄，中部为胸骨体，在胸骨体两侧有成对的肋窝，在胸骨体腹侧马有发达的胸骨嵴，胸骨的后端有上下扁圆形的剑状软骨。各种家畜胸骨片数和肋窝对数见表2-3。

表2-3 各种家畜胸骨片数和肋窝对数

家畜种类	牛	羊	猪	马	犬
胸骨片数	7	7	6	7	8
肋窝对数	8	8	7	8	9

2. **躯干骨的连结** 包括椎骨的连结、肋与椎骨连结和肋与胸骨连结（图2-11）。

（1）椎骨的连结：可分为椎体间连结、椎弓间连结、脊柱总韧带、寰枕关节和寰枢关节。所有椎骨连结在一起称为脊柱。

①椎体间连结。是相邻两椎骨的椎头与椎窝，借椎间盘相连结。

②椎弓间连结。是相邻椎骨的前关节突和后关节突构成的关节，是滑动关节。

③脊柱总韧带。分布在脊柱上起连结加固作用的辅助结构，除椎骨间的短韧带外还有3条贯穿脊柱的长韧带，包括棘上韧带、背纵韧带和腹纵韧带。

棘上韧带：位于棘突顶端，由枕骨伸至荐骨。在颈部特别发达，形成强大的项韧带。项韧带（图2-12）由弹性组织构成，呈黄色。分为索状部和板状部。其作用为辅助颈部肌肉支持头部。

背纵韧带：位于椎管底部，椎体的背侧，由枢椎至荐骨。

腹纵韧带：位于椎体的腹面，并紧密附着于椎间盘上，由胸椎中部开始，止于荐骨。

④寰枕关节（art. atlantooccipitalis）。由寰椎与枕骨形成，可做屈、伸运动和小范围的侧运动。

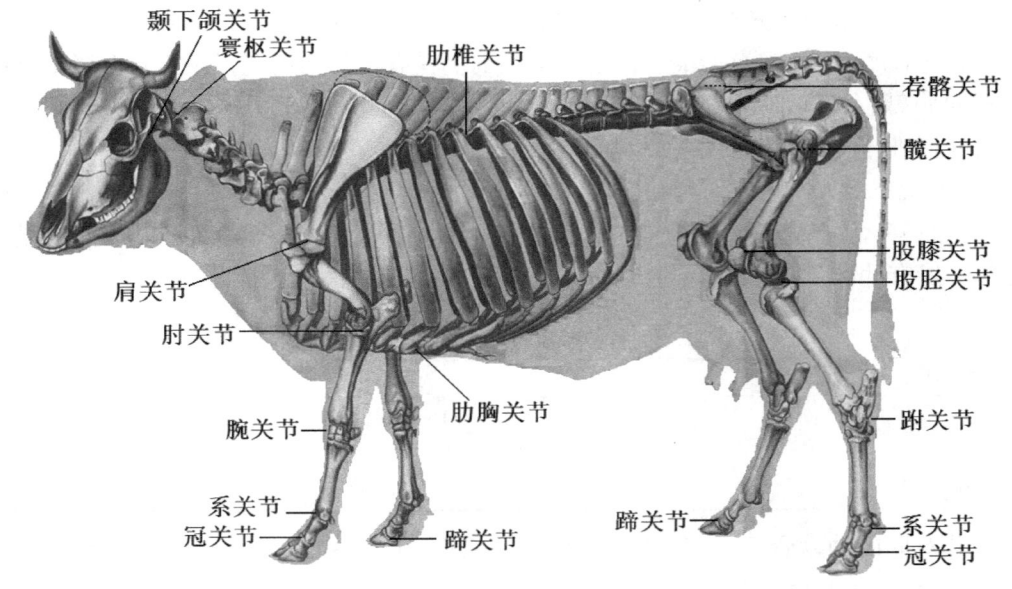

图2-11 牛全身骨连结

⑤寰枢关节（art.atlantoepistrophica）。由寰椎与枢椎构成，可沿枢椎的纵轴做旋转运动。

（2）肋与椎骨连结：又叫肋椎关节（art. costovertebrefes），是肋骨与胸椎形成的关节。

（3）肋与胸骨连结：又叫肋胸关节（art. sternocostales），是真肋的肋软骨与胸骨两侧的肋窝形成的关节。

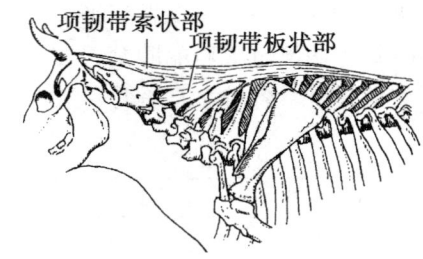

图2-12 牛项韧带

（4）胸廓（thorax）：胸椎、肋和胸骨连结在一起构成胸廓。胸廓为平卧的截顶圆锥形。前口较窄，由第1胸椎、第1对肋和胸骨柄围成。后口较宽大，由最后胸椎、最后1对肋和剑状软骨构成。胸廓前部的肋较短，并与胸骨相连，坚固性强但活动范围小，适应于保护胸腔内器官和连接前肢。胸廓后部的肋长而且弯曲，活动范围大，形成呼吸运动的杠杆。

（三）四肢骨骼

1. 前肢骨骼

（1）前肢骨：包括肩胛骨、臂骨、前臂骨、腕骨、掌骨、指骨和籽骨（图2-13）。

①肩胛骨（scapula）。为三角形扁骨。近端有肩胛软骨；骨体外侧面有肩胛冈（牛有肩峰）、冈上窝和冈下窝，内侧面有锯肌面和肩胛下窝；远端有肩臼（或肩关节窝）和肩胛结节。

②臂骨。又称肱骨（humerus），为管状长骨。近端前方有臂二头肌沟，后方为臂骨头，外侧有大结节，内侧有小结节；骨体呈扭曲的圆柱状，外侧有有臂肌沟和三角肌结节，内侧有圆肌结节；远端前方有内髁、外髁，后方有肘窝（或鹰嘴窝）。

③前臂骨（ossa antebrachii）。由桡骨和尺骨组成，为管状长骨。桡骨（radius）位于前内侧，尺骨（ulna）位于后外侧。桡骨的近端有对臂关节面，前方内侧有桡骨结节。

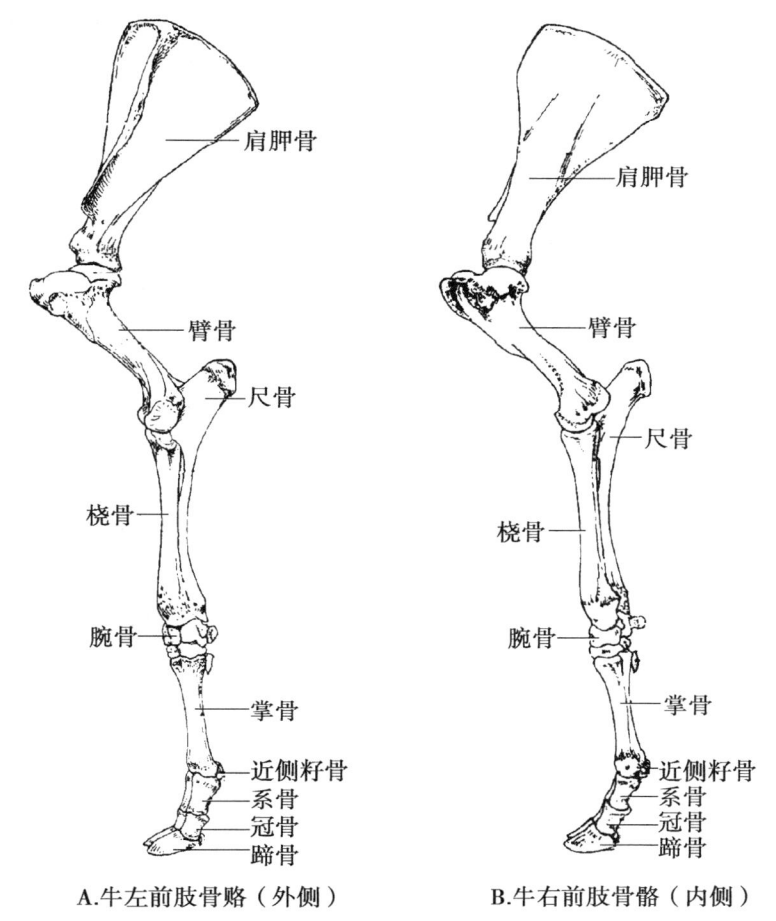

图2-13 牛前肢骨骼

尺骨的近端为鹰嘴（或肘突），鹰嘴的顶端有鹰嘴结节，前方有半月状关节面；骨体有前臂骨间隙；远端有对腕关节面。牛的前臂骨，在远端桡骨和尺骨等长；猪的前臂骨，桡骨短，尺骨发达，比桡骨长；马的前臂骨，桡骨发达，尺骨仅达到桡骨中部。

④腕骨（ossa carpi）。排成上、下两列。近列腕骨有4块，由内向外依次为：桡腕骨、中间腕骨、尺腕骨和副腕骨；远列腕骨一般为4块，由内向外依次为第1、2、3、4腕骨。牛有第2、3、4腕骨，第2和第3腕骨愈合；猪有第1、2、3、4腕骨；马有第2、3、4腕骨。

⑤掌骨（ossa metacarpale）。为管状长骨。由内至外排列依次为第1、2、3、4、5掌骨。近端有对腕关节面，背内侧有掌骨结节；骨体背侧光滑，掌侧粗糙；远端有1对滑车关节面。牛有第3、4、5掌骨，第3、4掌骨发达称大掌骨，近端和骨干愈合在一起，第5掌骨为一圆锥形小骨，附于第4掌骨的近端外侧；猪有第2、3、4、5掌骨，第3、4掌骨发达称大掌骨，第2、5掌骨较小称小掌骨；马有第2、3、4掌骨，第3掌骨发达又称大掌骨，第2、4掌骨是远端退化的小掌骨。

⑥指骨（ossa digitorum manus）和籽骨（ossa sesamoidea）。一般每指都有3节：依次为系骨、冠骨和蹄骨，2块近侧籽骨位于系骨近端掌侧，1块远侧籽骨位于蹄关节的掌侧。牛有第2、3、4、5指，第3、4指发达称主指，各有3节，第2、5指又称悬指，各有2节，即

冠骨和蹄骨，不与掌骨成关节，仅以结缔组织相连于系关节的掌侧；猪有第2、3、4、5指，第3、4指发达，第2、5指较短而细，无远侧籽骨；马有第3指。

（2）前肢骨的连结：由上向下依次为肩关节、肘关节、腕关节和指关节。指关节又分系关节、冠关节和蹄关节（图2-11）。

①肩关节（art.humeri）。由肩胛骨的肩臼和臂骨头构成，关节角顶向前，运动形式是屈和伸、内收和外展，旋转运动。但由于两侧肌肉的限制，主要进行屈和伸运动。

②肘关节（art.cubiti）。由臂骨远端和前臂骨近端构成，关节角顶向后，只能做屈伸运动。

③腕关节（art.carpi）。由前臂骨远端、腕骨和掌骨近端构成，关节角顶向前，只能做屈伸运动。

④系关节（art.phalangis primae）。又称球节，由掌骨远端、系骨近端和近侧籽骨构成，关节角顶向前，只能做屈伸运动。

⑤冠关节（art.phalangis secundae）。由系骨远端和冠骨近端构成，关节角顶向前，只能做屈伸运动。

⑥蹄关节（art.phalangis tertiae）。由冠骨远端、蹄骨近端和远侧籽骨构成，关节角顶向前，只能做屈伸运动。

2. 后肢骨骼

（1）后肢骨：包括髋骨、股骨、膝盖骨、小腿骨、跗骨、跖骨、趾骨和籽骨（图2-14）。

①髋骨（os coxae）。由髂骨、坐骨和耻骨构成（图2-15）。3块骨形成髋臼。坐骨和耻骨围成闭孔。两侧坐骨由软骨结合在一起称为坐骨联合；两侧耻骨由软骨结合在一起称为耻骨联合；坐骨联合和耻骨联合形成骨盆联合。

髂骨（os ilium）：位于背外侧，分为髂骨体和髂骨翼。髂骨翼的外侧角称髋结节；内侧角称荐结节。髂骨翼的外侧面有臀肌面，内侧面有耳状面。

坐骨（os ischii）：位于腹侧后部。构成骨盆底壁的后部。后外侧角称为坐骨结节。两侧坐骨的后缘称为坐骨弓。

耻骨（os pubis）：较小，位于腹侧前部。

②股骨（os femoris）。为管状长骨。近端内侧有股骨头，外侧有大转子，马有大转子和中转子；骨体内侧有小转子，马外侧还有第3转子；远端前方有滑车关节面，后方有内髁、外髁。

③膝盖骨。又称髌骨（patella），是一大籽骨，位于股骨远端的前方。

④小腿骨（ossa cruris）。包括胫骨和腓骨。

A.胫骨（tibia）：是一个发达的长骨，呈三棱柱状。近端有内、外髁和髁间隆起；骨体为三面体，后面有腘肌线，内、外侧面之间有胫骨嵴；远端有滑车关节面。

B.腓骨（fibula）：位于胫骨外侧，与胫骨间形成小腿间隙。牛的腓骨近端与胫骨愈合为一向下的小突起，骨体消失；猪的腓骨较发达，与胫骨等长；马的腓骨为一退化的小骨，达到胫骨中、下交界处消失。

⑤跗骨（ossa tarsi）。分为3列。近列有两块，内侧的为胫跗骨又称距骨，有滑车状

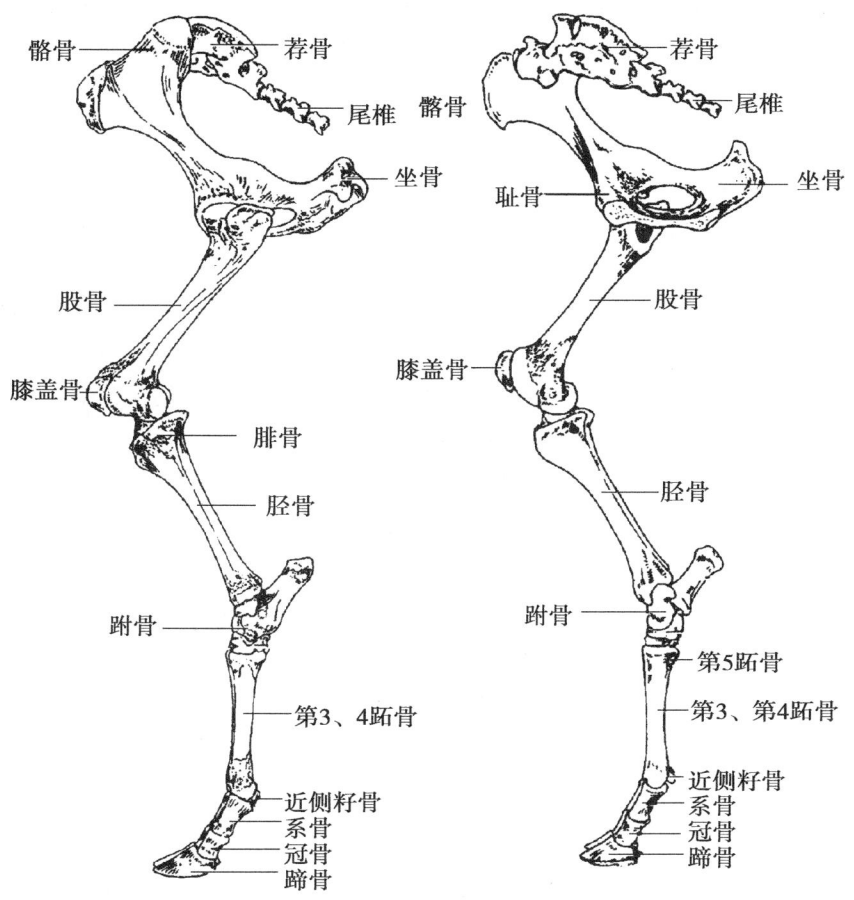

A.牛左后肢骨骼（外侧）　　　　B.牛右后肢骨骼（内侧）

图2-14　牛后肢骨骼

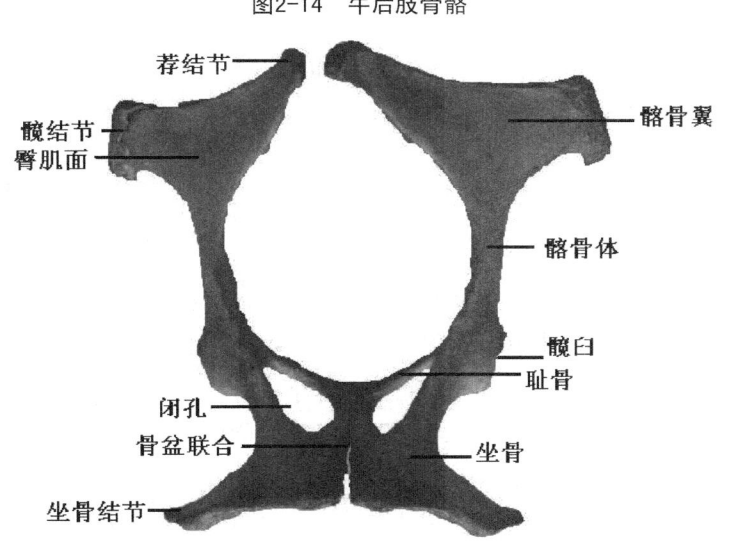

图2-15　马髋骨

关节面，外侧的为腓跗骨又称跟骨，有跟结节；中列只有1块中央跗骨；远列由内侧向外侧为第1、2、3、4跗骨。牛第1跗骨很小位于后内侧，第2与第3跗骨愈合；猪有第1、2、3、4跗骨；马有第1和第2跗骨愈合成的不规则小骨，中间为扁平的第3跗骨，外侧为较高的第4跗骨。

⑥跖骨（ossa metatarsi）、趾骨和籽骨。分别与前肢相应的掌骨、指骨和籽骨相似。

（2）后肢骨的连结：由上向下依次为荐髂关节、髋关节、膝关节、跗关节和趾关节。趾关节又分系关节、冠关节和蹄关节（图2-11）。

①荐髂关节（art.sacroiliaca）。由荐骨翼的耳状关节面与髂骨的耳状关节面构成，关节面不平整，周围有短而强的关节囊，并有一层短的韧带加固，是不动关节。

②髋关节（art.coxae）。由髋臼和股骨头构成，关节角顶向后，运动形式是屈和伸、内收和外展，旋转运动。但由于两侧肌肉的限制，主要进行屈和伸运动，在关节屈曲时常伴有外展和旋外，在伸展时伴有内收和旋内。

③膝关节（art.genus）。包括股胫关节和股膝关节。

股胫关节：由股骨远端的髁状关节面、胫骨近端和两个半月板构成，关节角顶向前，主要是屈伸运动，在屈曲时可做小范围的旋转运动。

股膝关节：由股骨远端滑车关节面和膝盖骨构成，主要是膝盖骨在股骨滑车关节面上滑动，通过改变股四头肌作用力的方向，而伸展膝关节。

④跗关节（art.tarsi）。又称飞节，是由小腿骨远端、跗骨和跖骨近端构成的，关节角顶向后，只能做屈和伸运动。

⑤趾关节。其构造与前肢指关节相同。

（3）骨盆：由左右的髋骨、荐骨和前3~4个尾椎以及两侧的荐结节阔韧带连结构成骨盆。为一前宽后窄的圆锥形腔，前口以荐骨岬、髂骨以及耻骨为界；背侧是荐骨和尾椎；两侧是髂骨和荐结节阔韧带；腹侧是坐骨和耻骨。骨盆的形状和大小，因性别、种类而异。总的来说，母畜的骨盆比公畜的大而宽；骨盆的横径母畜比公畜较宽，有利于母畜分娩。牛骨盆腔横径小，骨盆腔狭窄，易发生难产。

第二节 肌 肉

一、概述

（一）肌肉的构造

全身的每一块肌肉（musculus）就是一个肌器官，均由肌腹和肌腱构成。

1. **肌腹**（vetermusculi） 是有收缩能力的部分，由骨骼肌纤维借结缔组织结合而成。骨骼肌纤维是肌肉的实质部分，结缔组织则为间质部分。包在整块肌肉外表面的结缔组织，形成肌外膜。肌外膜向内伸入，将肌纤维分成大小不同的肌束，称肌束膜。肌束膜再向肌纤维之间深入，包围着每一条肌纤维，称肌内膜。肌膜内有血管、淋巴管、神经和脂肪。对肌肉起连接、支持和营养作用。

2. **肌腱**（tendo musculi） 是不能收缩的部分，在肌肉的两端一般由规则的致密结缔组织构成。具有很强的韧性和抗张力，而使肌肉牢固地附着于骨上。

(二) 肌肉的形态

肌肉一般可以分为：板状肌、多裂肌、纺锤形肌和环形肌。

1. **板状肌** 呈薄板状，主要位于腹部和肩带部，其形状和大小不一，有的呈扇形（如背阔肌）；有的呈锯齿状（如下锯肌）；有的呈带状（如臂头肌等）。板状肌可延续为腱膜，以增加肌肉的坚固性。

2. **多裂肌** 主要分布于脊柱的椎骨之间，是由许多短肌束组成的肌肉，表现出分节的特点（如背最长肌、髂肋肌等）。

3. **纺锤形肌** 多分布于四肢，中间膨大部分，主要由肌纤维构成肌腹，两端多为肌质，上端为肌头，下端为肌尾（如指总伸肌、指外侧伸肌）。

4. **环形肌** 分布于自然孔周围（如口轮匝肌），肌纤维环绕自然孔排列，形成括约肌，收缩时可关闭自然孔。

(三) 肌肉的起止点和作用

肌肉一般都以两端附着于骨或软骨，中间越过一个或多个关节。当肌肉收缩时，肌腹变短，以关节为运动轴，牵引骨发生位移而产生运动。肌肉收缩时，固定不动的一端称为起点，活动的一端称为止点。但随着运动状况发生变化，起止点也可发生改变。

(四) 肌肉的命名

一般是根据其作用、结构、形状、位置、肌纤维方向及起止点等特征而命名的，大多数肌肉是结合了数个特征而命名的。

(五) 肌肉的辅助器官

肌肉的辅助器官包括筋膜、黏液囊和腱鞘。

1. **筋膜**（*fascia*） 为被覆在肌肉表面的结缔组织膜，可分为浅筋膜和深筋膜。

（1）浅筋膜（*fascia superficialis*）：位于皮下，又称皮下筋膜，由疏松结缔组织构成，覆盖于整个肌肉表面。营养好的家畜浅筋膜内蓄积大量脂肪，形成皮下脂肪层。浅筋膜连结皮肤与深部组织，有保护、储存脂肪和调节体温等功能。

（2）深筋膜（*fascia profunda*）：在浅筋膜之下，由致密结缔组织构成，致密而坚韧，包围在肌群的表面，并伸入肌肉之间，附着于骨上，形成肌肉间隔。有连接和支持肌肉的作用。

2. **黏液囊**（*bursa mucosae*） 是密闭的结缔组织囊。囊壁薄，内面衬有滑膜，囊内有少量黏液，多位于肌、腱、韧带、皮肤与骨的突起之间，有减少摩擦的作用。有些黏液囊是关节囊的突出部分，与关节腔相通，常称为滑膜囊（如羊腕黏液囊炎）。

3. **腱鞘**（*vagina synovialis tendinis*） 多位于腱通过活动范围较大的关节处。为黏液囊卷裹于腱的外面形成。呈筒状包围于腱的周围，表面为纤维层，滑膜分内外两层，外层称壁层，附着于纤维层内面；内层称腱层，紧贴于腱的表面，两层滑膜在腱系膜处连续。壁层与腱层之间有少量滑液，可减少腱活动时的摩擦。

二、全身肌肉的分布

全身肌肉分为皮肌、头部肌肉、躯干肌肉、前肢肌肉和后肢肌肉（图2-16）。

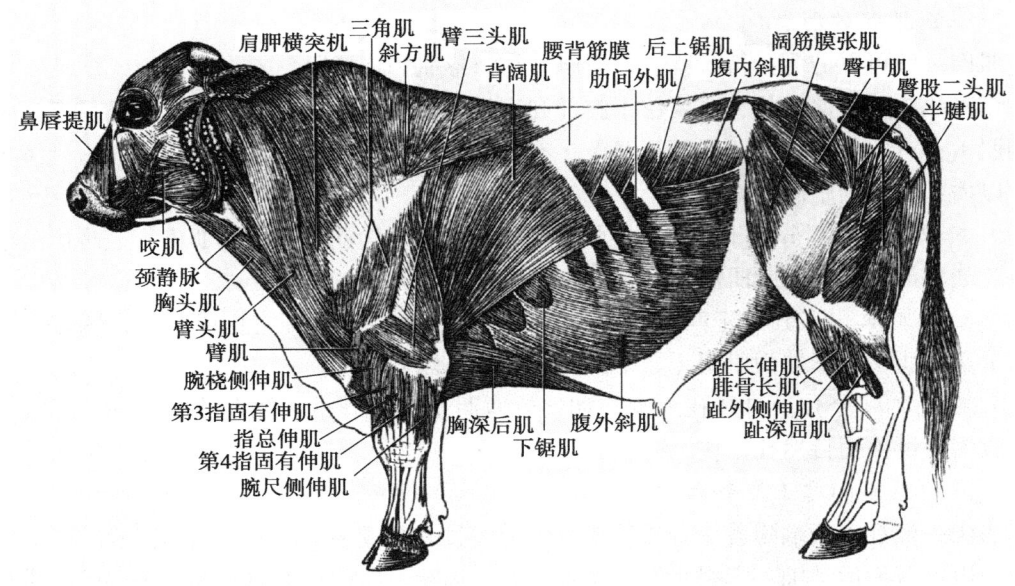

图2-16 牛全身浅层肌肉

（一）皮肌

皮肌（m.cutaneus）分布于皮下浅筋膜内的薄层肌肉，大部分与皮肤深面紧密相连。皮肌收缩，使皮肤颤动，以驱除蚊蝇及抖掉灰尘和水滴等。皮肌并不覆盖全身，根据部位可分为面皮肌、颈皮肌、肩臂皮肌及胸腹皮肌。

（二）头部的主要肌肉

头部肌肉分为面肌和咀嚼肌。

1. **面肌** 是位于口腔、鼻、眼和耳周围的肌肉，可分为呈放射状排列的开张肌和环行的括约肌。

（1）开张肌：有开张自然孔的作用。主要有鼻唇提肌、鼻外侧开肌、上唇提肌和下唇降肌等。

（2）括约肌：有关闭自然孔的作用。主要有口轮匝肌和颊肌。

2. **咀嚼肌** 参与咀嚼运动，可分为闭口肌和开口肌。

（1）闭口肌：是闭口的肌肉，主要有咬肌、翼肌（是头部囊虫检疫的部位）和颞肌。

（2）开口肌：使口腔打开的肌肉，主要有枕下颌肌和二腹肌。

（三）躯干的主要肌肉

躯干肌肉包括脊柱肌、颈腹侧肌、胸壁肌及腹壁肌。

1. **脊柱肌** 可分为脊柱背侧肌和脊柱腹侧肌。

（1）脊柱背侧肌：作用是两侧同时收缩时，可伸脊柱、举头颈；一侧收缩时，可向一侧偏脊柱。主要有背腰最长肌、髂肋肌和夹肌。

背腰最长肌（m.longissmus thoracis et lumborum）：又称眼肌（是酮体测量的肌肉），位于胸椎、腰椎的棘突与横突和肋骨椎骨端所形成的三棱形夹角内。起于髂骨前缘及腰荐骨，止于最后颈椎及前部肋骨近端。

髂肋肌（m.iliocostalis）：位于背腰最长肌的腹外侧，起于腰椎横突末端和后几个肋骨的前缘，向前止于所有肋骨的后缘和前12个肋骨的后缘及第7颈椎横突。背腰最长肌与髂肋肌之间的肌沟，称为髂肋肌沟（有针灸穴位）。

夹肌（m.splenius）：位于颈侧部，呈三角形，其后部被斜方肌及颈腹侧锯肌覆盖。起于棘横筋膜和项韧带索状部，止于枕骨、颞骨及前4、5个颈椎。

（2）脊柱腹侧肌：作用是向腹侧弯曲脊柱。主要有颈长肌和腰小肌。

颈最长肌（m.longissimus cervicis）：位于颈椎及前5~6个胸椎椎体的腹侧，有屈颈作用。

腰小肌（m.psoas major）：位于腰椎腹侧椎体的两侧，有屈腰作用。

2.**颈腹侧肌** 主要有胸头肌、胸骨甲状舌骨肌和肩胛舌骨肌。

（1）胸头肌（m.sternocephalicus）：位于颈部腹外侧皮下，构成颈静脉沟（颈静脉注射的部位）的下界。起于胸骨柄两侧，牛止于下颌骨和颞骨，马止于下颌骨。有屈头颈的作用。

（2）胸骨甲状舌骨肌（m.sternothyrohyoideus）：位于气管腹侧。起于胸骨柄，向前分两支：外侧支止于喉的甲状软骨，称胸骨甲状肌；内侧支止舌骨体，称胸骨舌骨肌胸头肌（胸骨甲状舌骨肌和胸头肌是颈腹侧手术剥离肌肉）。

（3）肩胛舌骨肌（m.omohyoideus）：位于颈侧部，臂头肌的深面。起于第3~5颈椎横突（牛）或肩胛下筋膜（马），止于舌骨体。在颈前部构成颈静脉沟的底部，于颈静脉和颈动脉之间穿过（颈静脉注射在颈上1/3处，碰不到颈总动脉）。

3.**胸壁肌** 收缩可改变胸腔的容积参与呼吸运动，因此也称为呼吸肌。主要有肋间外肌、肋间内肌和膈肌。

（1）肋间外肌（mm.intercostales externi）：位于所有肋间隙的表层。起于肋骨的后缘，肌纤维斜向后下方，止于后一肋骨的前缘。作用向前外方牵引肋骨，使胸廓扩大，引起吸气。

（2）肋间内肌（mm.intercostales interni）：位于肋间外肌的深面。起于肋骨前缘，肌纤维斜向前下方。止于前一肋骨的后缘。作用向后方牵引肋骨，使胸廓变小，帮助呼气。

（3）膈肌（diaphragma）：位于胸腔和腹腔之间，为锅底形凸向胸腔，又叫横膈膜。膈肌周围由肌纤维构成，称肉质缘，分腰部、肋部和胸骨部。腰部形成肌质的左、右膈脚（是旋毛虫检验的部位）；中央由强韧的腱膜构成，称中心腱。膈肌上有3个孔：上方是主动脉裂孔，中间是食管裂孔，下方是腔静脉裂孔。膈肌收缩时，使胸腔的纵径扩大，引起吸气。

4.**腹壁肌** 构成腹腔的侧壁和底壁，由4层构成，由外至内的顺序为：腹外斜肌、腹内斜肌、腹直肌和腹横肌。

（1）腹外斜肌（m.obliquus abdominis externus）：位于最外层，起始部为肌质，逐渐移行为腱膜，肌纤维方向由前上方斜向后下方。起于第5至最后肋骨的外面，止于腹底部正中线、耻骨和髋结节。

（2）腹内斜肌（m.obliquus abdominis internus）：位于腹外斜肌深面，呈扇形，起始部为肌质，逐渐移行为腱膜，肌纤维方向由后上方斜向前下方。起于髋结节，牛还起于腰椎横突，止于腹底部正中线、耻骨和最后肋骨后缘（牛）或后4~5肋软骨内侧面（马）。

（3）腹直肌（m.rectus abdominis）：位于腹底壁，肌纤维方向由前至后纵行。起于胸骨两侧和肋软骨，止于耻骨前缘。在腹直肌的肌腹上牛有5~6条（马有9~11条）腱划，加固腹壁的作用。

（4）腹横肌（m.transversus abdominis）：是腹壁肌的最内层，起始部为肌质，逐渐移行为腱膜，肌纤维方向由上至下。起于腰椎横突与弓肋下端的内面，止于腹底部正中线。

腹壁肌的作用是形成坚韧的腹壁，容纳和支持腹腔脏器；当腹壁肌收缩时，可增大腹压，协助呼气、排粪和分娩等。腹部手术时必须掌握腹壁肌肌纤维方向，腹侧壁手术肌肉是3层，腹底部手术肌肉是4层。4层的顺序和肌纤维方向记忆方法：在动物左侧观察，是"米"字的笔顺。

腹白线：由两侧的腹壁肌腱膜互相交织而成。位于腹壁腹侧正中线上，在胸骨的剑状软骨和骨盆联合之间。在腹白线中部稍后方有一瘢痕叫脐。

腹股沟管（canalis inguinalis）：又叫鼠蹊管，是腹外斜肌和腹内斜肌之间的楔形缝隙。为胎儿时期睾丸从腹腔下降到阴囊的通道，位于股内侧，有内外两个口：外口通皮下，称腹股沟管皮下环，公畜与阴囊相通；内口通腹腔，称腹股沟内环，通腹腔。公畜的腹股沟管明显，内有精索通过。母畜的腹股沟管仅供血管和神经通过。腹股沟管内环过大容易发生阴囊疝。

（四）前肢肌肉

前肢肌肉按部位可分为：肩带肌和作用于前肢各关节的肌肉（图2-17、图2-18）。

1.肩带肌 是连结躯干与前肢的肌肉，分背侧组和腹侧组。

（1）背侧组：包括斜方肌、菱形肌、背阔肌、臂头肌和肩胛横突肌。

斜方肌（m.trapezius）：呈扁平的三角形，位于肩颈上半部的浅层。起于项韧带索状部、棘上韧带，止于肩胛冈。分为颈斜方肌和胸斜方肌。作用是提举、摆动和固定肩胛骨。

菱形肌（m.rhomboideus）：位于斜方肌和肩胛软骨的深面，分为颈菱形肌、胸菱形肌两部分。颈菱形肌呈三棱形，肌纤维纵行。胸菱形肌近似四边形，肌纤维垂直。起于项韧带索状部、棘上韧带，止于肩胛软骨的内面。作用是向前上方提举肩胛骨。

背阔肌（m.latissmusdorsi）：呈三角形，位于胸侧壁的上部。起于腰背筋膜，止于臂骨内面。作用是向后上方牵引臂骨，屈肩关节和协助吸气。

臂头肌（m.brachlocephallcus）：呈长带状，位于颈侧部浅层，构成颈静脉沟的上界。起于枕骨、额骨、下颌骨，止于臂骨。作用是牵引前肢向前，伸肩关节，提举和侧偏头颈。

肩胛横突肌（m.omotransversarius）：呈薄带状，前部位于臂头肌的深层，后部位于颈斜方肌和臂头肌之间。起于寰椎翼和枢椎横突，止于肩胛冈和肩峰部的筋膜。作用同臂头肌。马无此肌。

（2）腹侧组：包括胸肌和腹侧锯肌。

胸肌（mmectoralis）：位于胸壁腹侧与肩臂内侧之间的强大肌群，分为胸浅肌和胸深肌两层。胸浅肌分前后两部分，前部分为胸降肌，起于胸骨柄，止于臂骨嵴。后部为胸横肌，起于胸骨腹侧面，止于前臂内侧筋膜。作用是内收前肢。胸深肌位于胸浅肌深层，分前后两部分，前部分为锁骨下肌，起于第1肋软骨，止于臂头肌深面。后部为胸升肌，起于胸骨腹侧面和腹黄膜，止于臂骨大结节和小结节。作用是内收和牵引前肢向后，当前肢踏地时牵引躯干向前。

腹侧锯肌（*m.serratur ventrtralis*）（或下锯肌）：呈扇形下缘呈锯齿状，位于颈部和胸部。分为颈腹侧锯肌和胸腹侧锯肌。颈腹侧锯肌起于后5~6个颈椎横突和前3个肋骨，胸腹侧锯肌起于4~9肋骨外侧面，均止于肩胛软骨内侧和肩胛骨锯肌面。作用是举颈、提举和悬吊躯干及协助吸气。

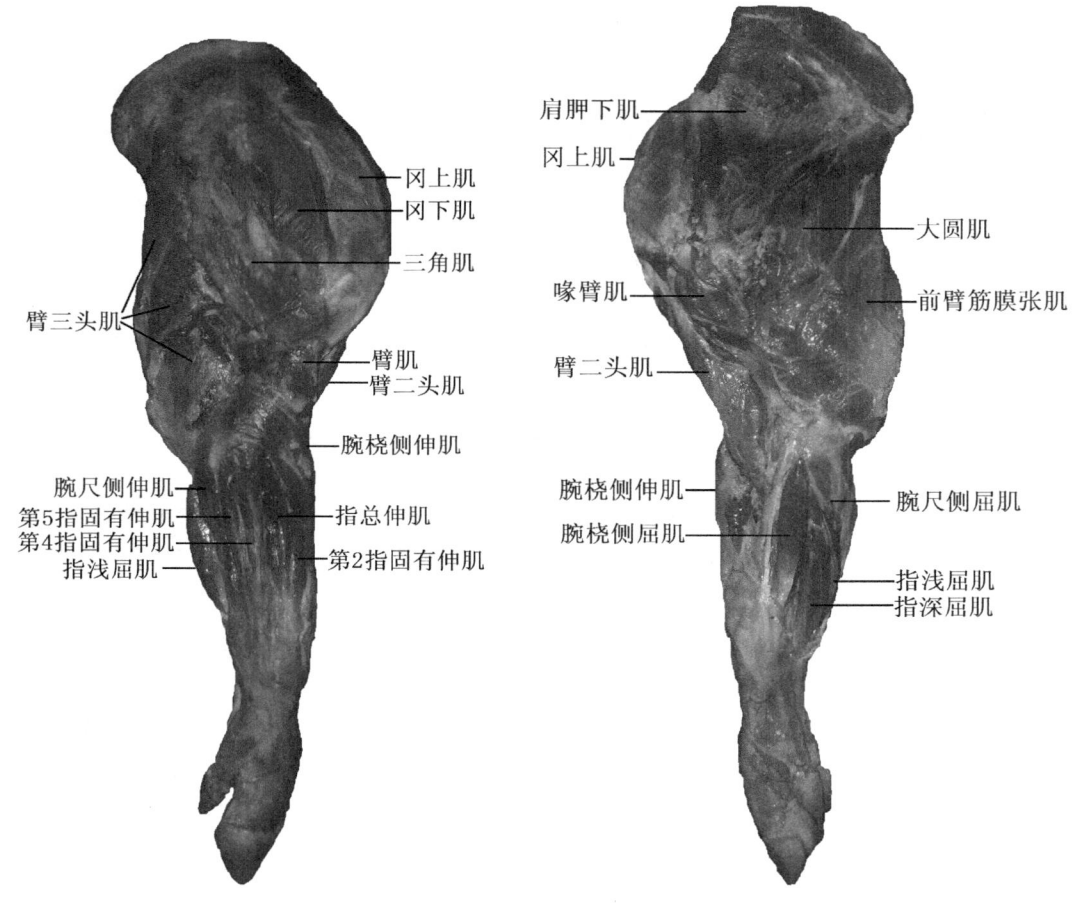

图2-17 猪右前肢肌肉（外侧）　　　图2-18 猪右前肢肌肉（内测）

2. **肩部肌**　为作用于肩关节的肌肉，可分为外侧组和内侧组。

（1）外侧组：包括冈上肌、冈下肌和三角肌。

冈上肌（*m.supraspinatus*）：位于冈上窝内。起于冈上窝、肩胛冈和肩胛软骨，止于臂骨大结节和小结节。作用为伸肩关节和固定肩关节。

冈下肌（*m.infraspinatus*）：位于冈下窝内，一部分被三角肌覆盖。起于冈下窝、肩胛冈和肩胛软骨，止于臂骨大结节。作用为外展及固定肩关节。

三角肌（*m.deltoideus*）：呈三角形，位于冈下肌的浅层。起于肩胛冈和肩胛骨后角，牛还有起于肩峰，止于臂骨的三角肌结节。作用为屈肩关节和外展前肢。

（2）腹侧组：包括肩胛下肌、大圆肌和喙臂肌。

肩胛下肌（m.subscapularis）：位于肩胛下窝内。起于肩胛下窝和肩胛软骨，止于臂骨的小结节。作用为内收臂骨和固定肩关节。

大圆肌（m.teres major）：呈长梭形，位于肩胛下肌后方。起于肩胛骨后角，止于臂骨圆肌结节。作用为屈肩关节和内收臂骨。

喙臂肌：呈扁而小的梭形，位于肩关节和臂骨的内侧上部，起于肩胛结节，止于臂骨内侧面。作用同大圆肌。

3.臂部肌　为作用于肘关节的肌肉，分为伸肌组和屈肌组。

（1）伸肌组：包括臂三头肌和前臂筋膜张肌。

臂三头肌（m.triceps brachii）：呈三角形，位于肩胛骨后缘与臂骨形成的夹角内。分3个头：长头起于肩胛骨的后缘；外侧头起于臂骨外侧面；内侧头起于臂骨内面。3个头共同止于尺骨鹰嘴。其作用主要是伸肘关节，长头可屈肩关节。

前臂筋膜张肌（m.tensor fasciae antebrachii）：位于臂三头肌长头的后缘和内面。起自肩胛骨后角，止于鹰嘴内侧面。其作用主要是伸肘关节，可屈肩关节。

（2）屈肌组：包括臂二头肌和臂肌。

臂二头肌（m. biceps brachii）：呈纺锤形肌，位于臂骨前面。起于肩胛骨的肩胛结节，止于桡骨结节。其作用主要是屈肘关节，可伸肩关节。

臂肌（m.brachii）：位于臂骨的臂肌沟内。起于臂骨近端后缘，止于桡骨近端内侧。作用为屈肘关节。

4.前臂及前脚部肌　为作用于腕、指关节的肌肉，分为背外侧肌群和掌侧肌群。

（1）背外侧肌群：为作用于腕关节和指关节的伸肌，由前向后依次为腕桡侧伸肌、指内侧伸肌、指总伸肌、指外侧伸肌和腕斜伸肌。

腕桡侧伸肌（m.extensor carpi radialis）：位于桡骨的背外侧面。起于臂骨远端外侧，止于第3掌骨近端的掌骨结节。主要作用是伸腕关节。

指内侧伸肌（m.extensor digitalis medialis）：又称第3指固有伸肌，位于前臂外侧面。起于臂骨远端外面及尺骨外面，止于第3指的冠骨近端背侧缘及蹄骨。马无此肌。作用是伸展第3指。

指总伸肌（m.exterson digitalis communis）：牛的位于指内侧伸肌和指外侧伸肌之间，马的位于腕桡侧伸肌后方。起于臂骨远端外髁和尺骨外侧面，止于蹄骨伸腱突。作用是伸指关节及腕关节，可屈肘关节。

指外侧伸肌（m.extensor digitalis lateralis）：又称第4指固有伸肌，位于前臂外侧面，在指总伸肌后方。起于桡骨近端外侧，牛的止于第4指的冠骨及蹄骨，马的止于系骨近端。作用为伸腕关节和指关节。

腕斜伸肌：起于桡骨的外侧下半部，斜伸延向腕关节的内侧，止于掌骨近端。作用是伸腕关节和外旋腕关节。

（2）掌侧肌群：为作用于腕关节和指关节的屈肌，有腕桡侧伸肌、腕桡侧屈肌、腕尺侧屈肌、指浅屈肌和指深屈肌。

腕尺侧伸肌（m.extensor carpi ulnaris）：又叫腕外侧屈肌，位于前臂骨外侧后部，指外侧伸肌的后方。起于臂骨远端外侧后部，止于第4掌骨近端和副腕骨。作用是屈腕关节，可伸肘关节。

腕尺侧屈肌（*m.flexor carpi ulnaris*）：位于前臂内侧后部。起于臂骨远端内侧后部和鹰嘴内侧面，止于副腕骨。作用是屈腕关节，可伸肘关节。

腕桡侧屈肌（*m.flexor carpi radialis*）：位于腕尺侧屈肌前方。起于臂骨远端内侧，牛的止于第3掌骨近端内侧，马的止于第2掌骨近端。作用是屈腕关节，可伸肘关节。

指浅屈肌（*m.flexor digitalis superficialis*）：牛的位于前臂后方，被屈腕肌包围。起于臂骨远端内侧，止于3、4指的冠骨。马的指浅屈肌位于腕尺侧屈肌与指深屈肌之间。起于臂骨远端内侧和桡骨后面下半，止于系骨和冠骨的两侧。作用是屈指关节和腕关节。

指深屈肌（*m.flexor digitalis profundus*）：位于前臂骨的后面，被其他屈肌包围。起于臂骨远端内面、鹰嘴及桡骨后面。牛的止于3、4指的蹄骨掌侧面后缘，马的止于蹄骨的屈腱面。作用同指浅屈肌。

（五）后肢的主要肌肉

后肢肌肉包括臀部肌、股部肌和小腿及后脚部肌（图2-19、图2-20）。

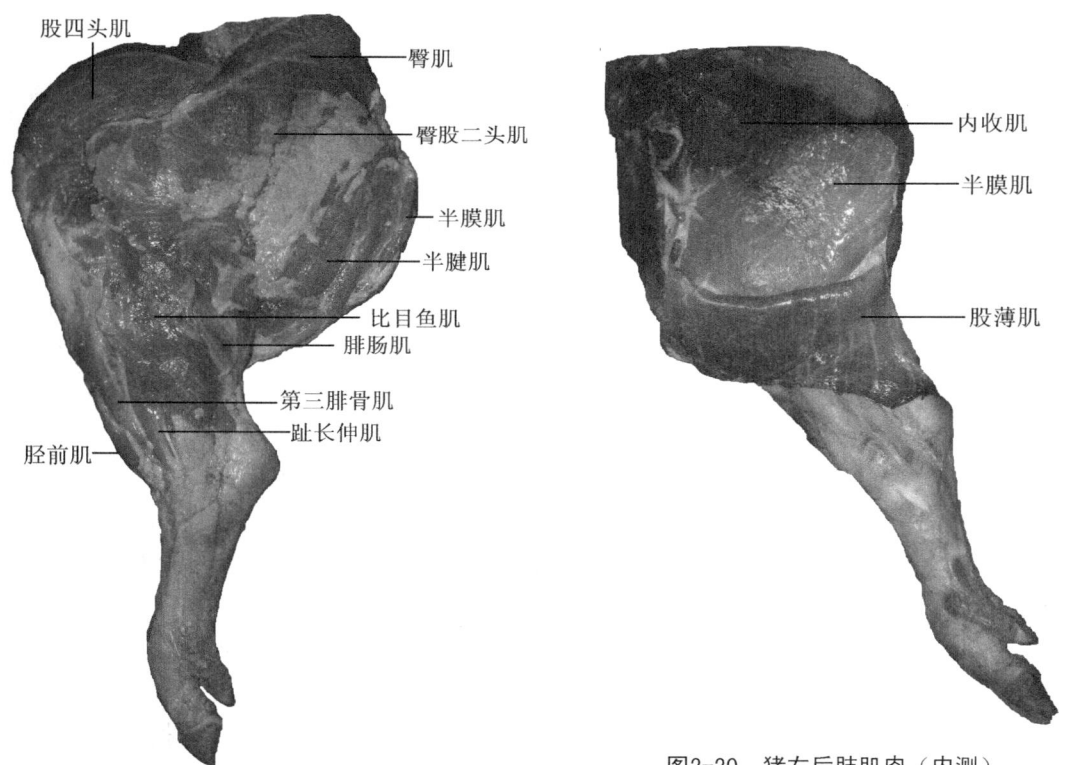

图2-19 猪左后肢肌肉（外侧）

图2-20 猪右后肢肌肉（内测）

1. 臀部肌 位于臀部，包括臀肌（是肌肉注射的部位）和髂腰肌（是躯干部囊虫检验的部位），臀肌包括臀浅肌、臀中肌和臀深肌。

（1）臀浅肌（*m.gluteus superficialis*）：位于臀部浅层，呈三角形。起于髋结节和荐结节，止于股骨的第3转子。牛无此肌。作用是屈髋关节和外展髋关节。

（2）臀中肌（*m.gluteus medius*）：是臀部的主要肌肉。起于髂骨翼和荐结节阔韧带，前部还起于腰部背腰最长肌筋膜。止于股骨的大转子。主要作用是伸髋关节和外展后肢。

（3）臀深肌（m.gluteus profundus）：位于最深层，被臀中肌覆盖。起于坐骨，止于股骨大转子。作用为外展髋关节和内旋后肢。

（4）髂腰肌（m.iliopsoas）：位于腰椎和髂骨的腹侧面，由腰大肌和髂肌所组成。髂肌起于髂骨翼的腹侧面，腰大肌起于腰椎横突的腹侧面，均止于股骨内面。作用为屈髋关节和外旋后肢。

2. **股部肌** 分布于股骨周围，分为股前、股后和股内肌群。

（1）股前肌群：包括阔筋膜张肌和股四头肌。

阔筋膜张肌（m.tensor fascia latae）：位于股前外侧浅层。起于髋结节，起始部为肌质，向下呈扇形扩展，延续为阔筋膜，止于膝盖骨和胫骨嵴。作用是紧张阔筋膜、屈髋关节和伸膝关节。

股四头肌（m.quadriceps famoris）：大而厚，位于股骨前面及两侧。有四个头，即直头、内侧头、外侧头和中间头。直头起于髂骨体，其余3个头分别起于股骨，止于膝盖骨。作用为伸膝关节。

（2）股后肌群：包括臀股二头肌、半腱肌和半膜肌。

臀股二头肌（m.gluteobiceps）：是一块长而宽大的肌肉，位于股后外侧。有两个头：椎骨头起于荐骨和荐结节阔韧带，坐骨头起于坐骨结节，止于膝盖骨、胫骨嵴和跟结节。作用为伸髋关节、膝关节和跗关节。

半腱肌（m.semitendinosus）：位于臀股二头肌的后方。起于坐骨结节，止于胫骨嵴和跟结节。作用同臀股二头肌。

半膜肌（m.semimembranosus）：呈三棱形，位于臀股后内侧。牛的起于坐骨结节，马的有两个头：椎骨头起于荐结节阔韧带后缘，形成臀部的后缘，坐骨头起于坐骨结节腹侧面，止于股骨远端内侧，牛的还止于胫骨近端内侧。作用是伸髋关节和内收后肢。

（3）股内侧肌群：包括缝匠肌、耻骨肌、内收肌和股薄肌。

缝匠肌：呈狭长的带状，位于股内侧前部。起于髂腰筋膜和腰小肌腱，止于膝内侧直韧带和胫骨嵴。作用为屈髋关节和内收后肢。

耻骨肌：呈锥形，位于耻骨前下方。起于耻骨前缘和耻前腱，止于股骨内侧缘中部。作用为内收后肢和屈髋关节。

内收肌（m.adductor）：呈三棱形，位于半膜肌前方，股薄肌深面。起于坐骨和耻骨的腹侧，止于股骨的后面和远端内侧面。作用是内收后肢和伸髋关节。

股薄肌（m.gracilis）：呈薄而宽的四边形，位于股内侧皮下。起于骨盆联合及耻前腱，止于膝关节及胫骨近端内面。作用是内收后肢和伸膝关节。

半膜肌、内收肌和股薄肌是后肢囊虫检验的部位。

3. **小腿及后脚部肌** 肌腹位于小腿周围，作用于跗关节和趾关节。可分为背外侧肌群和跖侧肌群。

（1）背外侧肌群：包括第三腓骨肌、趾内侧伸肌、趾长伸肌、腓骨长肌、趾外侧伸肌和胫骨前肌。

第三腓骨肌（m.peroneus terius）：位于小腿背侧面的浅层。起于股骨远端外侧，止于蹄骨近端及跗骨。马第三腓骨肌为一强腱，位于胫骨前肌与趾长伸肌之间。起于股骨远端前部，止于第3跖骨近端及跗骨。作用是屈跗关节。

趾内侧伸肌（m.extersor digitalis medialis）：又叫第3趾固有伸肌，马无此肌，位于第三腓骨肌深面及趾长伸肌前面。起于股骨远端外侧，止于第3趾的冠骨。作用是伸和外展第3趾。

趾长伸肌（m.extersor digitalis lonus）：位于趾内侧伸肌后方，其肌腹上部被第三腓骨肌覆盖。起于股骨远端外侧，止于第3、4趾蹄骨的伸腱突。马趾长伸肌位于小腿背侧面浅层，覆盖第三腓骨肌和胫骨前肌。起于股骨远端前部，止于蹄骨的伸腱突。作用是屈跗关节和伸趾关节。

腓骨长肌（m.peroneus longus）：呈狭长的菱形，位于小腿外侧面，趾长伸肌后方，趾外侧伸肌前方，马无此肌。起于小腿近端外侧面，止于第1跖骨和跗骨近端。作用是屈跗关节。

趾外侧伸肌（m.extersor digitalis lateralis）：又叫第4趾固有伸肌，位于小腿外侧，腓骨长肌后方。起于小腿近端外侧，止于第4趾的冠骨。作用为伸第4趾。马的趾外侧伸肌位于小腿外侧趾长伸肌的后方。起于胫骨外侧和腓骨，其腱并入趾长伸肌腱。作用为屈跗关节和伸趾关节。

胫骨前肌（m.tibialis cranialis）：紧贴胫骨。起于小腿近端外侧，牛的止于距骨前面和第2、3跖骨。马的分别止于第3趾骨近端前面和第1、2跖骨。作用是屈跗关节。

（2）跗侧肌群：包括腓肠肌、比目鱼肌、趾深屈肌、趾深屈肌和腘肌。

腓肠肌（m.gastrocnemius）：位于小腿后部，肌腹位于臀股二头肌与半腱肌之间。有内外两个头，分别起于股骨髁上窝的两侧，止于跟结节。作用是伸跗关节。

比目鱼肌（m.soleus）：呈薄片状，位于腓肠肌外侧头的外侧。起于腓骨头，止于腓肠肌外侧头腱参与形成跟腱。比目鱼肌与腓肠肌两个头合称小腿三头肌。

趾浅屈肌：位于腓肠肌两头之间。起于股骨的髁上窝，止于3、4指的冠骨。马的趾浅屈肌肌腹不发达，主要为腱质，止于系骨和冠骨的两侧。主要作用屈趾关节，并有屈膝关节和伸跗关节的作用。

趾深屈肌（m.flexor digitalis profundus）：位于胫骨后面。有3个头，均起于胫骨后面和外侧缘上部，牛的止于3、4指的蹄骨掌侧面后缘，马的止于蹄骨的屈腱面。作用是屈趾关节和伸跗关节。

腘肌（m.popliteus）：呈三角形，位于股胫关节和胫骨近端的跗侧面，被腓肠肌和趾浅屈肌覆盖。起于股骨远端的腘肌窝，止于胫骨近端的跗侧面。作用是屈膝关节。

4.**跟腱** 为圆形强腱，由臀股二头肌、半腱肌、腓肠肌、趾浅屈肌和比目鱼肌的腱构成。对跗关节有伸张的作用。

复习思考题

1.骨的化学成分和理化特性随着年龄的变化会发生什么样的变化？为什么幼龄动物易发生佝偻病？为什么泌乳性能好的母畜易发生骨软症？

2.前肢和后肢由上至下的顺序有哪些骨？哪些关节？

3.家畜腹侧壁手术切开的肌肉由外至内的顺序有哪些？肌纤维方向如何？

第三章 消化系统

知识目标
1. 掌握消化系统的组成，熟悉消化管的一般构造。
2. 掌握胃的位置、形态和构造。
3. 掌握肠的位置、形态和组织结构。
4. 掌握肝的位置、形态和组织结构。

第一节 概 述

消化系统包括消化管和消化腺。消化管为食物通过的管道，包括口腔、咽、食管、胃、小肠、大肠和肛门。消化腺为分泌消化液的腺体，分为壁内腺和壁外腺。壁内腺分布于消化管的管壁内，如胃腺和肠腺等；壁外腺位于消化管壁之外，形成独立的器官，分泌物以导管通入消化管的管腔内，如肝、胰和唾液腺等（图3-1）。

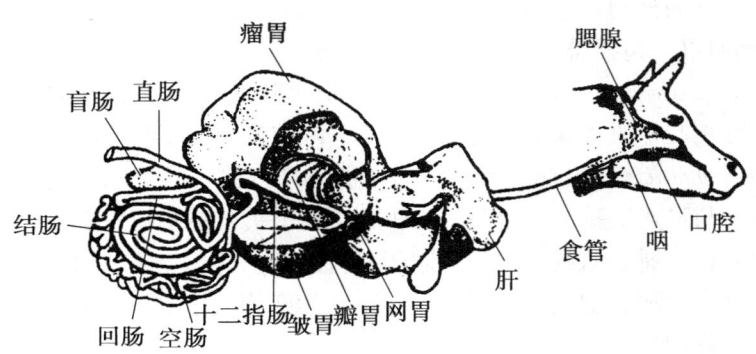

图3-1 牛消化系统

一、消化管的一般结构

消化管各段在形态、机能上各有特点，但其管壁的组织结构，除口腔外，一般由4层组织构成，由内向外依次为黏膜、黏膜下层、肌膜和外膜。

（一）黏膜

黏膜（tunica）呈淡红色，柔软而有伸展性。当管腔空虚时常形成皱褶。黏膜具有保护、吸收和分泌等功能，黏膜又分为3层，由内向外依次为黏膜上皮、固有膜和黏膜肌层。

1. **上皮**（epithelium） 口腔、咽、食管、胃的无腺区和肛门为复层扁平上皮，其余部分为单层柱状上皮。

2. **固有膜**（lamina propria mucosae） 由疏松结缔组织构成，内含有毛细血管、毛细淋巴管、神经、淋巴组织和腺体等。具有支持、营养和固定上皮的作用。

3.**黏膜肌层**（lamina muscularis mucosae） 为薄层平滑肌，一般可分为内环形肌和外纵行肌。为固有层和黏膜下层的分界；收缩时使黏膜形成皱褶，有利于黏膜的血液循环、物质吸收以及腺体分泌物排出。

（二）黏膜下层

黏膜下层（tela submucosa）由疏松结缔组织构成，内有较大的血管、淋巴管和神经丛。在食管和十二指肠的黏膜下层内还有淋巴组织和腺体。

（三）肌层

肌层（yunica submucosa）除口腔、咽、食管前段和肛门为由横纹肌外，其余各段均由平滑肌构成，一般分为内环行肌和外纵行肌两层，两层之间有少量结缔组织和肌间神经丛。

（四）外膜

外膜（tunica abventitia）为富含弹性纤维的薄层疏松结缔组织构成，在体腔内的内脏器官，外膜表面覆盖一层单层扁平上皮，则称为浆膜。其表面光滑、湿润，有减少脏器之间运动时摩擦的作用。

二、腹腔、骨盆腔和腹膜

（一）腹腔

腹腔（cavum abdominis）是体内最大的体腔，呈卵圆形。前壁为膈肌；背侧壁为腰椎、腰肌和膈脚等；两侧壁和底壁主要为腹壁肌；后端与骨盆腔相通。

（二）骨盆腔

骨盆腔（cavum pelvis）位于骨盆内，是体内最小的体腔，是腹腔向后的延续部分。背侧壁为荐骨和前3~4个尾椎；侧壁主要为髂骨和荐结节阔韧带；底壁为耻骨和坐骨。

（三）腹膜

腹膜（peritoneum）为衬贴于腹腔和骨盆腔内表面和折转覆盖在腹腔和骨盆腔内脏器官表面的浆膜，正常光滑（当腹膜炎时腹膜粗糙）。衬贴于腹腔和骨盆腔内表面为腹膜壁层，覆盖在腹腔和骨盆腔内脏器官表面称为腹膜脏层。腹膜壁层和脏层之间的腔隙为腹膜腔。腔内有少量淡黄色透明的浆液（当腹膜炎时腹腔液增多，液体混浊），具有润滑作用，减少器官运动时相互摩擦。腹膜从腹腔和骨盆腔壁移行到脏器，或从某一脏器移行到另一脏器时，形成各种不同的腹膜褶，分别称为系膜、网膜和韧带。

三、腹腔分区

通过最后肋骨后缘和髋结节前缘作两个横断面，将腹腔分为腹前部、腹中部和腹后部（图3-2）。

（一）腹前部

腹前部划分为3部分：以肋弓为界，肋弓以下的部分为剑状软骨部（region xiphoidea）。肋弓以上的部分为季肋部（region hypochondriaca），又以正中矢面划分为左季肋部和右季肋部。

（二）腹中部

腹中部划分为4部分：通过腰椎横突两侧端部做两个矢状面，将腹中部分为左、右髂部及腹中间部。在第一肋骨中点作额面，将腹中间部分为上半部的腰部和下半部的脐部。

（三）腹后部

腹后部划分为3部分：腹中部的两个侧矢状面向后延续，把腹后部分为左、右腹股沟部和中间的耻骨部。

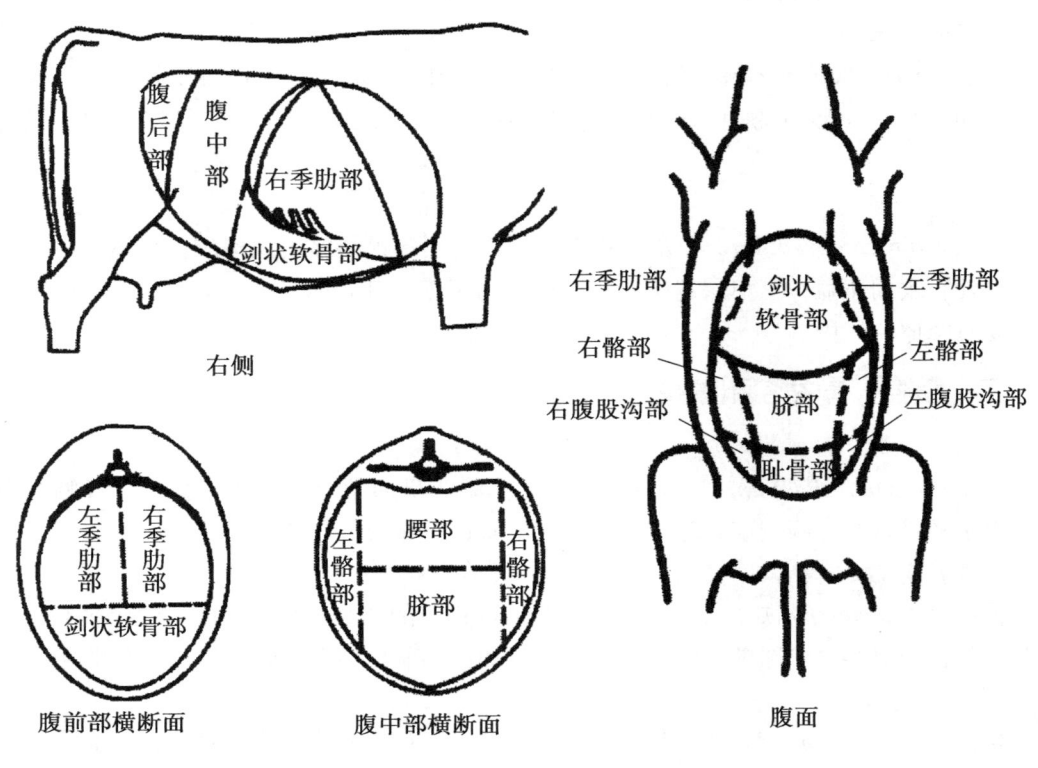

图3-2 腹腔分区

第二节 消化系统各器官

一、口腔

口腔（cavum oris）由唇、颊、齿、舌、硬腭、软腭、唾液腺和齿龈组成，分为口腔前庭和固有口腔。口腔内的齿排列成齿弓，唇、颊与齿弓之间的空隙称为口腔前庭；齿弓以内的部分称为固有口腔。

（一）唇

唇（labia）分上唇和下唇。上、下唇的游离缘共同围成口裂，口裂两端汇合为口角。由横纹肌（口轮匝肌）构成，外面覆有皮肤，内面衬有黏膜。

牛的上唇中部和两鼻孔之间的无毛区，称为鼻唇镜，表面有鼻唇腺分泌的液体，健康牛的鼻唇镜常湿润而温度较低；羊的上唇正中有明显的纵沟，在鼻孔间形成的无毛区，称为鼻镜；猪的上唇与鼻连在一起构成吻突，有掘地觅食的作用；马的口唇灵活，是采食的主要器官。

（二）颊

颊（bucca）以颊肌为基础，外覆皮肤，内衬黏膜。在牛、羊的颊黏膜上有许多尖端向后的锥状乳头。在颊黏膜的表面有颊腺和腮腺管的开口。

（三）硬腭

硬腭（palatum durum）正中有一条腭缝，腭缝两侧有多条横行腭褶。牛、羊的硬腭前端黏膜形成厚而致密的角质层，称为齿垫。

（四）软腭

软腭为含肌组织和腺体的黏膜褶，软腭游离缘与舌根之间的腔隙为咽峡。

（五）舌

舌（lingua）由舌肌构成，表面覆以黏膜。分为舌尖、舌体和舌根（图3-3）。在舌腹侧有舌系带（牛和猪两条，马1条），舌系带的两侧各有舌下肉阜，猪无舌下肉阜。在舌根背侧的固有膜内有舌扁桃体。牛和羊在舌背后部有舌圆枕。在舌背侧黏膜表面有锥状乳头、丝状乳头、菌状乳头、轮廓乳头和叶状乳头。菌状乳头、轮廓乳头和叶状乳头为味觉乳头，乳头内有味蕾，以辨别食物的味道。牛、羊无叶状乳头，马无锥状乳头。

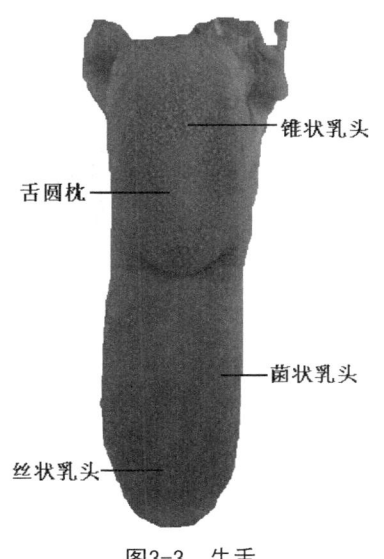

图3-3 牛舌

（六）齿

齿（dentes）位于颌前骨、上颌骨和下颌骨的齿槽内。

1. 齿的种类 齿分为切齿、犬齿和臼齿。

（1）切齿（dentes incisive）：位于齿弓前部与口唇相对。马和猪的上、下切齿各3对，由内向外分别为门齿、中间齿和隅齿。牛、羊无上切齿，下切齿有4对，由内向外分别为门齿、内中间齿、外中间齿和隅齿。

（2）犬齿：尖而锐，位于齿槽间隙中约与口角相对。猪和公马有上下犬齿各1对。牛、羊无犬齿。母马一般无犬齿。

（3）臼齿（dentes molars）：位于齿弓后部与颊相对。可分为前臼齿和后臼齿。牛和马的上、前臼齿3对，猪有4对。后臼齿都是3对。

2. 齿式 动物齿的排列方式，称为齿式。

即：$2\left[\dfrac{\text{切齿}(I) \quad \text{犬齿}(C) \quad \text{前臼齿}(P) \quad \text{后臼齿}(M)}{\text{切齿} \quad\quad \text{犬齿} \quad\quad \text{前臼齿} \quad\quad \text{后臼齿}}\right]$

各种家畜的齿式不同。齿在家畜出生后逐个长出，除后臼齿和猪的第一前臼齿外，其余齿到一定年龄时要按一定顺序更换一次。幼畜初生的齿叫乳齿，到一定年龄，除犬齿及臼齿外，切齿及前臼齿均先后脱落更换为永久齿或恒齿。乳齿一般较小，颜色较白，磨损较快。乳齿与恒齿的齿式也不相同，乳齿无第一前臼齿和后臼齿。

3. 齿的构造　齿的构造分为齿冠、齿颈和齿根。齿冠为露在齿龈以外的部分，齿根为埋于齿槽内的部分，齿颈为齿龈包围的部分。齿由齿质、釉质和齿骨质构成。齿质位于内层，为齿的主体部分，呈淡黄色。在齿冠部分的齿质外面被覆有光滑而坚硬的乳白色釉质，对齿起保护作用。在齿根的齿质表面被有略呈黄色的齿骨质。齿的中心部为齿髓腔，腔内有富含血管和神经的齿髓，对齿有营养作用。

（七）齿龈

齿龈（gingivae）为包裹在齿颈周围和邻近骨上的黏膜及结缔组织，呈粉红色，将齿固着于齿槽内。

（八）唾液腺

唾液腺包括腮腺、颌下腺和舌下腺（图3-4）。

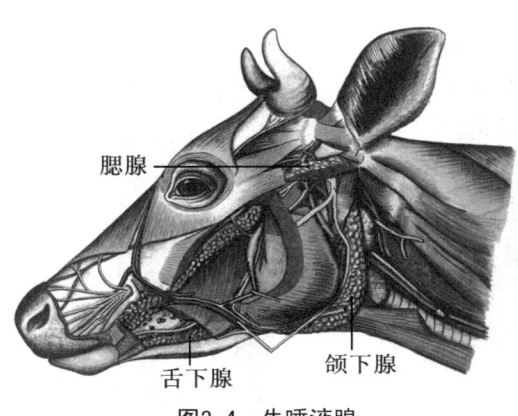

图3-4　牛唾液腺

1. 腮腺　腮腺（*glandula parotis*）位于耳根的下方，下颌骨后缘，又称耳下腺。腮腺管开口于颊黏膜上。

2. 颌下腺　颌下腺（*glandula mandibularis*）位于下颌骨内侧，后部被腮腺所覆盖。颌下腺管开口于舌下肉阜或口腔底黏膜。

3. 舌下腺　舌下腺（*glandula sublingualis*）位于舌体和下颌骨之间的黏膜下，开口与口腔底的舌下黏膜上。

二、咽

咽（*pharynx*）是一个略呈漏斗形的一个肌膜性囊，位于口腔和鼻腔后方，喉的前上方，为消化和呼吸的共同通道。可分为鼻咽部、口咽部和喉咽部三部分。鼻咽部位于软腭背侧，为鼻腔向后的直接延续，鼻咽部的前方有两个鼻后孔通鼻腔，两侧壁上各有一个耳咽管口，经耳咽管与中耳相通（咽炎可导致中耳炎）。口咽部又称咽峡，位于软腭和舌根之间，与口腔相通。喉咽部为咽的后部，位于喉口背侧，较狭窄，上有食管口通食管，下有喉口通喉腔。

咽壁由黏膜、肌肉、外膜构成。咽黏膜衬于咽腔内面，咽的肌肉为横纹肌，有缩小和展开咽腔的作用。外膜为覆盖在咽肌外面的一层纤维膜。

三、食管

食管（*esophagus*）是连接于咽和胃的一条肌性长管，其主要功能是运送食物入胃，分颈部食管、胸部食管和腹部食管。颈段食管起于喉和气管背侧，向后方延伸，到颈中部逐渐移至气管的左侧，到胸前口处又重新转到气管背侧进入胸腔。形成"乙"状弯曲（马、牛灌药在左侧可以观察到液体流动）。胸段食管位于胸纵隔内，食管入胸腔后在气管背侧继续后行，然后穿过膈的食管裂孔进入腹腔。腹段食管很短，与胃的贲门相连接。

食管壁由4层构成，由内向外依次为黏膜、黏膜下层、肌膜和外膜。肌膜一般由横纹肌构成，后部由平滑肌组成。牛的食管较宽，肌层全为横纹肌。

四、胃

家畜的胃（wentriculus）可分为单室胃和多室胃。猪和马属于单室胃，牛和羊属于多室胃。

（一）单室胃

1. 单室胃的位置、形态和构造

（1）猪胃的位置、形态和构造：猪胃的容积很大，约5～8L，横位于腹前部，大部分在左季肋部，小部分在右季肋部。形态呈"U"字形（图3-5），入口为贲门，与食管相通；出口为幽门，与十二指肠相通。胃的腹缘凸出称大弯，背缘短而凹入称小弯，饱食后胃大弯可伸达剑状软骨与脐之间的腹腔底壁。胃的壁面朝前，与肝和膈相接触；脏面朝后，与大网膜、肠、肠系膜及胰等接触。胃的左端大而圆，称胃盲囊，近贲门处有一盲突，称为胃憩室。在幽门处小弯侧有幽门圆枕。

胃黏膜分无腺区和有腺区，有腺区的黏膜固有层内有胃腺分布，根据腺体的构造和功能不同，将有腺区分为胃底腺区、贲门腺区和幽门腺区。猪胃的无腺部很小，仅位于贲门周围，黏膜形成许多皱褶，呈苍白色。贲门腺区很大，几乎占据胃的1/3，包括胃底、胃憩室和胃体的近侧部，由胃的左端达中间，黏膜柔软光滑，呈淡灰色，与无腺部和胃底腺区界限分明。胃底腺区较小，位于贲门腺区的右侧，沿胃大弯分布，黏膜较厚呈棕红色。幽门腺区位于幽门部，黏膜薄呈灰色，且有不规则的皱褶。

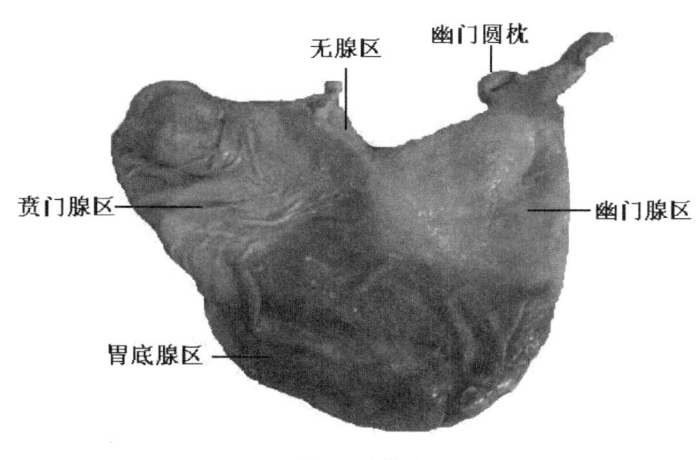

图3-5　猪胃

（2）马胃的位置、形态和构造：马胃的容积一般为5～8L，大的可达12～15L。大部分位于左季肋部，仅幽门部伸展到右季肋部，在膈和肝脏之后、上行大结肠的背侧。形态与猪相似，无胃憩室和幽门圆枕。无腺区大，有腺区小（图3-6）。

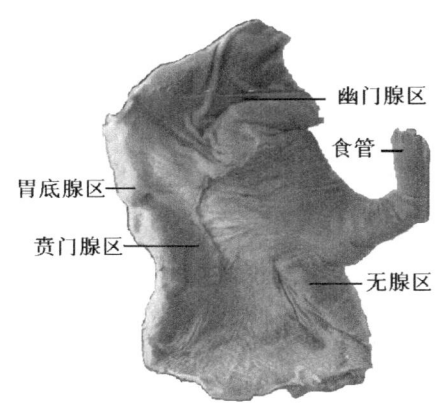

图3-6　马胃黏膜

2. 单室胃的组织结构　胃在排空状态下，腔面可见许多纵横交错的皱襞，当充满食物时皱襞变小或消失。胃壁由内向外分为黏膜、黏膜下层、肌层和外膜（图3-7）。

（1）黏膜：由黏膜上皮、固有层和黏膜肌层组成。

黏膜上皮：无腺部为复层扁平上皮；有腺部为单层柱状上皮，上皮细胞之间有少量的内分泌细胞。黏膜上皮凹陷到固有层形成的小窝，称胃小凹（gastric pit）。是胃腺的开口。

固有层：由富含网状纤维的结缔组织构成，有丰富的毛细血管和散在的平滑肌纤维，有胃腺。猪含有大量浸润的白细胞和淋巴小结。

贲门腺和幽门腺主要分泌黏液；胃底腺（fundic gland）是分泌胃液的主要部位。胃底腺为分支管状腺或单管状腺。分为颈、体和底部。由主细胞、壁细胞、颈黏液细胞和内分泌细胞组成（图3-8）。①主细胞（chief cell）又称胃酶细胞，数量最多，多成堆分布于腺的体部和底部。细胞呈柱状或锥体形，胞核圆，位于细胞的基部。主细胞分泌胃蛋白酶

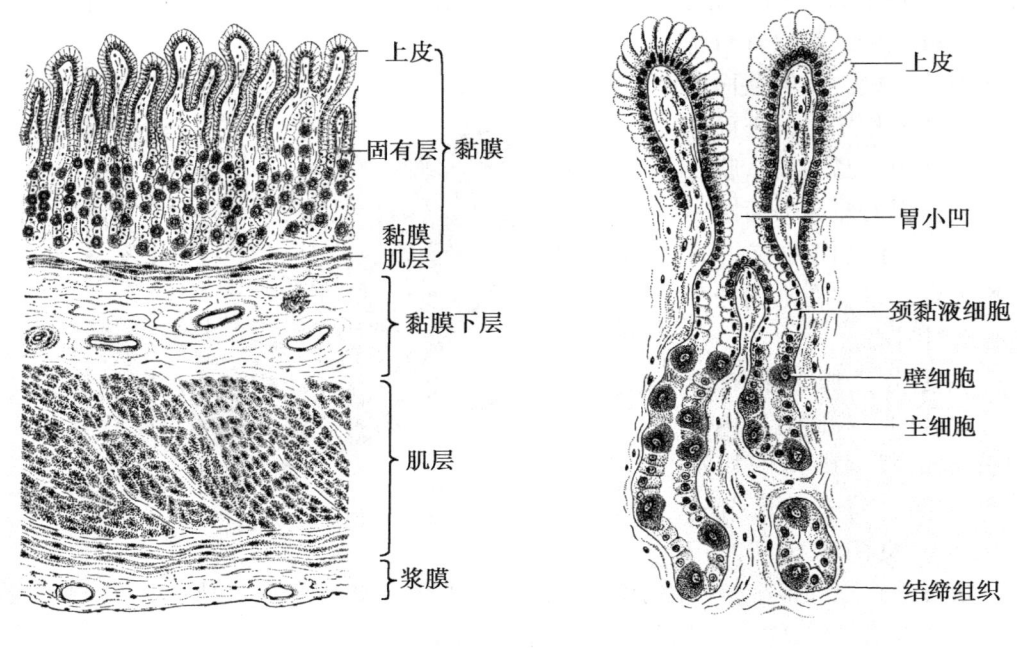

图3-7 胃组织结构（低倍）　　　　图3-8 胃底腺（高倍）

原，幼畜还分泌凝乳酶原。②壁细胞（parietal cell）又称泌酸细胞，细胞体积较大，数量较主细胞少，多散在分布于腺的颈部和体部。细胞呈圆形或锥体形，核圆而深染，居细胞的中央。壁细胞具有合成和分泌盐酸的功能。③颈黏液细胞（mucous neck cell），数量很少，多位于腺颈部，但猪的颈黏液细胞分布于腺体各部，以底部最多。细胞呈立方形或矮柱状，胞核扁圆，位于细胞基部。主要分泌酸性黏液。④内分泌细胞，广泛存在于动物的消化道，具有内分泌功能。

黏膜肌层：由内环、外纵两层平滑肌组成。

（2）黏膜下层：由疏松结缔组织构成（仔猪水肿病时，此层出现大量水肿液，胃壁增厚）。猪胃的黏膜下层有淋巴小结。

（3）肌层：胃的肌层很厚。分3层：内层为斜行肌，仅分布无腺区。在贲门处最发达，形成贲门括约肌。中层为环形肌，很发达，形成幽门括约肌。外层为不完整的纵行肌，分布胃的大弯和小弯处。

（4）外膜：是一层浆膜。

（二）多室胃

1. 牛胃的位置、形态和构造

牛胃分为瘤胃、网胃、瓣胃和皱胃。瘤胃、网胃、瓣胃黏膜无腺体，合称前胃；皱胃的黏膜内有消化腺，又称真胃（图3-9）。

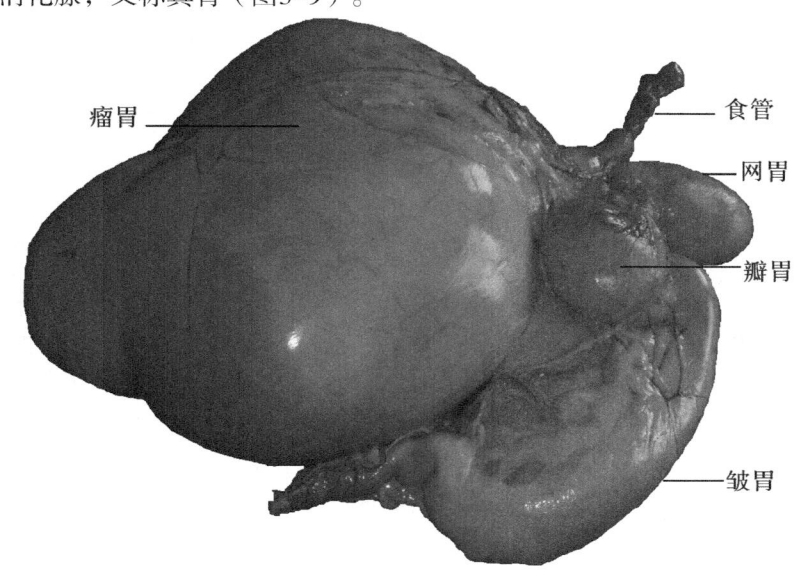

图3-9 牛胃

（1）瘤胃（rumen）：容积占整个胃总容积的80%。呈前后稍长，左右稍扁的椭圆形。位于腹腔的左侧，其下部可伸向腹腔的右侧。前端与第7～8肋间隙相对，后端达骨盆前口；左侧面与脾、膈及左侧腹壁相接触；右侧面主要与肠、肝、瓣胃和皱胃相接触；背侧缘隆凸，以结缔组织与腰肌和膈脚相连；腹侧缘也隆凸，与腹腔底壁接触。

入口为贲门，与食管相通，出口与网胃相通。在贲门附近，形成一个穹隆，称为瘤胃前庭。前、后端有较深而明显的前沟和后沟；左、右两侧面有较浅的不太明显的左纵沟和右纵沟。前沟、后沟、左纵沟和右纵沟共同围成环状，将瘤胃分成瘤胃背囊和瘤胃腹囊。由于前、后沟很深，又将背囊和腹囊分成前背盲囊、前腹盲囊、后背盲囊及后腹盲囊。在后背盲囊和后腹盲囊之前，分别有后背冠状沟和后腹冠状沟。在黏膜面，有与其外表各沟相对应的肉柱。肉柱由胃壁环形肌束集中形成，在瘤胃运动中起重要作用。胃黏膜呈棕黑色或棕黄色，形成无数大小不等的圆锥状至叶状的瘤胃乳头（图3-10），肉柱上无乳头。

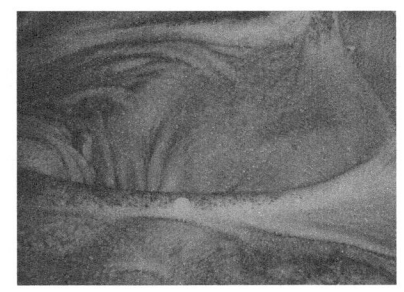

图3-10 瘤胃黏膜

（2）网胃（reticulum）：容积占整个胃总容积的5%。呈前后稍扁梨形。位于季肋部正中，膈的后方，瘤胃前下方，约与第6～8肋骨相对。入口为瘤网口，与瘤胃相通；出口为网瓣口，与瓣胃相通。网胃与心包之间仅以膈肌相隔，当牛吞食的尖锐物体停留在网胃时，常可穿透胃壁和膈肌而刺破心包，引起创伤性心包炎。

图3-11　网胃黏膜和食管沟

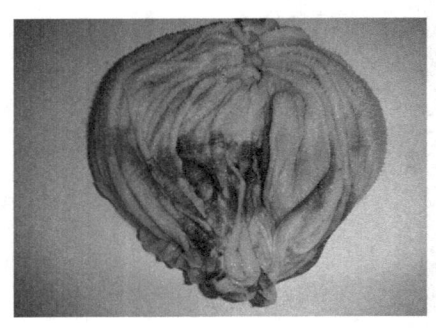

图3-12　瓣胃黏膜

胃黏膜形成许多多边形网格状皱褶，呈蜂窝状。皱褶上密布角质乳头。在胃的黏膜面有食管沟（esophageal sulcus），起于贲门，沿瘤胃前庭及网胃右侧壁下行至网瓣口（图3-11）。沟两侧隆起的黏膜厚褶，称为食管沟唇。未断奶犊牛的食管沟功能完善，当吸吮乳汁或水时，可通过食管沟两唇闭合后形成的管道，经瓣胃沟直达皱胃。随着牛年龄的增大、饲料性质的改变，成年牛的食管沟闭合的机能逐渐减退。

（3）瓣胃（omasum）：容积占整个胃总容积的7%或8%。呈左、右稍扁球形，很坚实，位于右季肋部，在瘤胃与网胃交界处的右侧，约与第7～11（12）肋骨下半部相对。右侧面与肝、膈接触；左侧面与网胃、瘤胃及皱胃等接触。大弯凸向右、向后上方；小弯（瓣胃底）凹较短，向相反方向。入口为网瓣口，与网胃相通，出口为瓣皱口，与皱胃相通。两口之间有沿小弯腔面伸延的瓣胃沟，一端通网胃和食管沟，另一端通皱胃，液体和细粒饲料可由网胃经此沟直接进入皱胃。

瓣胃黏膜上有大、中、小和最小四级叶片，大约有100片，故又称为百叶胃（图3-12）。叶片呈新月形，附着于瓣胃壁的大弯，游离缘向着小弯。瓣叶表面粗糙，密布小角质乳头。

（4）皱胃（abomasum）：容积占整个胃总容积的8%或7%，呈一端粗一端细的长囊。位于右季肋部和剑状软骨部，在网胃和瘤胃腹囊的右侧、瓣胃的腹侧和后方，大部分与腹腔底壁相贴，约与第8～12肋骨相对。可分为胃底部、胃体部和幽门部。前部粗大为底部，与瓣胃相连；后部较细为幽门部，以幽门和十二指肠相接。皱胃大弯凸而向下、向左，与腹腔底壁接触；小弯凹而向上、向右，与瓣胃接触。

皱胃黏膜光滑、柔软，有1两条～14条螺旋形大皱褶（图3-13）。皱胃黏膜内还有腺体，分为3个腺区：环绕瓣皱口的狭带为贲门腺区，色淡；胃底和大部分胃体为胃底腺区，内有胃底腺，呈灰红色，有螺旋形大皱褶；幽门部和一部分胃体为幽门腺区，淡而略带黄色。

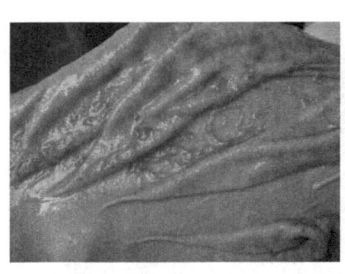

图3-13　皱胃黏膜

2. 多室胃的组织结构

（1）瘤胃：瘤胃黏膜形成许多大小不等、叶状或圆锥状乳头。黏膜上皮是复层扁平上皮，浅层角化。固有层结缔组织内有丰富的弹性纤维。固有层伸入上皮形成乳头，没有黏膜肌层。黏膜下层为薄而疏松的结缔组织，含淋巴组织，但无淋巴小结。肌层很厚，内层是环行肌，外层是纵行肌或斜行肌。瘤胃肉柱主要由环肌层伸入形成的，肉柱内含有大量的弹性纤维。

（2）网胃：黏膜为角化的复层扁平上皮，固有层富含胶原纤维和弹性纤维网。在皱褶内近游离缘中央有一条平滑肌带（相当于黏膜肌层），黏膜层和固有层无明显界限，肌层为内环形、外纵行两层平滑肌构成。

（3）瓣胃：黏膜层形成叶片，叶片的两侧遍布粗糙短小的乳头。黏膜上皮与瘤胃、网胃一样，都是浅层角化的复层扁平上皮。固有膜下黏膜肌很发达。黏膜下层很薄，由胶原纤维和弹性纤维组成。肌层分两层，内环行肌厚，外纵行肌薄。

（4）皱胃：皱胃的组织结构与单室胃的有腺区相似。其特点是贲门腺区很小，幽门腺区的面积较大；胃底腺区的黏膜有永久性皱褶；胃小凹比单室胃大；胃底腺短而密集。

五、肝

（一）肝的位置和形态

肝（hepar）是动物体内最大的腺体，位于腹前部，膈的后方，大部分位于右季肋部。肝坚实而脆，略有弹性，红褐色（如肝瘀血呈蓝紫色，肝变性、坏死呈土黄色）。一般呈中央厚、四周薄的扁平形。肝可分为两面、两缘和分叶（图3-14至图3-17）。

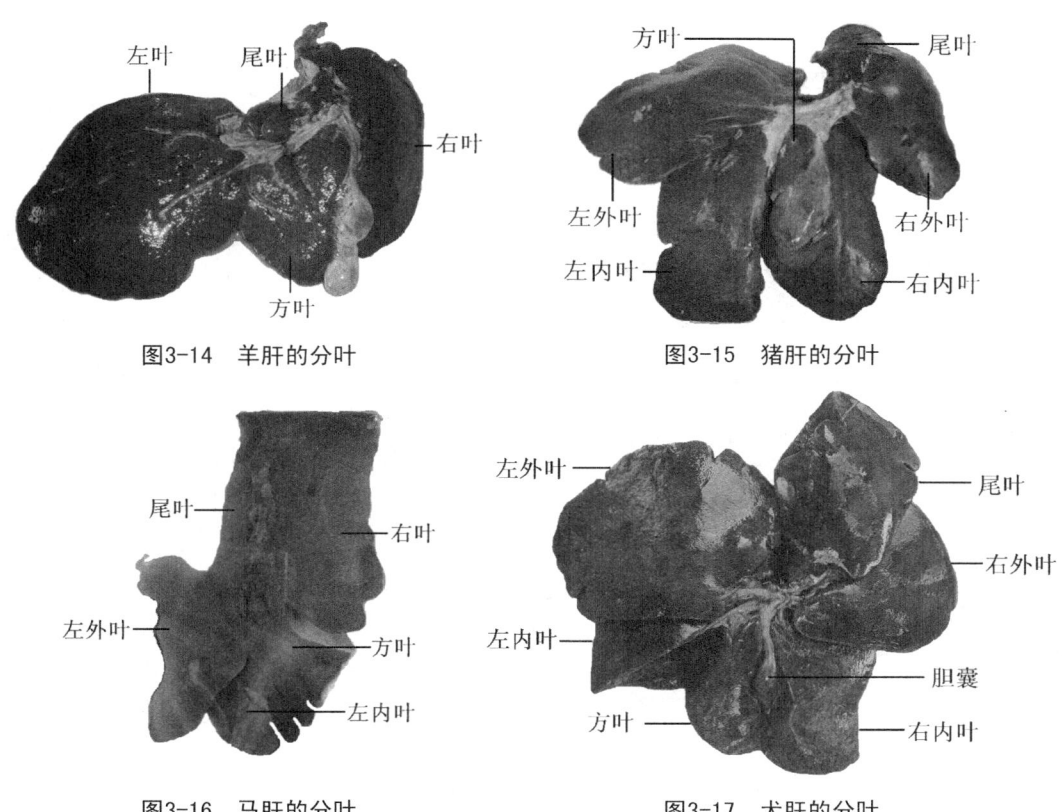

图3-14 羊肝的分叶　　　　图3-15 猪肝的分叶

图3-16 马肝的分叶　　　　图3-17 犬肝的分叶

肝的壁面隆凸，与膈接触；脏面凹入，与十二指肠和胰等接触，有肝门。肝门是门静脉、肝动脉、神经、淋巴管和肝管出入的地方。此外，在多数家畜在肝门的下方还有一个胆囊，具有浓缩和储存胆汁的作用。没有胆囊的家畜，肝管（如牛羊肝片吸虫和矛形双腔吸虫寄生在肝管，造成肝管发炎）和胰管一起开口于十二指肠。有胆囊的动物，胆囊管与肝管合并形成胆总管，开口于十二指肠。

肝的背侧缘钝厚，其左侧有一食管切迹，食管由此通过；右侧有一斜向壁面的后腔静脉窝，后腔静脉穿行并部分埋于肝内。腹侧缘薄锐，有较深的切迹，将肝分为大小不等的肝叶。肝表面被覆一层浆膜，并形成左、右冠状韧带、镰状韧带、圆韧带（胎儿时的脐静脉）以及左、右三角韧带与周围器官以及腹壁相连，将肝固定在腹腔内。

1. **牛（羊）的肝** 为红褐色或棕红色，略呈长方形，位于右季肋部。分叶不明显，由发达的胆囊和圆韧带将肝分成不明显的左叶、中叶和右叶。中叶又以肝门分界为背侧的尾叶和腹侧的方叶。尾叶有覆盖于肝门上的乳头突和突出于肝背侧的尾状突。尾状突发达，肝右叶在背侧缘形成深的右肾压迹，容纳右肾前端。肝借左、右冠状韧带和左、右三角韧带与膈相连。镰状韧带与肝圆韧带随年龄增长而逐渐消失。

2. **猪的肝** 呈淡至深的红褐色。肝位于腹前部，大部分位于右季肋部，小部分位于左季肋部和剑状软骨部。分叶很明显，有3条较深的切迹，将肝分为左外叶、左内叶、中叶、右内叶和右外叶。中叶不发达，其中方叶不大，呈楔形位于肝门和胆囊之间；尾状突不明显，没有右肾压迹。固定肝的韧带有左、右冠状韧带，左、右三角韧带。镰状韧带和肝圆韧带仅小猪明显。

3. **马的肝** 棕红色，形状不规则。大部分在右季肋部，小部分在左季肋部。无胆囊，分叶明显，分为左外叶、左内叶、中叶、右叶。右叶的后上方最高，与右肾前端接触，有较深的右肾压迹。肝的固定有左、右冠状韧带，左、右三角韧带，镰状韧带和肝圆韧带等。

（二）肝的组织结构

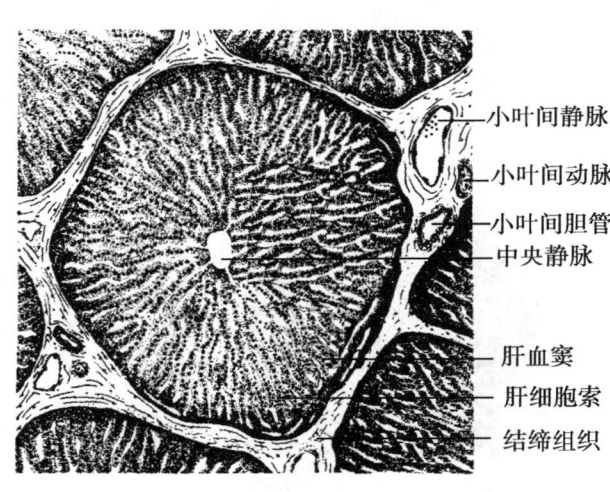

图3-18 猪肝小叶（低倍）

肝的表面被覆一层富含弹性纤维的结缔组织被膜，被膜的表面有浆膜覆盖，被膜的结缔组织伸入肝实质，把实质分为许多肝小叶。肝小叶间的结缔组织称为小叶间结缔组织，猪小叶间结缔组织比较发达，小叶界限非常清楚，肉眼可见（图3-18）；而马、牛的小叶间结缔组织少，小叶分界不清。

1. **肝小叶**（hepatic lobule） 呈多边棱柱形。肝小叶由中央静脉、肝细胞、肝板、肝血窦和胆小管组成。

（1）**中央静脉**（central vein）：位于肝小叶中央，由内皮和少量的结缔组织构成。有许多肝血窦的开口，故管壁不完整（肝瘀血时充满血液）。

（2）**肝细胞**（hepatocyte）：呈多面体，胞体较大，界限清楚。细胞核圆而大，位于细胞中央，有的细胞可有2个细胞核。核多为圆形，核膜很薄，染色质较少，有1~2个核仁。

（3）**肝板**（hepatic plate）：肝细胞以中央静脉为轴心呈放射状排列，切片上呈索状，称为肝细胞索。由于肝细胞呈单行排列，构成板状结构，成为肝板。

（4）肝血窦（hepatic sinusoid）：是位于肝板之间，相互吻合的网状管道（肝瘀血是充满血液）。窦壁由扁平内皮细胞和星状细胞共同构成的。星状细胞又叫枯否氏细胞，体较大，形状不规则，细胞伸出数个突起，有的突起与窦壁相接，其余突起则横跨窦腔（图3-19）。枯否氏细胞有吞噬功能。

（5）胆小管（bile canaliculus）：是相邻的两个肝细胞间局部细胞膜凹陷成槽并相互对接形成的微细管道。胆小管以盲端起始于中央静脉周围的肝板内，并彼此交织成网。呈放射状走向肝小叶边缘与小叶内胆管相接。

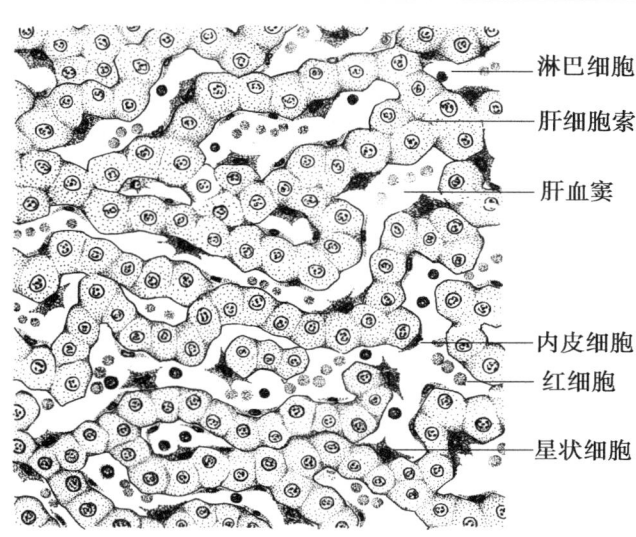

图3-19 肝细胞索和肝血窦（高倍）

2. **门管区**（portal ares） 是相邻几个肝小叶之间的结缔组织内小叶间动脉、小叶间静脉（肝瘀血时充满血液）和小叶间胆管所伴行分布的三角形区域（图3-18），门管区三种管道结构见表3-1。

表3-1 门管区三种管道结构比较

	小叶间动脉	小叶间静脉	小叶间胆管
管腔管壁	小而圆厚，内皮外有数层环行平滑肌	大而不规则薄，内皮外有少量散在的平滑肌	小而圆单层立方上皮

3. **胆汁排出的途径和肝的血液循环**（图3-20）

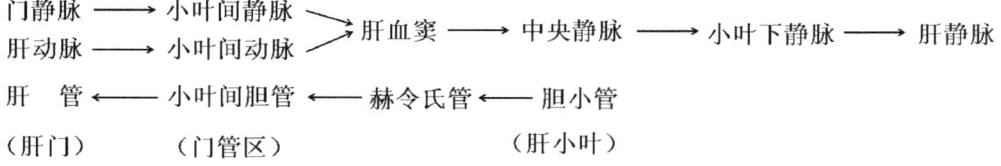

图3-20 胆汁排出的途径和肝的血液循环

六、胰

（一）胰的位置和形态

胰（pancreas）位于十二指肠肠袢内。是具有外分泌和内分泌双重功能的腺体，外分泌部占腺体的大部分，属消化腺。内分泌部称胰岛。中央有门脉环，门静脉由此穿过。其导管通常有1~2条，直接开口于十二指肠内。可分为胰头和左、右两叶。

1. **牛的胰** 呈不正四边形，灰黄色稍带粉红，位于右季肋部和腰下部。

2. **猪的胰** 略呈三角形，灰黄色，位于最后两个胸椎和前两个腰椎的腹侧。

3. **马的胰** 呈不正的三角形，淡红黄色，位于季肋部、在第16~18胸椎腹侧，大部分在体中线右侧。

(二）胰的组织结构

胰表面包有少量结缔组织的被膜。结缔组织伸入实质，将实质分为许多小叶。实质分为外分泌部和内分泌部。外分泌部属于消化腺，分泌胰液；内分泌部分泌胰岛素和胰高血糖素（图3-21）。

1. 外分泌部（exocrine portion） 为复管泡状腺，由腺泡和导管两部分组成。均由浆液性腺细胞组成。

（1）腺泡：有的呈泡状，有的呈管状。腺上皮为锥体形的腺泡细胞，细胞核圆形，位于细胞的基部，含有1~2个明显的核仁。腺泡腔狭小，腔内有一些小而扁平的泡心细胞，胞质少，染色浅，细胞核扁圆。这种细胞是闰管伸入腺泡腔内的变形细胞。腺泡细胞分泌各种消化酶。

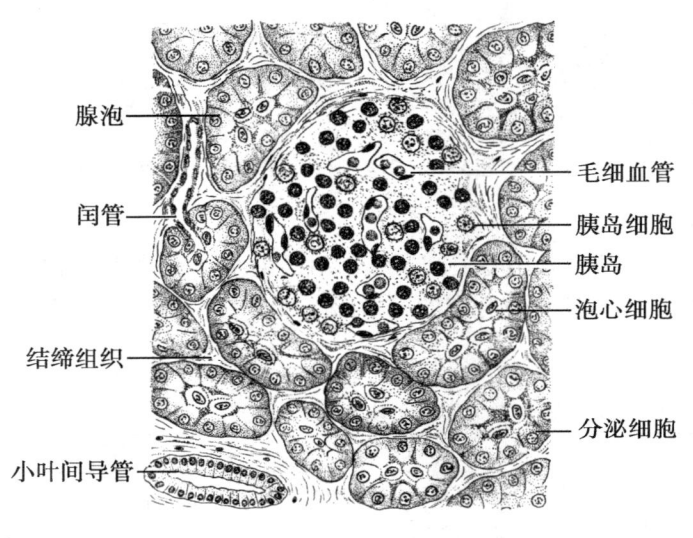

图3-21 胰组织结构（高倍）

（2）导管：分为闰管、小叶内导管、小叶间导管和胰管（胰阔盘吸虫寄生在胰管内）等。它们都由单层上皮构成。闰管由单层扁平上皮构成；小叶内导管为单层立方上皮；小叶间导管为单层高柱状上皮，胰管也由单层柱状细胞组成，柱状细胞间夹有杯状细胞，偶见银亲合细胞。导管上皮能分泌大量水和重碳酸盐等。

2. 内分泌部（endocrine portion） 内分泌部是由内分泌细胞构成的圆形或卵圆形的细胞团，不规则地散布于腺泡之间，形如岛屿又名胰岛。有以下几种细胞。

（1）A细胞：体积较大，分布与胰岛的外周，可分泌胰高血糖素。

（2）B细胞：细胞较小，数量最多，约占胰岛细胞的60%~80%，多分布于胰岛的中央部位，马则主要位于外周部位，分泌胰岛素。

（3）D细胞：数量较少，约占胰岛细胞总数的5%左右，多散在于A、B细胞之间。分泌生长抑素，它能抑制A、B细胞和PP细胞的分泌。

（4）PP细胞：数量很少，分泌胰多肽，具有抑制胰液分泌和胃肠蠕动的作用。

七、小肠

（一）小肠的位置和形态

小肠是食物进行消化吸收的主要部位，长而直径较细，始于幽门，后以回盲口终于盲肠。又可分为十二指肠、空肠和回肠。十二指肠位于右季肋部和腰部，位置较固定，空肠是最长的一段，形成许多肠袢，靠肠系膜悬挂在腹腔顶壁，活动范围较大。回肠较短，肠管直，肠壁厚，通过回盲口开口于盲肠，以回盲韧带与盲肠相连。

1. **牛的小肠**（图3-22）

（1）十二指肠（duodenum）：长约1m。起于皱胃幽门，向前上方伸延，至肝的脏面形成"乙"状弯曲。由此再向上向后伸延至髋结节前方，然后折转向左并向前形成后曲。由此继续向前伸延至右肾腹侧移行为空肠。

（2）空肠（jejunum）：长20~25m。大部分位于腹腔右侧，借助空肠系膜悬吊在结肠圆盘周围，形似花环状。左侧与瘤胃相接触，背侧为大肠，右侧和腹侧隔着大网膜于腹壁相邻。

（3）回肠（ileum）：长约

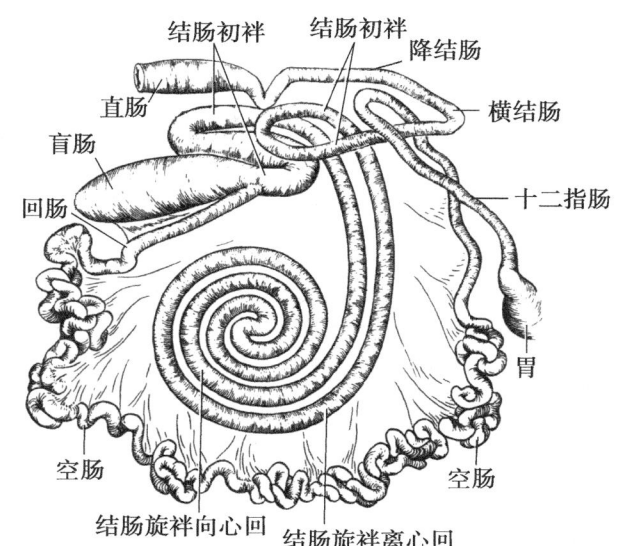

图3-22　牛肠

50cm。位于右髂部，起于空肠几乎成直线向前上方伸延至盲肠腹侧，以回、盲、结肠交界处的回盲结口开口于其腹内侧壁，此处黏膜形成略隆起的回盲结瓣。

2. **猪的小肠**（图3-23）

（1）十二指肠：长40~90cm。起始部在肝的脏面形成"乙"状弯曲，然后沿右季肋部向上向后伸延至右肾后端，转而向左再向前伸延，移行为空肠。

（2）空肠：长14~19m。大部分位于腹腔右半部，小部分位于腹腔左侧后部。以较长的空肠系膜与总肠系膜相连。空肠左侧是结肠圆锥，右侧和腹侧与腹壁相接触。

（3）回肠：长0.7~1m。位于左腹股沟部，开口于盲肠与结肠交界处，开口处黏膜稍突入盲肠内，称为回盲瓣。

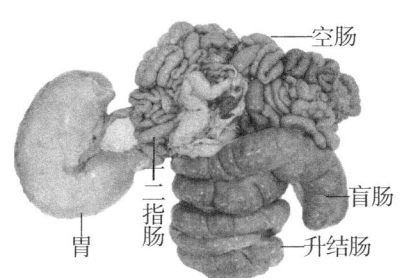

图3-23　猪肠的构造

3. **马的小肠**

（1）十二指肠：长约1m。起始部在肝的脏面形成"乙"状弯曲，然后沿右上大结肠的背侧向上向后伸延，至右肾后方转而向左，越过体中线再向前伸延，再左肾腹侧移行为空肠。

（2）空肠：长18~23m。位于腹腔的左髂部、左腹股沟部和耻骨部。以空肠系膜悬挂在第2、3腰椎腹侧，与小结肠混在一起。

（3）回肠：长约1m。肠管较直，肠壁较厚。从左髂部斜向右后上方，开口于盲肠。

（二）小肠的组织结构

小肠的管壁由黏膜、黏膜下层、肌层和外膜构成（图3-24）。

1. **黏膜**　黏膜形成许多环行皱褶，肠黏膜表面有许多细小的指状突起，称肠绒毛。肠绒毛由黏膜上皮和固有层突入肠腔内形成。固有层内有一条粗大的毛细淋巴管，以盲端其

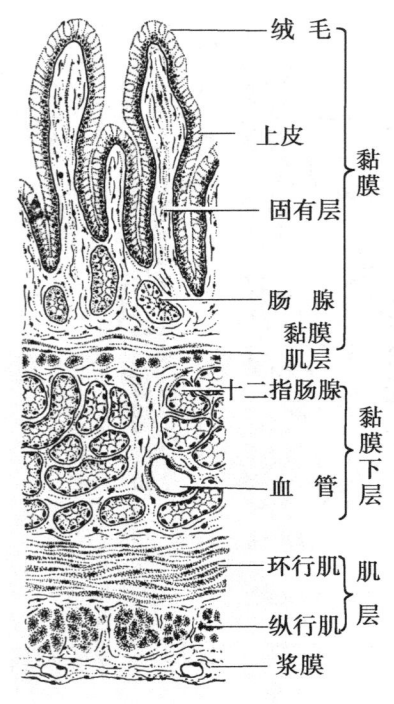

图3-24 小肠组织结构（低倍）

始，称中央乳糜管。

（1）上皮：为单层柱状上皮，由柱状细胞、少量杯状细胞和内分泌细胞组成。柱状细胞游离面在光镜下可见明显的纹状缘。

（2）固有层：由富含网状纤维的缔组织构成，内含有大量肠腺、毛细血管、淋巴管、神经、巨噬细胞、淋巴细胞及淋巴组织。小肠腺为单管状腺，由柱状细胞、杯状细胞、潘氏细胞、未分化细胞和内分泌细胞构成。

（3）黏膜肌层：由内环行和外纵行的两层平滑肌构成。

2. **黏膜下层** 由疏松结缔组织构成，内有淋巴小结、较大的血管、淋巴管和神经丛等。在十二指肠还有十二指肠腺。十二指肠腺是分支的管泡状腺，反刍兽为管状腺。腺细胞呈矮柱状，细胞核为球形（如猪）或扁平形（如马），位于细胞基部。

3. **肌层** 由内环、外纵肌构成，两肌层间有结缔组织、血管和神经丛。

4. **外膜** 外膜是一层浆膜。

八、大肠

大肠（intestinum crassum）比小肠短，管径较粗，分为盲肠、结肠和直肠。大肠管径明显增粗或者有许多囊状膨隆。主要功能是消化纤维素、吸收水分、形成和排出粪便等。牛、羊大肠肠壁光滑，猪和马的盲肠、结肠肠壁有纵肌带和肠袋。

（一）大肠的位置和形态

盲肠（cecum）是大肠的第一段，呈盲囊状。以回盲口与回肠相通，以盲结口与结肠相通。结肠（colon）是大肠较长的一段，分为升结肠、横结肠和降结肠。直肠（rectum）是大肠的最后一段，较短、较直，30～40cm，位于骨盆腔内，末端在肛管前扩大成直肠壶腹。

1. **牛的大肠** 大肠管径比小肠略粗。无纵肌带和肠袋（图3-22）。

（1）盲肠：长50～70cm。呈圆筒状，位于右髂部。其前端与结肠相连；盲端游离，向后伸达骨盆前口。

（2）结肠：长6～9m。几乎全部位于体中线的右侧，借总肠系膜悬挂于腹腔顶壁。起始部的管径与盲肠相似，向后逐渐变细，顺次又分为升结肠、横结肠和降结肠。

升结肠：最长，可分为初袢、旋袢和终袢。①初袢：起于回盲口，形成"乙"状弯曲，在小结肠和结肠旋袢的背侧。向前伸至第2、3腰椎腹侧，转为旋袢。②旋袢：为升结肠的中段，在瘤胃右侧，呈扁平的圆盘状（结肠圆盘），分为向心回和离心回。从右侧看，以顺时针向内旋转约两圈（羊3圈）至中心曲。离心回自中心曲起，以相反的方向向外旋转约2圈（羊3圈）至旋袢外周而转为终袢。③终袢：为升结肠的后端，离开旋袢后，先向后伸延至骨盆前口附近，然后折转向前并向左延续为横结肠。呈"U"字形。

横结肠：很短，由右侧通过肠系膜前动脉前方而至左侧。

降结肠：沿肠系膜根和肠系膜前动脉的左面向后行，伸延至骨盆前口处形成"乙"状弯曲。

（3）直肠：长约40cm，粗细较均匀，后部不形成直肠壶腹。

2. 猪的大肠 直径比小肠粗，有纵肌带和肠袋（图3-23）。

（1）盲肠：短而粗，呈圆锥状，长20~30cm。位于左髂部，肠壁形成3条纵肌带和3列肠袋。盲肠在左肾后端腹侧起始于回盲结口，盲肠尖朝向后下方。

（2）结肠：与盲肠以回盲结口为界；起始部的直径与盲肠相似，此后逐渐缩小。

升结肠：在肠系膜中盘曲形成螺旋状的一倒立的结肠圆锥或结肠旋襻。位于腹腔左侧。锥底宽而朝向背侧，附着于腰部和左髂部；锥顶向下与腹腔底壁接触。结肠圆锥分为向心回和离心回，向心回位于结肠圆锥的外周，管径较粗，有两条明显的纵肌带和两列肠袋，从背侧看，按顺时针方向向下盘绕约3圈至锥顶，折转为中央曲，延续为离心回。离心回位于圆锥的内心，管径较细，纵肌带逐渐不明显，按逆时针方向向上盘绕至锥底，延续为横结肠。

横结肠：位于腰下部，向前伸达胃和肝左叶的后面，然后向左绕过肠系膜前动脉，再折转向后伸延到两肾之间，转为降结肠。

降结肠：位于左肾内侧，向后伸延到骨盆前口，延续为直肠。

（3）直肠：形成直肠壶腹。

3. 马的大肠 马的大肠体积庞大，位置较固定。有纵肌带和肠袋（图3-25）。

（1）盲肠：很发达，呈逗点状，长约1m。从右髂部和腰部斜向前下方延伸到剑状软骨后方的腹底壁。马的盲肠可分为盲肠底、盲肠体和盲肠尖。

盲肠底：上部膨大、钝圆为盲肠底，位于腹腔右后上部（肠鼓气穿刺部位）。盲肠后缘隆凸称大弯，向上，借结缔组织附着于腹腔顶壁；前缘凹陷称小弯，向下且偏向内侧。回肠的入口和盲肠的出口都在小弯部分，分别称为回盲口和盲结口，二者相距约5cm。

盲肠体：从盲肠底起，是盲肠中部中部，沿腹腔右侧壁和底壁向前下方伸延至脐部，位于右髂部、右腹股沟部、耻骨部和脐部。背侧凹，在右侧肋弓下10~15cm，且与之平行；腹侧及右侧与腹底壁接触。

盲肠尖：为盲肠下部，盲肠前端的游离部，在剑状软骨后方一掌远处位于腹腔底壁上。

盲肠底和盲肠体有4条纵肌带和4列肠袋，盲肠尖头有两条纵肌带和两列肠袋。

（2）结肠：又分为升结肠、横结肠和降结肠。

升结肠：通常称大结肠，长3~3.7m，占据整个腹腔的大部分。盘曲成双层马蹄铁形，可分成4段3个弯曲。顺次为右下大结肠→胸骨曲→左下大结肠→骨盆曲→左上大结肠→膈曲→右上大结肠。

下大结肠有4条纵肌带和4列肠袋；骨盆有曲1条纵肌带和1列肠袋；左上大结肠开始只有1条纵肌带和1列肠袋，至中部又增加为3条纵肌带和3列肠袋。大结肠的管径变化也很大，下行大结肠除起始部外均较粗，直径为20~25cm。至骨盆曲处突然变细，为8~9cm。左上大结肠自骨盆曲向前逐渐增粗，管径为9~12cm。膈曲和右上大结肠的管径

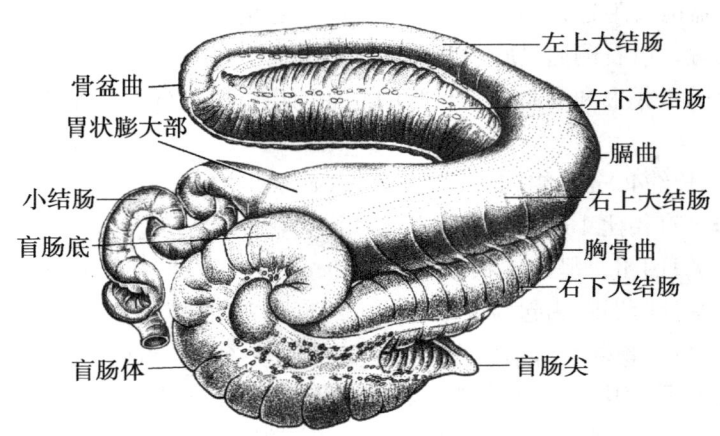

图3-25 马大肠

也较粗,而以右上大结肠的后部为最粗,为35～40cm,又称胃状膨大部。

马结症多发生在骨盆曲和胃状膨大部与小结肠分界处。

横结肠:短而细,在肠系膜前动脉之前由右向左,横过正中面至左肾腹侧,而延续为降结肠。

降结肠:通常称小结肠,长3～3.5m。小结肠与空肠混在一起位于腹腔左髂部。小结肠有两条纵肌带和两列明显的肠袋。以后肠系膜附着于腰椎腹侧,活动范围较大。

(3)直肠:长30～40cm。直肠的前部管径小,称为狭窄部;后部膨大,称直肠壶腹。

(二)大肠的组织结构特点

大肠的组织结构基本与小肠相似。但有以下特点。

1.黏膜表面比较平滑,不形成环行皱褶和绒毛。杯状细胞特别多,黏膜上皮柱状细胞纹状缘不显著。

2.固有层内肠腺比较发达,长而直。孤立淋巴小结较多,集合淋巴小结却很少。腺上皮含有大量杯状细胞,分泌碱性黏液,中和粪便发酵的酸性产物。分泌物不含消化酶,但有溶菌酶。

3.肌层特别发达,马、猪的结肠和盲肠的外纵行肌形成纵肌带。

九、肛门

肛门(anus)由三层构成:外层为皮肤,薄而富含皮脂腺和汗腺;内层为黏膜,形成许多纵褶,上皮为复层扁平上皮;中层为肌层,内括约肌是平滑肌,外括约肌是横纹肌。

复习思考题

1. 叙述牛从吃草到排出粪便经过哪些器官?
2. 叙述牛胃的位置、形态、大小和构造。
3. 叙述肝的组织结构。
4. 比较牛、猪和马结肠的形态和构造。

第四章 呼吸系统

知识目标
1. 熟悉鼻腔和喉的构造。
2. 掌握肺的位置、形态和结构。
3. 熟悉胸膜和胸膜腔的构造。

呼吸系统包括鼻、咽、喉、气管、支气管和肺（图4-1）。鼻、咽、喉、气管和支气管称为呼吸道，通常将鼻、咽、喉和气管，称为上呼吸道。肺称为气体交换的器官。此外，胸膜和纵隔是呼吸系统的辅助装置。

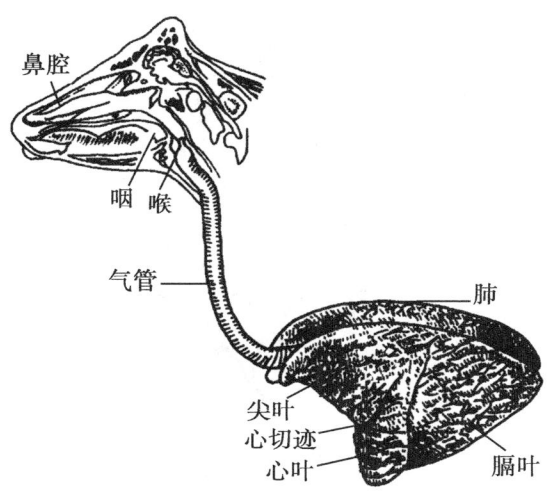

图4-1 牛的呼吸系统

第一节 概 述

一、胸腔、胸膜和胸膜腔

（一）胸腔

胸腔（cavum thoracis）位于体腔的前部，呈平卧的截顶圆锥形，肉食兽和猪的似圆桶状，草食兽的前部较侧扁。顶壁是胸椎，两侧壁是肋和肋间肌，底壁是胸骨，后壁是膈肌。前口呈纵卵圆形，由第1胸椎、第1对肋以及胸骨柄围成。后口呈倾斜的卵圆形，较大，由最后胸椎、最后1对肋骨、肋弓以及胸骨的剑状软骨围成。

（二）胸膜

胸膜（pleura）为胸腔内的一层浆膜，分为壁层和脏层。壁层包括肋胸膜、膈胸膜和纵隔胸膜。覆盖在肺的表面称为胸膜脏层，又叫肺胸膜；贴在肋和肋间肌表面称为肋胸膜；贴在膈肌表面称为膈胸膜；贴在纵隔两侧，参与形成纵隔的部分称为纵隔胸膜（图4-2）。胸膜正常光滑（当胸膜炎时胸膜粗糙）。

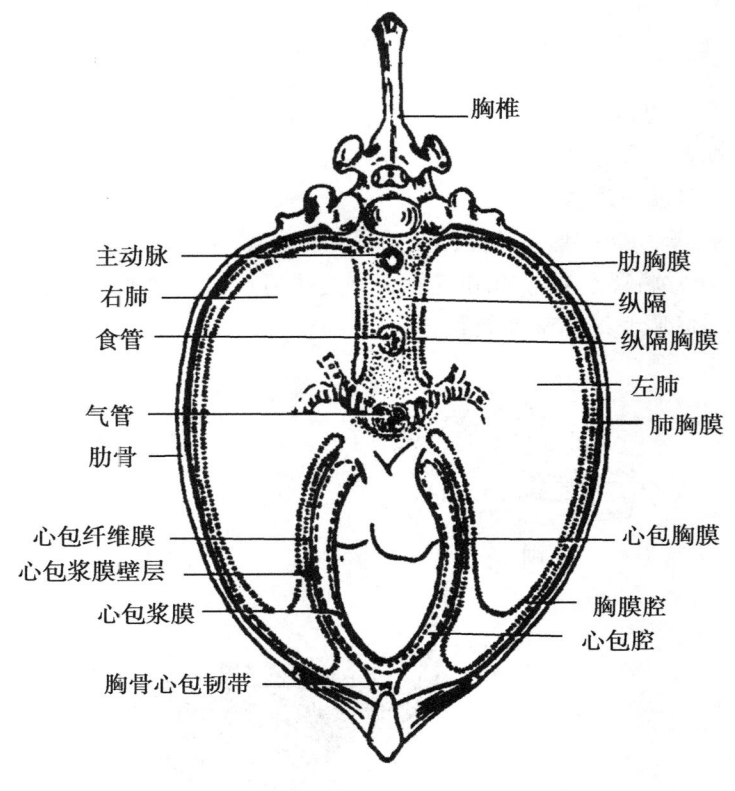

图4-2 胸腔（横断面）

（三）胸膜腔

胸膜腔（pleural cavity）是胸膜的壁层和脏层之间的空隙，左、右各一个，互不相通，内有少量淡黄色透明的浆液（胸膜炎时胸腔积液，浆液混浊），有润滑胸膜，减少肺胸膜和壁胸膜之间摩擦的作用。

二、纵隔

纵隔（mediastinum）是两侧的纵隔胸膜及其之间器官和结缔组织的总称。纵隔内主要有心、心包、食管、气管、大血管、神经、胸导管和纵隔淋巴结等器官，他们彼此借结缔组织相连。

第二节 呼吸系统各器官

一、呼吸道

（一）鼻的形态结构

鼻（nasus）既是气体出入的通道，又是嗅觉器官，对发声也有辅助作用。包括鼻腔和鼻旁窦。鼻腔以面骨为支架，内衬有鼻黏膜。鼻腔的前端经鼻孔与外界相通，后端经鼻后孔通咽。鼻腔正中有鼻中隔，将其分为左、右互不相通的两半鼻腔。每半鼻腔均包括鼻孔、鼻前庭和固有鼻腔。

1. **鼻孔**（nares） 由内侧鼻翼、外侧鼻翼围成。鼻翼为包有鼻翼软骨和肌肉的皮肤褶。

2. **鼻前庭**（vestibulum） 为鼻腔前部被覆皮肤的部分，相当于鼻翼所围成的空间。马鼻前庭背侧皮下有一盲囊，称为鼻憩室或鼻盲囊。

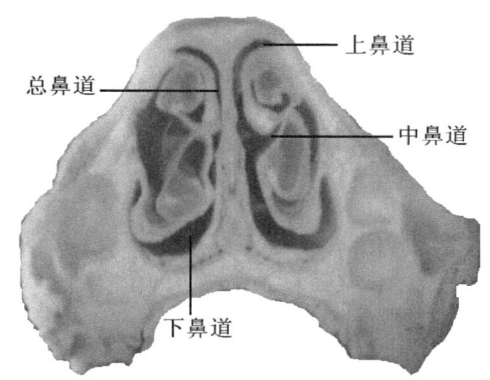

图4-3 鼻腔（横断面）

3. **固有鼻腔**（cavum nasi proprium） 位于鼻前庭之后，在每半鼻腔侧壁附着上、下鼻甲骨，将鼻腔分为上、中、下3个鼻道。上鼻道较窄，位于鼻腔顶壁和上鼻甲之间，通鼻黏膜嗅区。中鼻道在上、下鼻甲之间，通鼻旁窦（严重鼻炎可导致鼻旁窦炎）。下鼻道最宽，位于下鼻甲与鼻腔底壁之间，直接经鼻后孔通咽（是投药时经过的部位）。此外，上、下鼻甲与鼻中隔之间的间隙还形成一总鼻道，与上述3个鼻道相通（图4-3）。

鼻黏膜（tunica mucosa nasi）：被覆于固有鼻腔内面，可分为呼吸区和嗅区。呼吸区位于鼻腔的中部，占鼻黏膜的大部，呈粉红色，富血管和腺体，对空气有加温、加湿、除尘和防御作用。嗅区位于鼻腔后部，马和牛呈浅黄色，猪呈棕色。黏膜上皮中含有嗅细胞，具有嗅觉作用。

（二）咽的形态结构

见消化系统。

（三）喉的形态结构

喉（larynx）由喉软骨、喉肌和喉黏膜构成。

1. **喉软骨**（cartilagines larynges） 喉软骨有4种5块，包括环状软骨、甲状软骨、会厌软骨和勺状软骨。喉软骨彼此借软骨、韧带和纤维膜相连，构成喉的支架（图4-4）。

（1）环状软骨（cartilago cricoidea）：呈指环形，构成喉腔的后部和顶壁。可分为背侧板、两侧部和腹侧弓。前缘与甲状软骨相连，后缘与气管相连。

（2）甲状软骨（cartilago thyroidea）：呈弯曲的板状，构成喉腔的底壁和两侧壁。

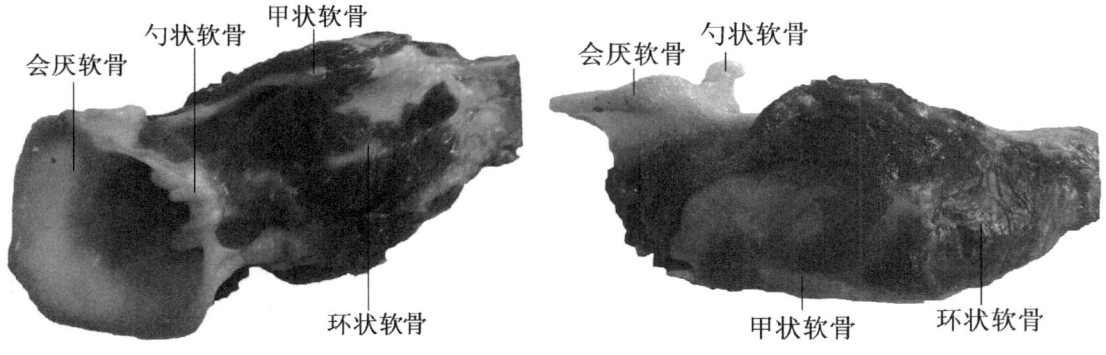

图4-4 猪喉软骨

可分为腹侧的体和左、右两侧板。前缘与会厌软骨相连，后缘与环状软骨相连。

（3）会厌软骨（cartilago epiglottica）：呈无柄叶片状，构成喉口的底部。基部与甲状软骨体相连；尖游离。会厌软骨的表面覆盖着黏膜，合称会厌。当吞咽时，会厌翻转关闭喉口防止食物误入气管。

（4）勺状软骨（cartilago arytaenoidea）：1对，呈角锥状，构成喉口的顶部，与环状软骨相连。

2. **喉肌** 属于横纹肌，可分为外来肌和固有肌两群。外来肌有胸骨甲状肌和舌骨甲状肌等；固有肌均起止于喉软骨。喉肌的作用与吞咽、呼吸和发声等运动有关。

3. **喉黏膜** 被覆于喉腔的内的黏膜，在喉腔（cavum larynges）中部的侧壁形成1对黏膜褶称为声带，是发声器官。两侧声带之间的狭窄裂隙称为声门裂。声带和声门裂共同构成声门。

牛的喉较马的短，会厌软骨和声带也短，声门裂宽大；猪的喉较长，声门裂狭窄。

（四）气管和支气管的形态结构

气管（trachea）的分支为支气管，气管和支气管二者形态和结构基本相似。

1. **气管形态位置** 气管是一条呈圆筒状长管，分为颈段和胸段。前端与喉相接，向后沿颈部腹侧正中线而进入胸腔，然后经心前纵隔达心基的背侧，分为支气管，进入肺内。由50～60个"C"形软骨环为支架，软骨环缺口朝向背侧。软骨环缺口游离的两端，牛的重叠，猪的重叠或相互接触，马的不相接触。

2. **气管的组织结构** 由内至外分为黏膜层、黏膜下层和外膜。

（1）黏膜层：包括黏膜上皮和固有层。

黏膜上皮：是假复层柱状纤毛上皮，细胞游离面有微绒毛形成刷状缘。

固有层：为富含弹性纤维的疏松结缔组织，并分布较多的浆细胞和弥散淋巴组织，具有局部免疫功能，抑制病原微生物的繁殖和病毒的复制。

（2）黏膜下层：为富含胶原纤维的疏松结缔组织，含有血管、淋巴管、神经和淋巴组织和气管腺，腺体的分泌物排入管腔，与杯状细胞分泌的黏液共同在黏膜表面形成黏液层，可黏附异物和细菌，然后通过纤毛的摆动，能将附着在黏膜上的尘埃与黏液一起排出。

（3）外膜：由透明软骨环和致密结缔组织构成。透明软骨环缺口处有平滑肌束，平滑肌舒缩，可适度调节气管管腔的大小，有助于分泌物的排出。

二、气体交换器官

肺（pulmo）是呼吸系统中气体交换的重要器官，是肺换气的场所。

（一）肺的位置和形态

1. **位置** 肺位于胸腔内，在纵隔的两侧，左、右各一，一般右肺略大于左肺。

2. **形态** 健康家畜的肺为粉红色，呈海绵状，质轻而柔软，富有弹性。肺略呈锥体形，肺尖向前，在胸前口处；肺底向后，与膈相贴。每个肺都有3个面和3个缘。

3个面：有肋面、膈面和纵隔面。与肋骨接触面，称肋面，有肋骨压迹。与膈肌接触的面，称膈面。与纵隔接触面，称纵隔面，有肺门。肺门是支气管、血管、淋巴管和神经出入肺的地方，这些结构被结缔组织包成一束，称为肺根。

3个缘：有背侧缘、腹侧缘和底缘。背侧缘钝而圆，腹侧缘和底缘薄而锐，腹侧缘上有心切迹，心和心包在此处与胸壁直接相接触，是心脏听诊的适宜部位。

肺的分叶（图4-5至图4-8）：

①牛、羊肺，左肺分3个叶，由前向后顺次为尖叶、心叶和膈叶。右肺分4个叶，多出1副叶，另外尖叶又分为前部和后部。

②猪、犬肺，左肺分3个叶，由前向后顺次为尖叶、心叶和膈叶。右肺分4个叶，多出1副叶。

③马肺，左肺分2个叶，由前向后顺次为尖叶、心膈叶。右肺分3个叶，多出1副叶。

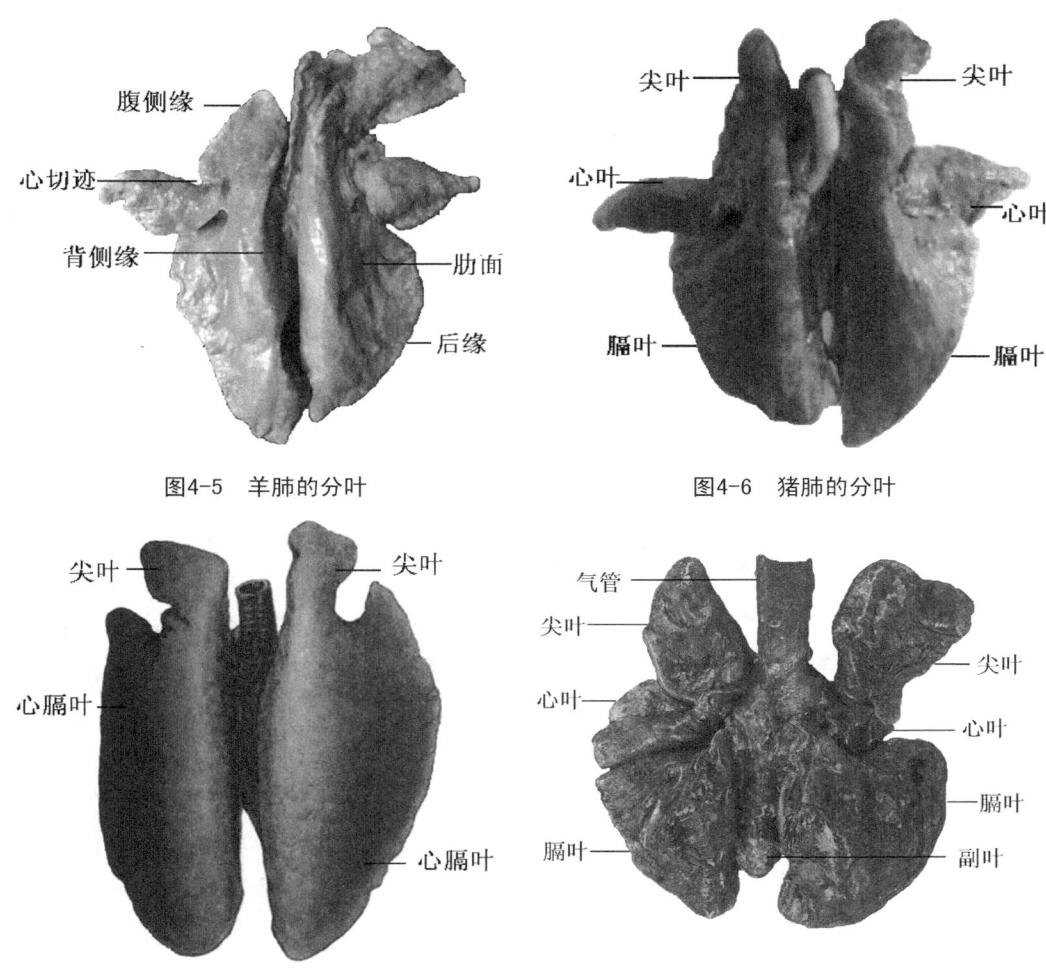

图4-5　羊肺的分叶　　　　　　图4-6　猪肺的分叶

图4-7　马肺的分叶　　　　　　图4-8　犬肺的分叶

（二）肺的结构

肺表面被覆一层浆膜，浆膜下的结缔组织深入肺内，将实质分隔成许多肺小叶（pulmonary lobule）。肺小叶锥体形，锥底朝肺表面，锥尖朝肺门。肺分实质和间质两部分，实质为肺内导管部和呼吸部（图4-9），间质为结缔组织、血管、神经和淋巴管等。

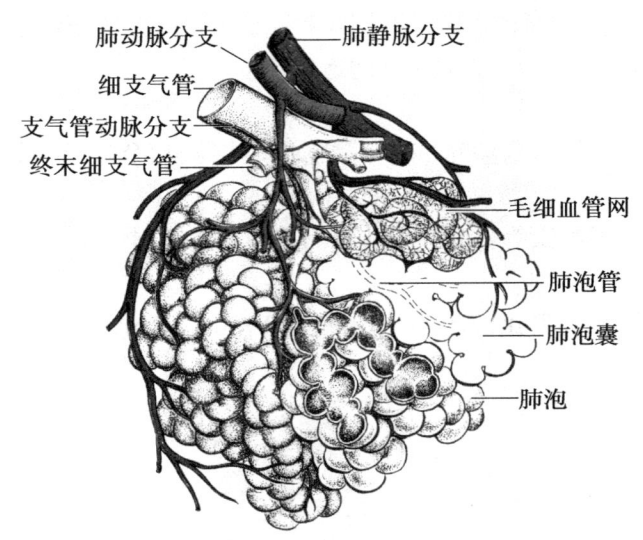

图4-9 肺小叶结构

导管部为支气管进入肺后的反复分支所组成，犹如树枝状，称为支气管树，包括叶支气管、段支气管、支气管和终末细支气管，是气体在肺内流通的管道。呼吸部由终末细支气管的逐级分支所组成，包括呼吸性细支气管、肺泡管、肺泡囊和肺泡。以上各段均有肺泡的开口，可进行气体交换，故称呼吸部（图4-10）。

1. **导管部** 肺内的导管部随着支气管的不断分支，其管径逐渐变细，管壁变薄，结构愈趋简单（肺丝虫寄生在导管部）。

（1）叶支气管至小支气管：管壁结构与支气管相似，亦由黏膜层、黏膜下层和外膜构成。由于管壁变薄而3层的分层逐渐不明显。上皮是假复层柱状纤毛上皮，之间有杯状细胞，其数量逐渐变少。固有层很薄，分布有弥散淋巴组织，外侧的平滑肌逐渐增多，由平滑肌束逐渐变成环状。黏膜下层内的腺体逐渐减少。外膜内软骨由不规则的片状，不断减少，较小的支气管可出现小的皱襞。

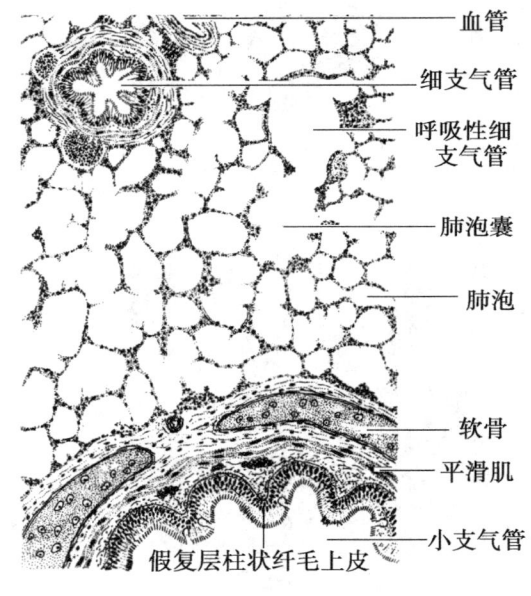

图4-10 肺组织结构（低倍）

（2）细支气管（bronchiole）：黏膜常见皱襞，上皮为单层柱状纤毛上皮，杯状细胞、软骨片和腺体基本消失，但仍有零星分布。平滑肌相对增多，形成较为完整一层。

（3）终末细支气管（terminal bronchiole）：黏膜皱襞逐渐消失，上皮为单层柱状纤毛上皮。杯状细胞、软骨片和腺体均完全消失，平滑肌形成完整一层。

2. **呼吸部**

（1）呼吸性细支气管（respiratory bronchiole）：有肺泡开口，起始端为单层柱状纤毛上皮，逐渐过渡为单层柱状上皮、单层立方上皮，临近肺泡处为单层扁平上皮。上皮下方的结缔组织内有散在的平滑肌。

（2）肺泡管（alveolar duct）：每个呼吸性细支气管分出2～3条肺泡管。管壁上有较多的肺泡囊和肺泡开口。

（3）肺泡囊（alveolar）：几个肺泡所围成的囊腔。

（4）肺泡（pu1monary alveoli）：为半球形或多面体囊泡，表面为单层肺泡上皮，下方为基膜。肺泡上皮由Ⅰ型和Ⅱ型肺泡细胞组成。相邻肺泡壁相贴形成肺泡膈。

Ⅰ型肺泡细胞（type Ⅰ alveolar cell）：数量比Ⅱ型肺泡细胞少，但覆盖肺泡表面绝大部分，细胞大而扁薄，细胞核扁圆，构成血-气屏障。

Ⅱ型肺泡细胞（type Ⅱ alveolar cell）：数量多，胞体小，呈立方形或圆形，细胞核圆形，嵌于Ⅰ型肺泡细胞之间，有分化好增殖的能力，对受损的肺泡上皮进行修复。

肺泡膈：位于相邻肺泡壁之间的薄层结缔组织，隔内有丰富的毛细血管网、大量弹性纤维，有利于气体交换，也使肺泡具有良好的弹性。肺泡膈还有一种巨噬细胞，可进入肺泡腔内，吞噬肺泡内灰尘、病菌和异物，吞噬大量灰尘的巨噬细胞又称为尘细胞。

当发生肺炎时出现呼吸困难，原因肺泡中气体减少有大量渗出物，如浆液炎渗出物为浆液；出血性炎渗出物中有大量红细胞；纤维素性炎渗出物中含有大量纤维素。

复习思考题

1. 肺的位置、形态和构造。
2. 肺的组织结构。

第五章 泌尿系统

知识目标
1. 熟悉泌尿系统的组成及功能。
2. 掌握各种家畜肾的位置、形态及结构特点。

泌尿系统包括肾、输尿管、膀胱和尿道（图5-1）。肾脏是生成尿液的器官；输尿管为输送尿液至膀胱的管道；膀胱为暂时储存尿液的器官；尿道是尿液排出体外的管道。

第一节 肾

一、肾的位置、形态与一般构造

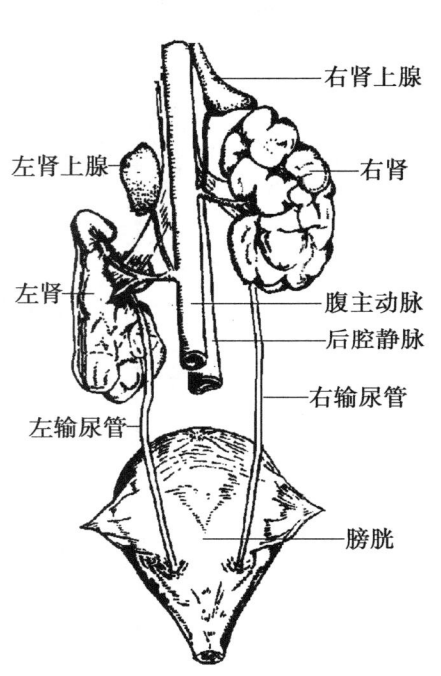

图5-1 牛的泌尿系统组成（背侧）

肾（ren）是成对的实质性器官，左、右各一，一般呈椭圆形，红褐色（肾变性时呈土黄色）。位于腹腔上部，腰椎腹侧，腹主动脉和后腔静脉两侧，在腹膜外脂肪囊内，借腹膜外结缔组织与周围器官相连。肾的内侧缘中部凹陷称为肾门，是肾动脉、肾静脉、淋巴管、神经和输尿管出入的地方。肾门深入肾内形成肾窦，是由肾实质围成的腔隙，有肾盏、肾盂、血管、淋巴管和神经，在这些结构之间常有大量脂肪填充。表面被覆有结缔组织构成的薄而坚韧的纤维膜，称纤维囊，健康动物容易剥离。实质由若干个肾叶组成，每个肾叶分为浅部的皮质和深部的髓质。皮质富含血管，新鲜时呈红褐色。髓质部血管较少，颜色较淡，每个肾叶的髓质部均呈圆锥形，称为肾锥体，其底部较宽大，与皮质相连，肾锥体的顶部（末端）钝圆称为肾乳头，与肾盏或肾盂相对。

各种家畜由于肾叶联合的程度不同，肾的类型可分为：有沟多乳头肾，这种肾仅肾叶中间部合并，肾表面有沟，内部有分离的乳头；平滑多乳头肾，肾叶皮质部完全合并，但内部仍有单独存在的乳头；平滑单乳头肾，肾叶的皮质部和髓质部完全合并，肾乳头连成嵴状，集合成肾总乳头。

二、各种家畜肾的位置和结构特征

（一）牛肾

属于有沟多乳头肾（图5-2），表面被浅深不等的沟分成16~22个大小不一的肾叶。左右两肾形态不同、位置不对称，右肾呈上下压扁的椭圆形，位于右侧最后肋间隙上部至第2（或3）腰椎横突的腹侧。左肾略呈三棱形，前端较小，后端大而钝圆，通常位于第3~5腰椎椎体腹侧、瘤胃与结肠盘之间。左肾因有较长的系膜，位置不固定，常因瘤胃的充满程度而有改变。有多个肾乳头，肾小盏与肾乳头相对，收集由乳头孔流出的尿液，肾小盏汇合为前、后两条集收管（相当于肾大盏），进而汇合为一条输尿管，无明显的肾盂。

图5-2 牛左肾形态

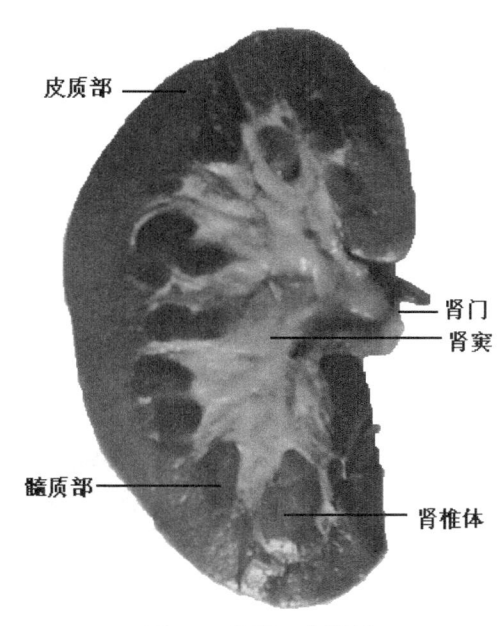

图5-3 猪肾（右肾剖开）

（二）猪肾

属于平滑多乳头肾（图5-3），表面光滑，左、右肾均呈上下扁的蚕豆形。位于最后肋骨椎骨端至第3腰椎横突腹侧。有多个肾乳头，每个肾乳头与一个肾小盏相对，肾小盏汇入两个肾大盏，肾大盏汇成肾盂，肾盂延接输尿管。

（三）马肾

属于平滑单乳头肾（图5-4）。左右两肾形态不同、位置不对称，右肾呈钝角三角形，位于最后2~3肋骨椎骨端至第1腰椎横突的腹侧。左肾呈蚕豆形，位于最后肋骨的椎骨端至第2（或3）腰椎横突的腹侧。肾乳头集合成肾总乳头，皮质部并伸入肾锥体之间，形成肾柱。肾总乳头开口于肾盂。

（四）羊肾

属于平滑单乳头肾（图5-5），两肾均呈豆形。右肾位于最后肋骨椎骨端至第2腰椎横突腹侧；左肾以短的系膜悬于第4~5腰椎横突腹侧，位置不固定。肾乳头集合为总乳头，肾总乳头突入肾盂。

（五）犬肾

属于平滑单乳头肾（图5-6），表面光滑，左、右肾均呈蚕豆形。右肾位于第1～3腰椎横突腹侧，位置固定；左肾位于第2～4腰椎横突腹侧，位置不固定。肾乳头集合成肾总乳头，皮质部并伸入肾锥体之间，形成肾柱。肾总乳头开口于肾盂。

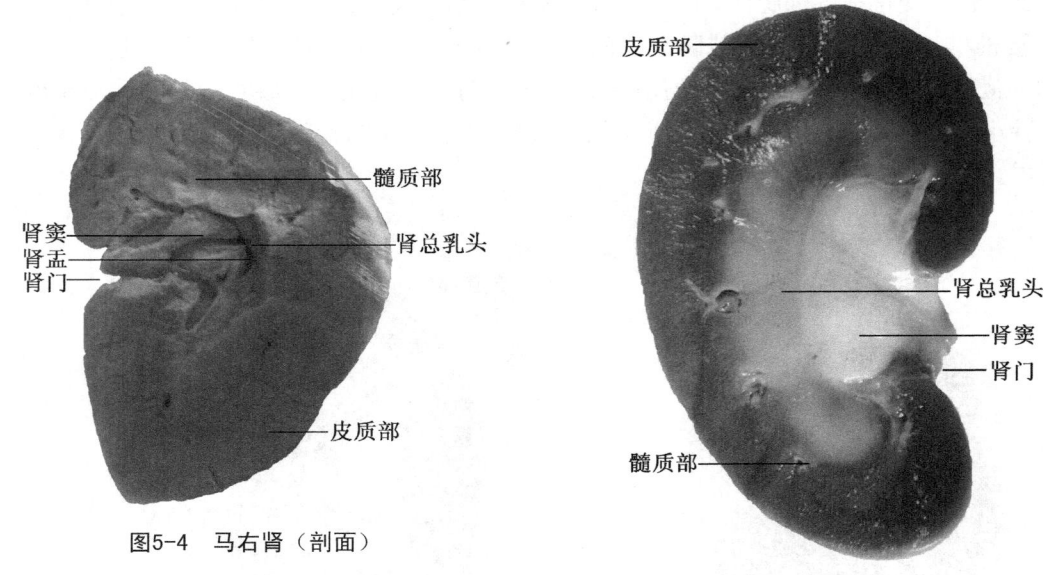

图5-4　马右肾（剖面）

图5-5　羊肾（剖面）

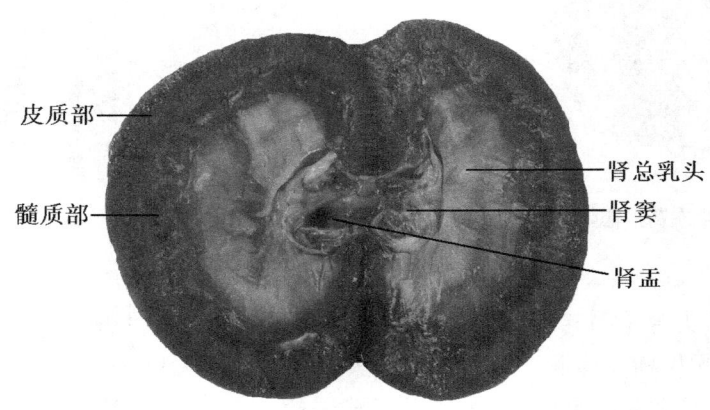

图5-6　犬肾（剖面）

三、肾的组织结构

肾由被膜和实质构成。被膜为一强厚的结缔组织膜。分内、外两层，外层为含有胶原纤维和弹性纤维的致密层；内层由疏松结缔组织构成，含有纤细的网状纤维和数量不同的平滑肌纤维。

实质分皮质和髓质。肾皮质（*cortex renis*）由许多肾单位构成，肾髓质（*medulla renis*）由集合小管系构成（图5-7），由许多直行的小管组成，呈条纹状结构，伸延到皮质称髓放线，两条髓放线之间的皮质称皮质迷路（图5-8）。肾实质主要由许多弯曲的肾小管组成。肾小管间为少量间质组织，并有丰富的毛细血管网。

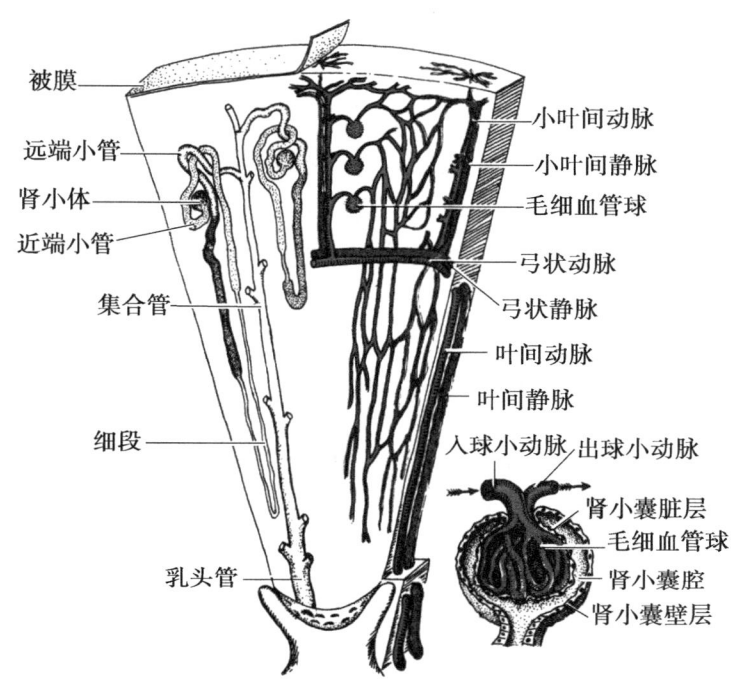

图5-7 肾叶构造

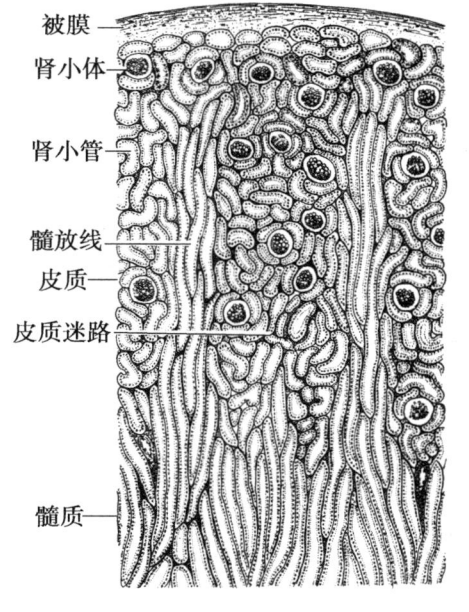

图5-8 肾组织结构（低倍）

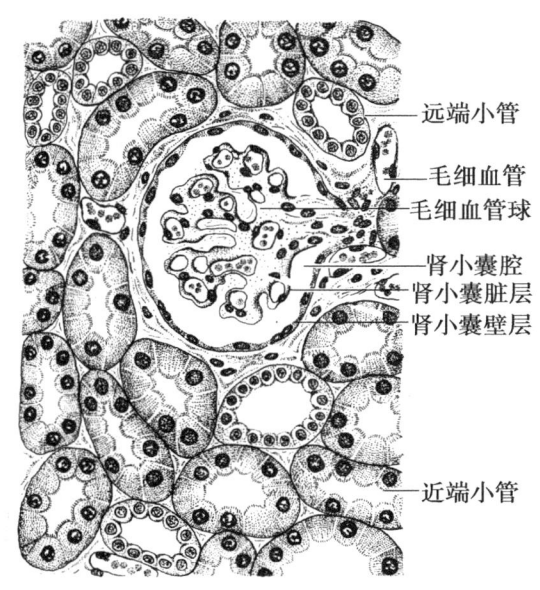

图5-9 肾皮质部（高倍）

（一）肾单位

肾单位（nephron）包括肾小体和肾小管。

1. 肾小体（renal corpuscle） 分布于皮质的迷路内，由肾小球和肾小囊两部分组成，肾小体呈圆形或椭圆形。肾小体的一侧有血管极，是肾小球的血管出入处；血管极的对侧叫尿极，是肾小囊延接近端小管处。

（1）肾小球（renal glomerulus）：由一团毛细血管组成，肾动脉在肾内反复分支形成入球小动脉，进入肾小囊内，分成数小支，自每个小支上又分出许多毛细血管袢，毛细血管袢又汇合成数小支，再汇合后成出球小动脉，离开肾小囊。

（2）肾小囊（renal capsule）：是肾小管起始端膨大凹陷形成的杯状囊，囊内容纳肾小球。分为壁层和脏层，脏层是肾小囊的内层，由多突的单层扁平细胞构成，称足细胞，足细胞与肾小球毛细血管内皮下的基膜紧贴。壁层是肾小囊外层，为单层扁平细胞。两层间有狭窄的腔隙称为肾小囊腔。

2. 肾小管（renal tubule） 包括近端小管，细段和远端小管（图5-9）。

（1）近端小管（proximal tubule）：是肾小管最长的一段，包括曲部（又称近曲小管）和直部。盘绕在肾小体附近，称为近端小管曲部，随后沿髓放线直行入髓质，称为近端小管直部。管壁由锥形上皮细胞组成，细胞的游离面有明显的刷状缘。

（2）细段（thin segment）：是肾小管中最细的一段，位于髓放线和髓质内。管壁为单层扁平上皮。

（3）远端小管（distal tubule）：分直部和曲部（又称远曲小管）。细段返回皮质，管径增粗，称为远段小管直部。至肾小体附近呈盘曲状的部分称为远段小管曲部。管壁为单层立方上皮。

（二）集合小管系

集合小管系（collecting tubule system）包括弓形集合小管、直集合小管和乳头管，三者之间无明显分界。集合小管由数条远曲小管汇合而成，弓形集合小管呈弓形，位于皮质迷路内，直集合小管接弓形集合小管，自皮质沿髓放线直行入髓质，在肾乳头处移行为乳头管，集合小管系管径由细变粗，管壁上皮由单层立方上皮变为单层柱状上皮乃至高柱状，至乳头管移行为变移上皮。

（三）肾小球旁复合体

肾小球旁复合体（juxtaglomerular complex）是肾内的具有内分泌功能的结构，由球旁

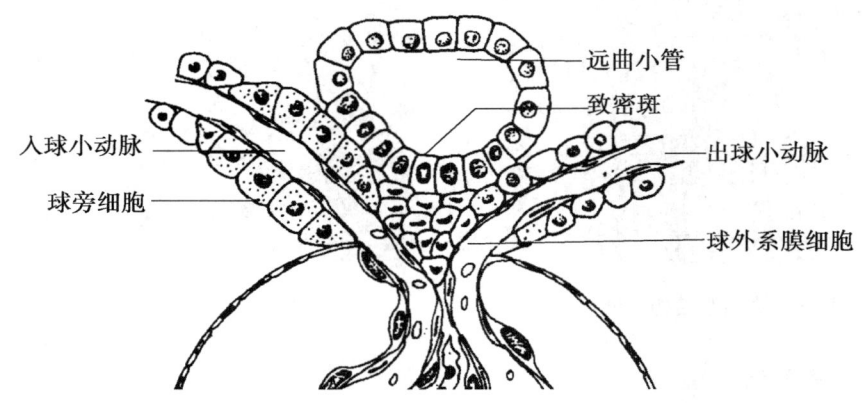

图5-10 肾小球旁复合体

细胞、致密斑和球外系膜细胞组成（图5-10）。

1. **球旁细胞**（juxtaglomerular cell）　在入球小动脉进入肾小囊处，动脉管壁中膜的平滑肌细胞转变为上皮样细胞，称为球旁细胞，能分泌肾素。

2. **致密斑**（macular）　远段小管起始段，在接近肾小体输入小动脉处的一侧，其上皮由原来的单层立方上皮变成高柱状细胞，排列紧密，形成椭圆形斑，故称致密斑。可感受远曲小管内液体的容量和浓度，并能对肾小球旁细胞分泌肾素起调节作用。

3. **球外系膜细胞**（ialcell）　此种细胞位于肾小体血管极的三角区内，与肾小球旁复合体的其他成分相连接，根据其位置又称为极垫细胞。功能尚不清楚。

第二节　输尿管、膀胱和尿道

一、输尿管、膀胱和尿道的位置和形态

（一）输尿管

输尿管是1对细长的肌性管道，左、右各一。起自集收管（牛）或肾盂（马、猪、羊和犬），出肾门后，沿腹腔顶壁向后伸延，进入骨盆腔，开口于膀胱颈。在膀胱黏膜下斜行3～5cm，可防止尿液回流入输尿管。

（二）膀胱

膀胱的形态、大小及位置随储存尿液的多少而不同。膀胱空虚时，呈梨形，缩小而壁增厚，质坚实，位于盆腔底壁上。充满尿液时，膀胱扩大而壁变薄，向前伸出盆腔外达腹腔底壁。膀胱可分为膀胱顶、膀胱体和膀胱颈。膀胱固定靠膀胱中韧带、膀胱侧韧带和膀胱圆韧带。膀胱中韧带位于腹面正中，是连于骨盆腔底壁和膀胱腹侧之间。膀胱侧韧带连于膀胱两侧与骨盆腔侧壁之间。在膀胱侧韧带的游离缘有一圆索状物，称为膀胱圆韧带，是胎儿时期脐动脉的遗迹。

（三）尿道

尿道是尿液从膀胱向外排出的肌性管道，母畜的尿道很短，以尿道内口始于膀胱颈，开口于阴道与阴道前庭交界处的底壁，牛在开口处的腹侧面有一凹陷，称尿道憩室（图5-11）。

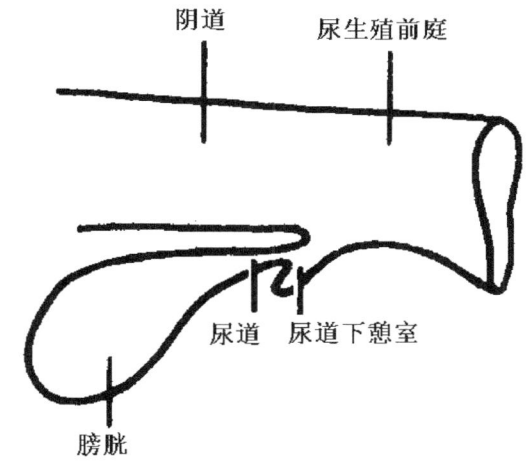

图5-11　母牛的泌尿生殖系统模式图

公畜的尿道很长，除有排尿功能外，还兼有排精的作用，又称尿生殖道，它起于膀胱颈的尿道内口，可分为骨盆部和阴茎部（详见雄性生殖系统），开口于阴茎头。

二、排尿管道的组织结构

排尿管道包括肾盏、肾盂、输尿管、膀胱和尿道，均由黏膜、肌层和外膜构成。

（一）黏膜

上皮大多为变移上皮，尿道口处为复层扁平上皮，固有层由疏松结缔组织构成。

（二）肌层

由平滑肌构成。一般为内纵行、中环行、外纵行三层平滑肌。膀胱肌层较为发达。

（三）外膜

除膀胱体和膀胱顶部为浆膜外，其余均为纤维膜。

复习思考题

1. 泌尿系统的组成及各器官的生理功能？
2. 肾的组织结构如何？各种家畜肾的位置、形态有何不同？
3. 从解剖构造说明为什么在临床上公畜导尿比母畜困难？

第六章 生殖系统

知识目标
1. 熟悉雄性和雌性生殖系统的组成及各器官的生理功能。
2. 掌握睾丸、附睾和阴囊的位置、形态和结构。
3. 掌握牛、猪和马卵巢及子宫的位置、形态结构。

动物不断地繁殖后代,一是为了扩大种群数量,二是为了保证种族延续。保证种族延续的全部生理过程,称生殖,完成生殖功能的器官组成生殖系统。生殖系统能产生生殖细胞(精子或卵子),并能分泌性激素,生殖系统包括雄性生殖系统和雌性生殖系统。

第一节 雄性生殖系统

雄性生殖系统由睾丸、附睾、输精管、尿生殖道、阴囊、精索、阴茎、包皮和副性腺组成(图6-1)。其中睾丸为生殖腺,阴茎、包皮和阴囊为外生殖器官。

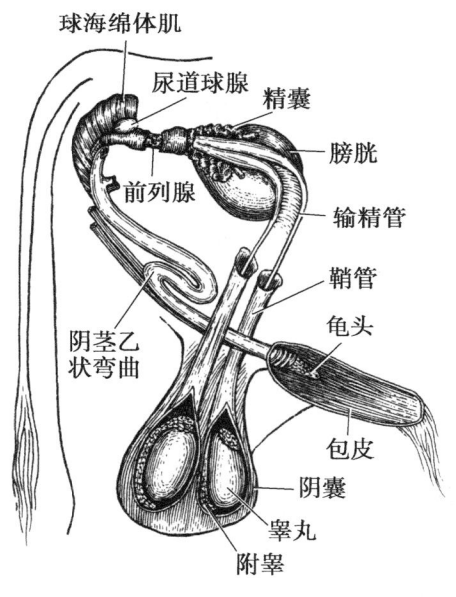

图6-1 公畜的生殖系统

一、睾丸

睾丸(*testis*)是成对的实质性器官,作用是产生精子,分泌雄性激素。

(一)睾丸的位置和形态

睾丸位于阴囊中,中间由阴囊中隔分开。在胚胎时期,睾丸位于腹腔内,肾脏附近。

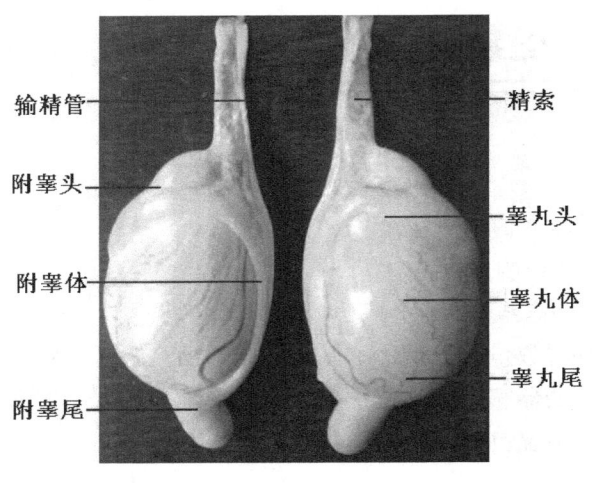

图6-2 羊的睾丸和附睾

随着胎儿的发育，睾丸和附睾一起经腹股沟管下降到阴囊中，这一过程叫做睾丸下降。出生后，如果有一侧或两侧睾丸没有下降，仍留在腹腔内，则成称为单睾或隐睾。这种家畜没有生殖能力，不宜用作种畜。

睾丸呈左右稍扁的椭圆形，表面光滑。外侧面稍隆凸，与阴囊外侧壁接触；内侧面平坦，与阴囊中隔相贴。一侧有附睾附着，称为附睾缘，另一侧为游离缘。血管进出的一端为睾丸头，接附睾头；另一端为睾丸尾，与附睾尾相连，中间为睾丸体（图6-2）。

（二）各种家畜睾丸的位置和形态特征

1. **牛、羊的睾丸** 较大，长轴方向与地面垂直，睾丸头位于上方，附睾位于睾丸的后面。牛的睾丸实质呈黄色，羊的则呈白色。

2. **猪的睾丸** 很大，长轴斜向后上方。睾丸头位于前下方，附睾尾很发达，位于睾丸的后上端。睾丸实质呈淡灰色。

3. **马的睾丸** 长轴与地面平行，睾丸头向前，附睾位于睾丸背侧，睾丸实质呈淡棕色。

（三）睾丸的组织结构

1. **被膜** 睾丸被覆有一层浆膜。浆膜下是由致密结缔组织形成的白膜，浆膜、白膜构成睾丸的被膜，又称为固有鞘膜。白膜在睾丸头处向睾丸实质深入，形成睾丸纵隔。自睾丸纵隔上分出呈放射状排列的结缔组织隔，与白膜相连，称睾丸小隔，将睾丸分成许多睾丸小叶。

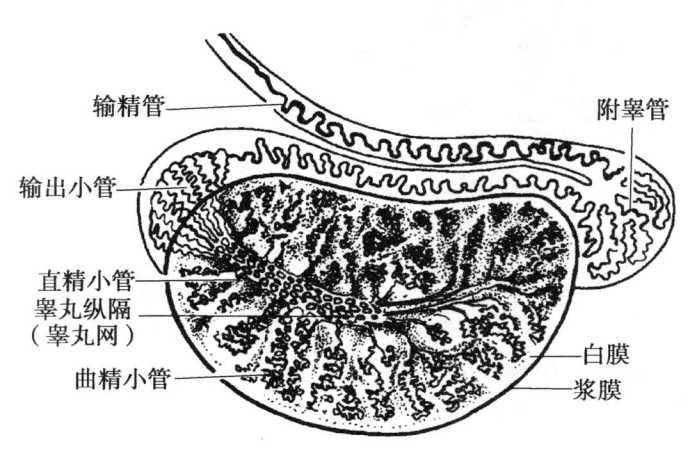

图6-3 睾丸和附睾结构组织结构

2. **实质** 由精小管、睾丸网和睾丸间质组成。每个睾丸小叶内有1~4条精小管，精小管分为曲精小管和直精小管。曲精小管起自小叶边缘，在小叶内盘曲折叠，末端变为短而直的直精小管。直精小管通入睾丸纵隔内，互相吻合，形成睾丸网。此后汇合成睾丸输出小管，穿出睾丸头的白膜，进入附睾头（图6-3）。在曲精小管之间的疏松结缔组织称为睾丸间质，内有睾丸间质细胞。曲细精管的生殖上皮产生精子，睾丸间质细胞分泌雄性激素。

（1）精小管

①曲精小管（seminiferous tubule）。构成曲精小管的上皮是一种特殊的复层生精上皮，细胞分两类，即生精细胞和支持细胞。上皮外有一薄层基膜，基膜外为一层肌样细胞，其结构与平滑肌细胞相近，可收缩，有助于曲精小管精子的排出（图6-4）。

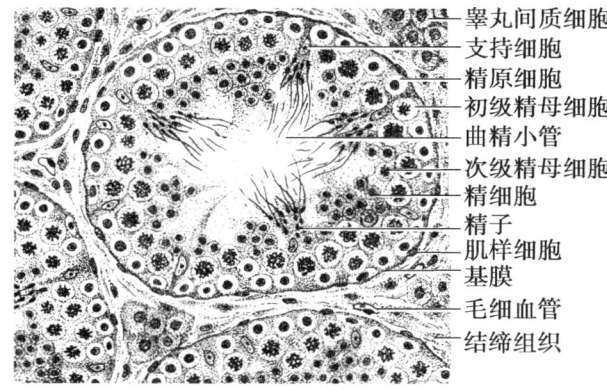

图6-4　曲精小管与睾丸间质

生精细胞（spermatogenic cell）：在性成熟后，睾丸曲精小管的管壁中，可见许多不同发育阶段的生精细胞，可分为精原细胞、初级精母细胞、次级精母细胞，精子细胞和精子。从精原细胞到精子形成的过程称精子发生。

A.精原细胞（spermatogonia）：是精子形成过程的干细胞，其位置多紧贴基膜分布。为圆形，较小。

B.初级精母细胞（primary spermatocyte）：位于精原细胞内侧，有2～3层，是生精细胞中最大的细胞，呈圆形。经第1次减数分裂后，产生两个单倍体的次级精母细胞。

C.次级精母细胞（secondary spermatocyte）：位于初级精母细胞的内侧。细胞体积较初级精母细胞小，呈圆形。它很快进行第2次减数分裂生成两个精子细胞。

D.精子细胞（spermatid）：精子细胞的体积更小，呈圆形，位置靠近曲精细管的管腔，常排成数层。精子细胞不再分裂，经变态过程而形成精子。

E.精子（spermatozoon）：形似蝌蚪，家畜的精子均包括头部、颈部和尾部。头部多呈扁卵圆形。刚形成的精子经常成群地附集在曲细精管的支持细胞游离端，尾部朝向管腔，精子成熟后脱离支持细胞进入管腔。

支持细胞（sustentacular cell）：是一种不规则的高柱状或锥状细胞，细胞底部附着在曲细精管的基膜上。游离端朝向管腔，在相邻支持细胞的侧面之间，镶嵌有许多各级生精细胞，游离端常有多个精子的头部嵌附其上。细胞核为椭圆形或不规则形，着色浅，有1～2个明显的核仁（图6-5）。具有支持和营养生精细胞，吞噬退变的精子细胞和残余体及合成雄性激素结合蛋白的功能。

②直精小管。管壁衬以单层立方上

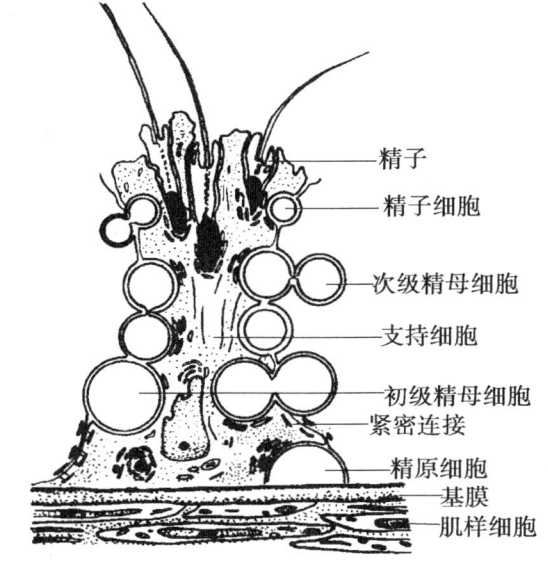

图6-5　支持细胞与生精细胞关系

皮或扁平上皮。

（2）睾丸网（rete testis）：是位于睾丸纵隔内的网状细管，管腔大小极不规则，管周围由睾丸纵隔的结缔组织包裹。睾丸网的管壁上皮是单层立方或扁平上皮。

（3）睾丸间质：指填充在曲细精管之间的结缔组织。含有血管、淋巴管、神经纤维和睾丸间质细胞。睾丸间质细胞多呈卵圆形或多角形，体积较大，常成群分布，或排列在间质内的小血管周围。细胞核大而圆。

二、附睾

附睾（epididymis）是储存精子和精子进一步成熟的场所。

（一）附睾的位置和形态

附睾位于阴囊内，附着在睾丸边缘。分为附睾头、附睾体和附睾尾。附睾头由睾丸输出小管形成，与睾丸头相对应，睾丸输出管进而汇合成一条较粗且较长的附睾管，盘曲形成附睾体和附睾尾，附睾尾和睾丸尾相对应。附睾管在附睾尾处管径增大，最后延续为输精管。附睾尾借附睾韧带（或称睾丸固有韧带，是睾丸系膜变厚的部分）与睾丸尾相连。附睾韧带由附睾尾延续到阴囊（总鞘膜）的部分，称为阴囊韧带。去势时切开阴囊后，必须切断阴囊韧带和睾丸系膜，方能摘除睾丸和附睾。

（二）各种家畜附睾的位置和形态特征

牛、羊的附睾位于睾丸的后外侧；猪的附睾位于睾丸的前上方；马的附睾位于睾丸的背侧缘稍偏外侧。牛、羊呈"U"字形；马、猪不规则长条形。

（三）附睾的组织结构

附睾外面也被覆包有疏松结缔组织构成的固有鞘膜，固有膜内含有薄层环行的平滑肌纤维。内部由睾丸输出小管和附睾管构成。

1. **睾丸输出小管**（efferent ductile） 是从睾丸网发出的小管，有12～25条。管壁上皮由单层高柱状纤毛细胞群与矮柱状无纤毛细胞群相间排列而成。两种细胞都具有分泌功能，分泌物在上皮表面形成泡样物，有纤毛的高柱状细胞还可以吸收管腔内的液体，纤毛的摆动有利于腔内精子的运送。

2. **附睾管**（epididymal duct） 是一条长而弯曲的细管。附睾管的管腔大而规整，管壁的基膜上衬以假复层柱状纤毛上皮，由两种细胞组成。一类称主细胞，数目多，呈高柱状，游离面有静纤毛，其主要功能是吞饮吸收破碎的精子和脱落下来的残余小体，还有分泌作用，分泌物经微绒毛排出，可营养精子。另一类细胞称基细胞，位于上皮细胞的基部，胞体小呈椭圆形，染色较浅，核呈球形。

三、输精管

输精管（ductus deferens）是成对的输送精子的管道。起始于附睾尾，经腹股沟管入腹腔，再向后走入盆腔，在膀胱背侧的尿生殖褶内继续向后伸延，开口于尿生殖道起始部背侧壁的精阜处。有些家畜的输精管在膀胱背侧形成输精管膨大部，称输精管壶腹。其黏膜内有腺体分布，分泌物参与构成精液。牛和羊输精管管径小，形成输精管壶腹，末端开口于精阜；猪输精管无壶腹部，开口于精阜两侧；马的输精管壶腹很发达，末端开口于精阜上。

四、尿生殖道

雄性尿道（canalis urogenitalis）兼有排尿和排精作用，所以，称为尿生殖道。尿生殖道起于膀胱颈的输精管口。沿骨盆腔底壁向后伸延，绕过坐骨弓，再沿阴茎的腹侧向前伸延至阴茎头开口于外界。尿生殖道可分为骨盆部和阴茎部，两部以坐骨弓为界。尿生殖道骨盆部是自膀胱到骨盆后口的一段，位于骨盆腔底壁与直肠之间。在起始部背侧壁的中央有一圆形隆起，称为精阜。尿生殖道阴茎部是生殖道骨盆部的直接延续，起于坐骨弓，至阴茎腹侧，末端开口于阴茎头，开口处称尿道外口。

五、阴囊

阴囊（scrotum）可容纳睾丸、附睾和部分精索，对其具有保护作用。

（一）阴囊的位置和形态

阴囊（图6-6）是袋状的腹壁囊，借助腹股沟管与腹腔相通，相当于腹腔的突出部分。牛、羊和马的阴囊位于两股之间，具有较明显的阴囊颈。猪的阴囊斜位于肛门下方。

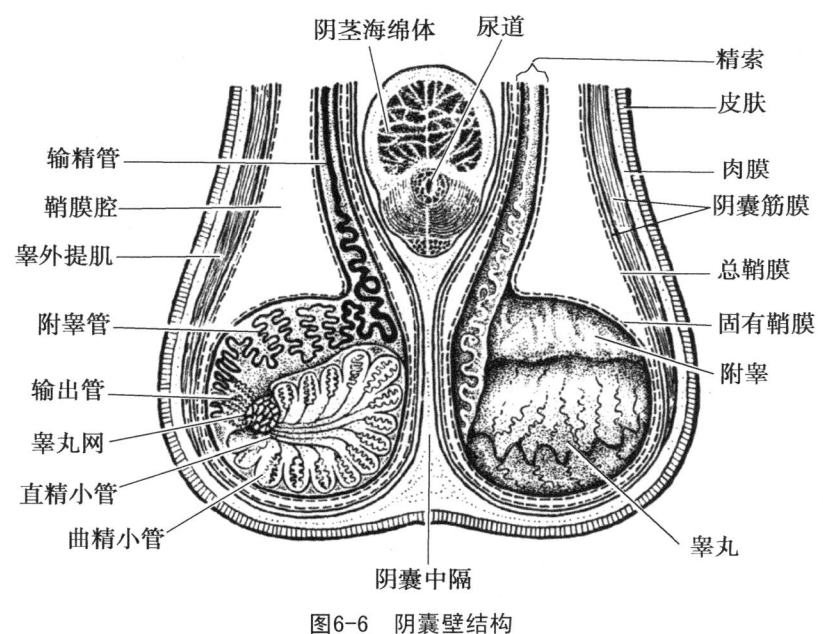

图6-6 阴囊壁结构

（二）阴囊壁的构造

阴囊壁的结构与腹壁相似，由外向内依次为皮肤、肉膜、阴囊筋膜和鞘膜。

1. **皮肤** 形成阴囊缝，将阴囊从外表分为左、右两部。阴囊缝是去势的定位标志。

2. **肉膜** 紧贴于皮肤的内面，不易剥离。肉膜相当于腹壁的浅筋膜，形成阴囊中隔，将阴囊分为左、右互不相通的两个腔。肉膜的收缩和舒张有调节阴囊内温度的作用。

3. **阴囊筋膜** 位于肉膜深面，由腹壁深筋膜和腹外斜肌腱膜伸延而来，将肉膜与总鞘膜较疏松的连接起来，其深面有睾外提肌。睾外提肌是由腹内斜肌后部分出来的纵行肌带，包在总鞘膜的外侧面和后缘，收缩时可上提睾丸，与肉膜共同调节阴囊内的温度。

4. **鞘膜** 包括总鞘膜和固有鞘膜。总鞘膜为阴囊最内层，由腹膜壁层延续而来。总鞘膜折转而覆盖与睾丸和附睾上，称为固有鞘膜。折转处所形成的浆膜褶，称为睾丸系膜。固有鞘膜和总鞘膜之间的空隙叫鞘膜腔，内有少量浆液。鞘膜腔上段细窄，形成管状，称为鞘膜管，精索包于其中。鞘膜管通过腹股沟管与腹膜腔相通。当鞘膜管口过大时，小肠可进入鞘膜管或鞘膜腔内，形成腹股沟疝或阴囊疝。

六、精索

精索（funiculus spermaticus）呈扁平的圆锥形索状，其基部附着于睾丸和附睾上，顶端达腹股沟管内口，内含睾丸动脉、静脉、神经、淋巴管、睾内提肌和输精管，外包以固有鞘膜。

七、阴茎

阴茎（penis）是公畜的交配器官，平时很柔软，退缩在包皮内；交配时勃起，伸长并变粗变硬，利于交配。

（一）阴茎的位置和形态

位于腹壁之下，起自坐骨弓，经两股之间，沿中线向前伸延至脐部。可分为阴茎根、阴茎体和阴茎头。阴茎根以两个阴茎脚起于坐骨结节腹面，外面覆盖着发达的坐骨海绵体肌，两阴茎脚间为尿生殖道骨盆部向阴茎部的延续部；两个阴茎脚合并为圆柱状的阴茎体。阴茎头为阴茎的游离端。

（二）各种家畜阴茎的形态特征

1. **牛的阴茎** 呈圆柱状，长而细，成年牛的阴茎全长可达90cm，勃起时直径为3cm。阴茎体在阴囊后方形成"乙"状弯曲，勃起时伸直，阴茎头长而尖，呈扭转状，尿生殖道外口位于阴茎头前端的尿道突上。

2. **羊的阴茎** 阴茎头前端有一细长的尿道突，绵羊的长3～4cm，呈弯曲状，山羊的较短而直。射精时，尿道突可迅速转动，将精液射出。

3. **猪的阴茎** "乙"状弯曲部在阴囊前方。阴茎头呈螺旋状扭转，尿生殖道外口位于阴茎头前端的腹外侧。

4. **马的阴茎** 粗大、平直，没有"乙"状弯曲，呈左右压扁的圆柱状，腹侧有阴茎退缩肌。阴茎头端膨大形成龟头，其上有龟头窝，尿道外口开口于短的尿道突。

5. **犬的阴茎** 阴茎后部正中有阴茎中隔，两侧为1对阴茎海绵体。阴茎前部有阴茎骨，长约10cm，腹侧有尿生殖道沟，背侧圆隆，前端变细。

（三）阴茎的构造

阴茎主要有阴茎海绵体、尿生殖道阴茎部和肌肉构成，外面为皮肤。

1. **阴茎海绵体** 外面包有很厚的致密结缔组织白膜，白膜向内深入形成小梁，并分支互相连接成网。在小梁及分支之间有许多腔隙，称为海绵体腔。腔壁衬以内皮，并与血管直接相通。海绵体腔实际上是扩大的毛细血管。当充血时，阴茎膨大变硬而发生勃起现象。

2. **尿生殖道阴茎部** 位于阴茎海绵体腹侧的尿道沟内。周围包有尿道海绵体，尿道海绵体的外面被覆有球海绵体肌。

3. **阴茎肌肉** 主要有坐骨海绵体肌和阴茎缩肌。坐骨海绵体肌包于阴茎脚外面，起于坐骨结节，止于阴茎根与阴茎体交界处。收缩时将阴茎向后向上牵拉，压迫阴茎海绵体及阴茎背侧静脉，阻止血液回流，使海绵体腔充血，阴茎勃起。阴茎缩肌起于荐椎或尾椎腹侧，经直肠后端两侧，在阴茎根的腹侧左、右两肌汇合，沿阴茎体的腹侧向前伸延，止于阴茎头后方。此肌收缩时，使阴茎退缩，将阴茎头隐藏于包皮腔内。

八、包皮

包皮（preputium）为皮肤折转而形成的管状皮肤鞘，有容纳和保护阴茎头的作用。阴茎勃起时即展平。猪的包皮前部背侧壁有一圈孔，通入一卵圆形盲囊，称包皮盲囊（或包皮憩室）。囊腔中常聚积有余尿和腐败的脱落上皮，具有特殊的腥臭味。

九、副性腺

副性腺包括精囊腺、前列腺和尿道球腺，均为成对腺体。分泌物称为精清，参与形成精液，并有稀释、营养精子和改善阴道内环境等作用，有利于精子的生存和活动。

（一）精囊腺

精囊腺（glandula vesicularis）位于膀胱颈背侧的尿生殖褶中，在输精管的外侧。每侧精囊腺的导管与同侧输精管共同开口于精阜。犬无精囊腺。

（二）前列腺

前列腺（prostate）位于尿生殖道起始部背侧，可分为腺体部和扩散部，两部以许多导管成行的开口于精阜附近的尿生殖道内。前列腺的发育程度与动物年龄有密切关系，幼龄时较小，性成熟期较大，老龄时逐渐退化。

（三）尿道球腺

尿道球腺（glandula bulbourethralis）位于尿生殖道骨盆部末端的背面两侧，在坐骨弓附近，其导管开口于尿生殖道内。犬无尿道球腺。

第二节 雌性生殖系统

雌性生殖系统由卵巢、输卵管、子宫、阴道、尿生殖前庭和阴门等组成。其中，卵巢、输卵管、子宫和阴道为内生殖器官，尿生殖前庭和阴门为外生殖器官。

一、卵巢

卵巢（ovary）是成对的实质器官，作用是产生卵细胞和分泌雌性激素。

（一）卵巢的位置和形态

卵巢由卵巢系膜悬吊在腹腔的腰下部，在肾的后方或骨盆前口两侧。大多数家畜的卵巢呈椭圆形，卵巢的子宫端以卵巢固有韧带与子宫角的末端相连，前端接输卵管伞。背侧缘为卵巢系膜缘，血管、神经和淋巴管沿卵巢系膜出入卵巢，此处称为卵巢门。腹侧为游离缘。

(二) 各种家畜卵巢的位置和形态特征

1. 牛和羊的卵巢 位于骨盆前口的两侧，子宫角起始部的上方。未怀过孕的母牛，卵巢多位于骨盆腔内，经产母牛的卵巢则位于腹腔内，在耻骨前缘的前下方。牛的卵巢呈稍扁椭圆形，羊的较小较圆。

2. 猪的卵巢 一般较大，呈卵圆形。4月龄前未性成熟的小母猪，卵巢较小，表面光滑，呈淡红色，位于荐骨岬两侧稍靠后方，在腰小肌腱附近；5～6个月龄接近性成熟时，卵巢体积增大，表面有突出的卵泡，呈桑葚状，卵巢位置稍下垂前移，位于髋结节前缘横断面处的腰下部；性成熟后及经产母猪卵巢体积更大，表面因有卵泡、黄体突出而呈结节状，一般左侧卵巢在正中矢面上，右侧卵巢在正中面稍偏右侧。

3. 马的卵巢 较大，呈豆形，表面光滑，大部分被覆以浆膜。卵巢借卵巢系膜悬于腰下部肾的后方，约在第4或第5腰椎横突腹侧，常与腰部的腹壁相接。经产老龄马的卵巢，常因卵巢系膜松弛，而被肠管挤到骨盆前口处。卵巢的游离缘有一凹陷部，称排卵窝。

(三) 卵巢的组织结构

卵巢分为被膜和实质，实质由外周的皮质和中央的髓质构成（图6-7）。马属动物皮质和髓质的位置与其他动物相反，即皮质中央，髓质在外周。

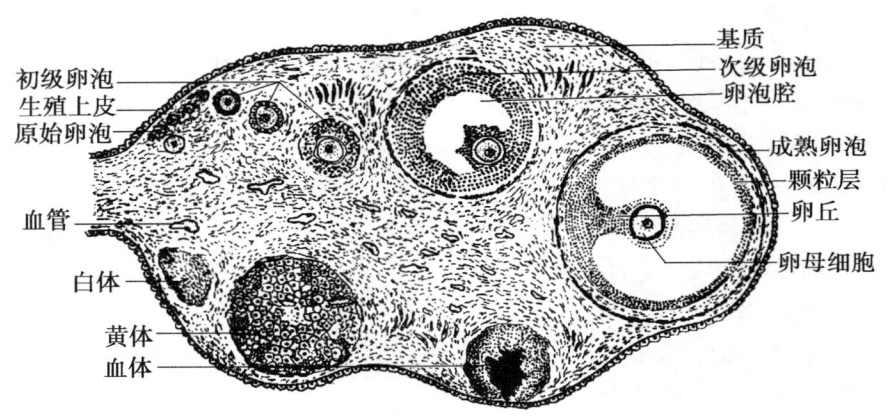

图6-7 牛的卵巢组织结构

1. 皮质 较厚，由基质、不同发育阶段的卵泡、黄体和闭锁卵泡等组成。

（1）基质：由较致密的结缔组织构成，细胞主要是紧密排列的较幼稚的结缔组织细胞，呈梭形，很像平滑肌，但不含肌原纤维。纤维为大量的网状纤维和少量的胶原纤维。

（2）卵泡（follicle）：在皮质中有许多处于不同发育阶段的卵泡。每个卵泡都由位于中央的卵母细胞和围绕在其周围的卵泡细胞组成。分成原始卵泡、生长卵泡和成熟卵泡。

①原始卵泡（primordial follicle）。多位于皮质的浅层，是一种体积小，数量多。每个原始卵泡都由初级卵母细胞和包在其周围的单层扁平的卵泡细胞构成。

②生长卵泡（growing follicle）。在性成熟后，原始卵泡的卵泡细胞由扁平变为立方或柱状。进而数量、层次也明显增多。生长卵泡根据其有无卵泡腔而分为初级卵泡和次级卵泡。

A.初级卵泡（primary follicle）：由原始卵泡发育而成，指从卵泡开始生长到出现卵泡腔之前这一段时期的卵泡。卵泡细胞由单层扁平变为立方、柱状或增生至多层。卵母细胞仍为初级卵母细胞，在初级卵母细胞周围出现一层透明带。卵泡增大时，其外围的结缔组织也进一步分化形成卵泡膜。

B.次级卵泡（secondary follicle）：这时除卵泡体积增大外，卵泡细胞间出现大小不等的腔隙，并进一步扩大相互融合最终成为一个大的半月形的腔，称卵泡腔。卵泡腔中充满液体，称卵泡液。卵泡腔的扩大及卵泡液的增多，使卵母细胞及其外包的卵泡细胞在卵泡腔的一侧形成一个凸入卵泡腔的丘状隆突，称为卵丘。卵丘中紧贴透明带外表面的一层卵泡细胞，随卵泡发育而变为高柱状，而且看起来排列较松散，呈放射状，此层细胞称放射冠。其余的卵泡细胞密集排列成数层，衬在卵泡内壁上，称为颗粒层。组成颗粒层的卵泡细胞也改称为颗粒细胞。随着卵泡的增大，卵泡膜逐渐分化为内、外两层。内层为细胞性膜，可分泌雌激素。外层为结缔组织膜，与周围结缔组织无明显界限。

③成熟卵泡（mature follicle）。生长卵泡发育到最后阶段成为成熟卵泡。成熟卵泡体积显著增大，而且从卵巢表面凸出来。

（3）排卵：发生在动物发情后的数天内，成熟卵泡破裂，初级卵母细胞及其周围的放射冠，随同卵泡液一起排出，此过程称为排卵。排卵时，由于毛细血管受损可以引起出血，血液充于卵泡腔内，形成血体。

（4）黄体（corpus luteum）：排卵后，残留在卵泡内的颗粒层细胞和卵泡内膜细胞随同血管一起向卵泡腔内塌陷，在垂体促黄体生成素的作用下，增殖分化为富含血管的细胞团索，称黄体。颗粒层细胞分化成粒性黄体细胞。如果受精，则黄体继续发育，并存在到妊娠后期，这种黄体称为妊娠黄体或真黄体。如果未受精，黄体逐渐退化，这种黄体称为发情黄体或假黄体。退化的黄体被结缔组织代替，形成瘢痕，称为白体。

（5）闭锁卵泡（atretic follicle）：卵巢内的卵泡，在正常情况下，绝大多数都不能发育成熟，而在各发育阶段中逐渐退化，这些退化的卵泡叫闭锁卵泡。

2.髓质 由富有弹性纤维的疏松结缔组织构成。含有多量的血管、淋巴管和神经等，而梭形细胞和平滑肌纤维较少。

二、输卵管

输卵管（oviduct uterine tube）有输送卵细胞的作用，同时，也是卵细胞受精的场所。输卵管是1对细长而弯曲的管道，位于卵巢和子宫角之间，输卵管以输卵管系膜所固定。输卵管系膜与卵巢固有韧带之间形成卵巢囊，能保证卵巢排出的卵细胞顺利的进入输卵管。输卵管可分为漏斗部、壶腹部和峡部三段：漏斗部为输卵管起始的膨大部分，漏斗的边缘有许多不规则的皱褶，称输卵管伞，漏斗的中央有一小的开口通腹膜腔，称输卵管腹腔口；壶腹部较长，是位于漏斗部和峡部之间的膨大部分，壁薄而弯曲，受精常在此部进行；峡部位于壶腹部之后，较短，细而直，管壁较厚，末端以小的输卵管子宫口与子宫角相接。

三、子宫

子宫（uterus）是中空的肌质性器官，是胚胎发育的场所。

（一）子宫的位置和形态

子宫借子宫阔韧带附着于腹腔顶壁和骨盆腔侧壁，大部分位于腹腔内，小部分位于骨

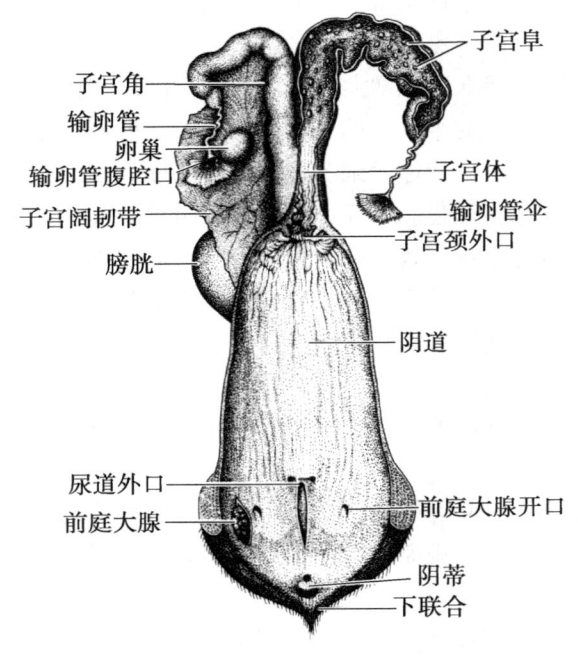

图6-8 母牛的生殖系统（背侧面）

盆腔，在直肠和膀胱之间，前端与输卵管相接，后端与阴道相通。子宫阔韧带为宽而厚的腹膜褶，含有丰富的结缔组织、血管、神经和淋巴管。家畜的子宫均属双角子宫，可分为子宫角、子宫体和子宫颈。

（二）各种家畜子宫位置和形态特征

1. **牛、羊的子宫** 成年个体大部分位于腹腔内，妊娠子宫大部分偏于腹腔的右半部。子宫角较长，子宫角的前部互相分开，卷曲成绵羊角状（图6-8），左、右子宫角的后部因有结缔组织和肌组织相连，表面又包以腹膜，从外表看很像子宫体，所以将该部称伪子宫体。子宫体短。子宫颈壁厚而坚实，后端突入阴道内形成子宫颈阴道部。子宫体和子宫角的黏膜上有特殊的圆形隆起，称子宫阜或子宫子叶，共有4排，约100多个（羊约60多个，顶端略凹陷）。未妊娠时，子宫阜很小，妊娠时逐渐增大，最大的有拳头样大。子宫阜是胎膜与子宫壁结合的部位。

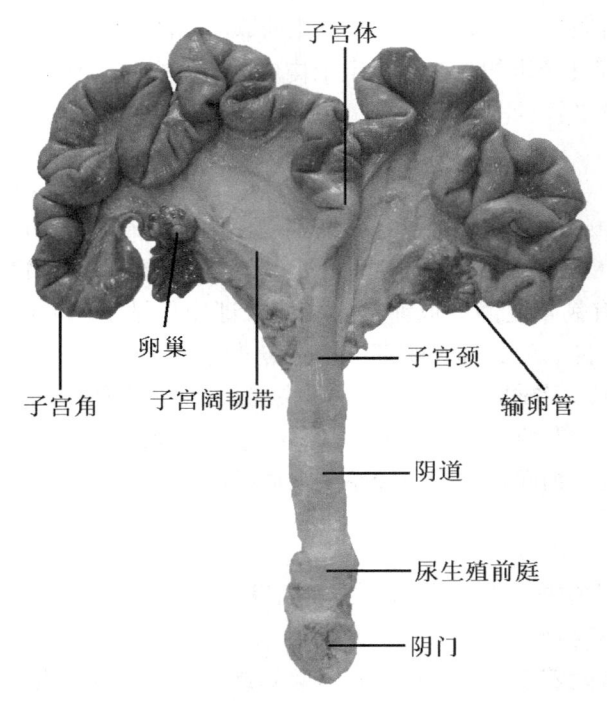

图6-9 母猪的生殖系统（背侧面）

2. **猪的子宫** 子宫角特别长，经产母猪可达1.2～1.5m，外形弯曲似小肠。子宫颈较长，没有子宫颈阴道部，子宫颈与阴道无明显界限（图6-9）。

3. **马的子宫** 呈"Y"形，子宫角稍弯曲成弓状，子宫颈后端突入阴道内，形成明显的子宫颈阴道部（图6-10）。

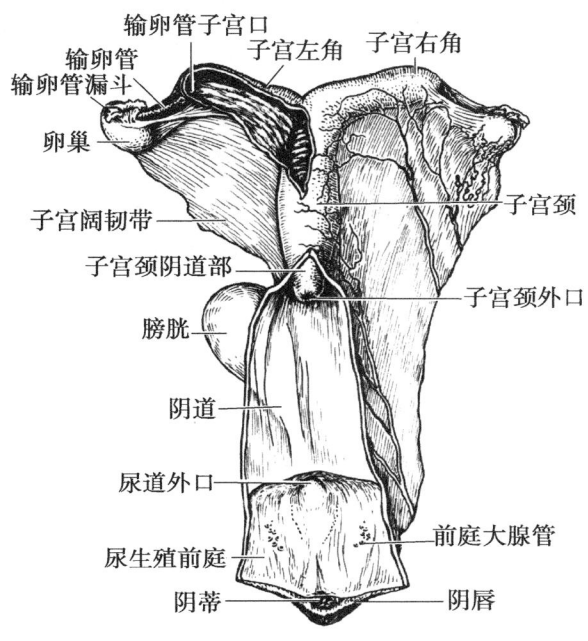

图6-10 母马的生殖系统（背侧面）

（三）子宫的组织结构

由内膜、肌层和外膜构成。

1. **内膜** 包括上皮和固有膜。

（1）上皮：牛和猪为单层柱状上皮或假复层柱状上皮，马为单层高柱状，细胞游离缘有时有暂时性的纤毛。

（2）固有膜：分为深、浅两层。浅层细胞成分较多，主要是一种呈星形的胚性结缔组织细胞组成，细胞借突起互相连接。其间有各种白细胞及巨噬细胞。固有膜的深层细胞成分少，有子宫腺分布。子宫腺为弯曲的分支管状腺，分泌物可供给早期胚胎在附植之前的营养。

2. **肌层** 由发达的内环行、外纵行平滑肌构成。内层薄、外层厚，两层之间为血管层，有多量血管和神经分布。

3. **外膜** 为一层浆膜。

四、阴道

阴道（vagina）是母畜的交配器官，也是产道。阴道位于骨盆腔内，背侧为直肠，腹侧为膀胱和尿道，前接子宫，后接尿生殖前庭。呈扁管状，在子宫颈阴道部周围，形成一个环状隐窝，称阴道穹隆。猪不形成阴道穹隆。

五、尿生殖前庭和阴门

（一）尿生殖前庭

尿生殖前庭（vestibulum vaginae）是交配器官和产道，也是尿液排出的径路。位于骨盆腔内，直肠的腹侧，呈扁管状，前接阴道，后以阴门与外界相通。在尿生殖前庭的腹侧壁上，有尿道外口，两侧有前庭小腺、前庭大腺的开口。在与阴道交界处腹侧形成一横向的黏膜褶，称为阴瓣。

（二）阴门

阴门是尿生殖前庭的外口，位于肛门下方。阴门由左、右两阴唇构成，两阴唇间的垂直裂缝称阴门裂。阴唇上下两端的联合，分别称为阴门背侧联合和阴门腹侧联合。在阴门腹侧联合前方有一阴蒂窝，内有小而凸出的阴蒂，阴蒂相当于公畜的阴茎。

复习思考题

1. 雄性和雌性生殖系统的组成及各器官的生理功能如何？
2. 简述睾丸的形态和结构？阴囊壁的构造？
3. 简述卵巢的组织结构？牛、猪和马子宫的形态结构各有何特点？

第七章 心血管系统

知识目标

1. 掌握心的位置、形态和心腔的构造。
2. 熟悉全身主要动脉及其主要分支，全身大静脉及其主要合成支。

血液循环系统由心、血管和血液组成。血液在心和血管内进行周而复始的流动。

第一节 心

一、心的位置

心（cor）位于胸腔纵隔内，夹在左、右两肺之间，略偏左侧（牛心5/7位于左侧，马和猪心3/5位于左侧），约在胸腔下2/3处。牛在3～6肋间，心基位于肩关节的水平线上，心尖略偏左，距胸骨2cm，距膈2～5cm；猪在2～5肋间，心基位于胸腔背腹径中点平面上，距胸骨5～6mm，距膈较近；马在3～6肋间，心基大约位于胸高（鬐甲部最高点至胸骨的腹侧缘）中点之下3～4cm，心尖距膈6～8cm，距胸骨约1cm。

二、心的形态

心是一中空的肌质器官（图7-1），外面包有心包，心呈左、右稍扁的倒置的圆锥形，其前缘长而凸，后缘短而直；上部大称心基，有进出心的大血管，位置较固定；下部小且游离称心尖。心表面有一环行的冠状沟和两条纵沟。牛心后面还有一条副纵沟。冠状沟靠近心基，是心房和心室的外表分界，上部为心房，下部为心室。左纵沟又称锥旁室间沟，位于心室的左侧，由冠状沟向下伸延几乎与心的后缘平行。右纵沟又称窦下室间沟，位于心室的右侧，由冠状沟向下可伸达心尖。两室间沟是左、右心室的外表分界，前部为右心室，后部为左心室，在冠状沟和室间沟内有营养心的血管和脂肪。

三、心腔的结构

心以房间隔和室间隔分为左、右

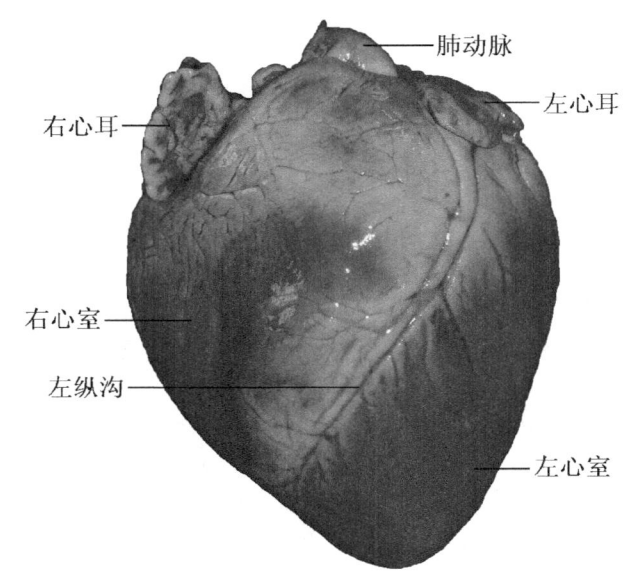

图7-1 猪心的形态（左侧）

心房和左、右心室。同侧的心房和心室以房室口相通。

（一）右心房

右心房（atrium dextrum）构成心基的右前部，包括右心耳和静脉窦。右心耳呈圆锥形盲囊，内壁上有方向不同的肉嵴，称梳状肌，可防止血液在此形成涡流。静脉窦为前、后腔静脉的开口与右房室口之间的空腔。右心房的入口为前腔静脉、奇静脉和后腔静脉入口，位于右心房背侧壁，在后腔静脉口附近的房间隔上有卵圆窝，是胎儿时期卵圆孔遗迹。牛和猪为左奇静脉，开口于冠状窦。马为右奇静脉开口于前、后腔静脉口之间。右心房的出口为右房室口，位于右心房下方与右心室相通。

（二）右心室

右心室（ventriculus dexter）构成心脏的右前部，顶端向下，不达心尖。入口为右房室口，与右房室相通；出口为肺动脉口，与肺动脉相通。

右房室口位于右心室的右上方，以致密结缔组织构成的纤维环为支架，其上附着有3个三角形瓣膜，称三尖瓣或称右房室瓣，游离缘向下，由腱索连于心室的乳头肌上。乳头肌为突出于心室壁的圆锥形肌肉，供腱索附着。当心房收缩时，房室口打开，血液由心房流入心室；当心室收缩时，心室内压升高，血液将瓣膜向上推使其合拢，关闭房室口。由于腱索的牵拉，瓣膜不能翻向心房，可防止血液倒流。

肺动脉口位于右心室的左上方，也由纤维环构成，环上附着3个半月形的瓣膜，称半月瓣。半月瓣呈袋状，袋口向着肺动脉。当心室收缩时，瓣膜开放，血液流入肺动脉；当心室舒张时，室内压降低，肺动脉内血液倒流入半月瓣袋口内，充满后使其相互靠拢而关闭肺动脉口，可防止血液倒流入右心室。

在心室内面，有从室中隔走向室侧壁的1条粗大的心横肌，可防止心室过度扩张。

（三）左心房

左心房（atrium sinistrum）构成心基的左后部，有左心耳，也呈圆锥状盲囊，向左前突出，内壁也有梳状肌。左心房入口为5～8条肺静脉入口，位于左心房背侧壁的后部。左心房出口为左房室口，位于左心房下方与左心室相通。

（四）左心室

左心室（wentriculus dexter）构成心室的左后部，腔伸达心尖。入口为左房室口，与左房室相通；出口为主动脉口，与主动脉相通。

左房室口位于左心室的后上方，也由纤维环构成，环上附着两片强大的三角形瓣膜，称二尖瓣，或叫左房室瓣，其结构和作用同三尖瓣（二尖瓣闭锁不全，造成血液逆流），有腱索连到心室壁的乳头肌上。

主动脉口位于左心室的前上方，其纤维环上附着有3个半月瓣。其结构

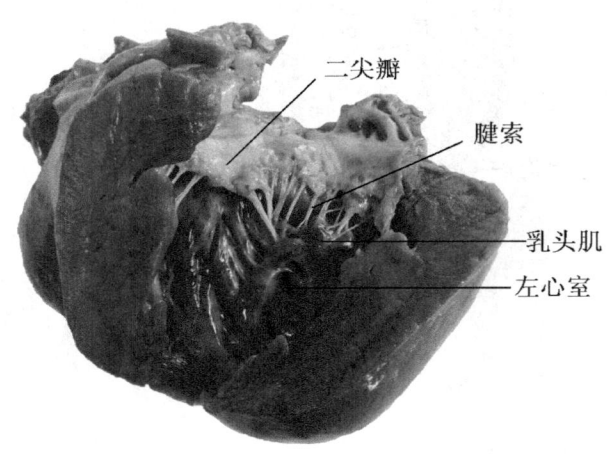

图7-2　心腔构造

作用同肺动脉口的半月瓣。牛的主动脉口纤维环内有左、右两块心小骨，马的为软骨。左心室内有多条细的心横肌（图7-2）。

四、心壁的构造

心壁分为3层，由内向外为：心内膜、心肌和心外膜。

（一）心内膜

心内膜（endocardium）紧贴于心肌内表面，由内皮、内皮下层和心内膜下层组织构成。

1. **内皮** 位于腔面，为单层扁平上皮，同连于心脏的血管的内皮相连结。
2. **内皮下层** 为内皮基膜外的一薄层细密的疏松结缔组织，除含成纤维细胞、胶原纤维和弹性纤维外，还有少许平滑肌纤维。
3. **心内膜下层** 位于内皮下层深面，由疏松结缔组织组成，与内皮下层分界不清。

（二）心肌

心肌（myocardium）为心壁最厚的一层，主要由心肌纤维构成。心肌被房室口的纤维环分为心房和心室两个独立的肌系。心房肌较薄，分内、外两层：外层共同包着两个心房；内层为各心房所固有。心室肌层较厚，而左心室肌层最厚，肌纤维呈螺旋状排列，大致可分外纵行、中环行、内斜行3层。中环形肌层最厚。

（三）心外膜

心外膜（epicardium） 即心包膜的脏层，紧贴于心肌的外表面，由外表面被覆间皮，间皮下面是薄层结缔组织。内含血管、淋巴管、神经和弹性纤维等。

五、心包的构造

心包为包围心的浆膜囊，囊壁由浆膜和纤维膜组成。浆膜分脏层和壁层。脏层贴于心外面，构成心外膜。脏层在心基部折转移行为壁层。脏层和壁层之间的腔隙，称为心包腔，内有少量淡黄色透明心包液（心包炎时心包液增多并混浊），起润滑作用。心包壁层外面有强韧的纤维膜，纤维膜外面被覆有纵隔胸膜（即心包胸膜）。纤维膜的上缘附着于心基的大血管上，下端折转到胸骨内面，构成胸骨心包韧带（图7-3）。

六、心的传导系统

由特殊的心肌纤维组成，其功能是产生并传导心搏动的冲动至整个脏，调控脏的节律性收缩和舒张。心的传导系统包括窦房结、结间束、房室结、房室束和浦肯野纤维（图7-4）。

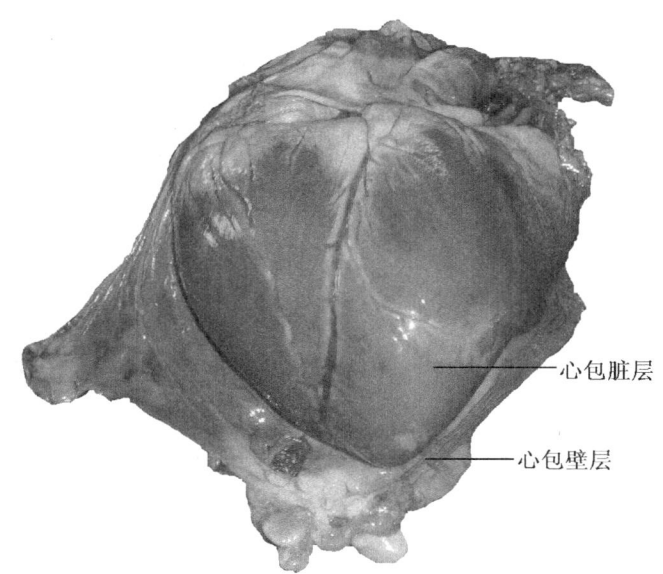

图7-3 心包构造

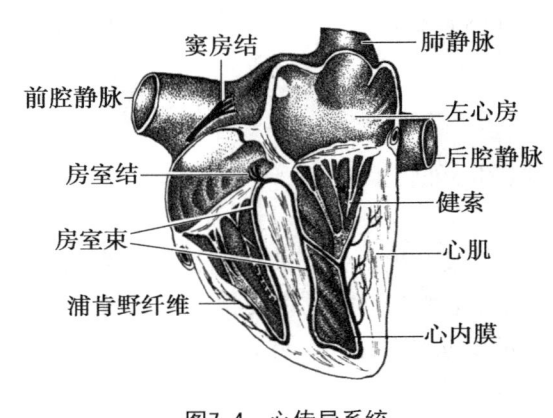

图7-4 心传导系统

（一）窦房结
窦房结（nodus sinuatrialis）位于前腔静脉和右心耳之间界沟内的心外膜下，有分支到心房肌，还分出数支结间束与房室结相连。

（二）房室结
房室结（nodus atrioventricularis）位于房中隔右房侧的心内膜下，冠状窦的前方。其分支与心房肌和房室束相连。

（三）房室束
房室束（fasciculus. atrioventricularis）为房室结的直接延续，在室中隔上部分为一较细的右束支和一较粗的左束支，分别在室中隔的右室侧和左室侧心内膜下延伸，分出分支到室中隔或通过心横肌到心室侧壁。以上分支的小分支在心内膜下分散成浦肯野纤维，与普通心肌纤维相连接。

七、心的血管和神经

（一）心的血管
心的血管由冠状动脉、毛细血管和心静脉组成，其中的循环血液可以供给心的营养。

1. **冠状动脉** 有左右两支，分别由主动脉起始部发出，沿冠状沟和左、右纵沟伸延，分支分布于心房和心室的心肌，在心肌内形成丰富的毛细血管网（供血不足发生心肌梗死）。

2. **心静脉** 有心大、心中和心小静脉。心大静脉较粗，心中静脉较细，二者分别沿左右纵沟，经冠状沟注入右心房的冠状窦。心小静脉有数支，在冠状沟附近直接开口于右心房。

（二）心的神经
心的运动神经有交感神经和副交感神经，交感神经可使心搏动加快，心肌收缩力加强，因此，称之为心加强神经；副交感神经的作用与交感神经的作用相反，所以，称心抑制神经。心的感觉神经分布于心壁，随交感神经和迷走神经进入脊髓和脑。

第二节 血 管

一、血管的种类

根据血管的种类和功能的不同，分为动脉、毛细血管和静脉。

（一）动脉
动脉（arteria）是将心射出的血液送往全身各部的血管。动脉管壁厚，富有收缩性和弹性，空虚时不塌陷，越分越细，若动脉血管破裂时，出血常呈喷射状。

（二）毛细血管
毛细血管（vas capillare）是动脉和静脉间的微细血管。在体内分布最广，在器官内分支相互吻合成网。管壁很薄，通透性大，是血液和周围组织进行物质交换的场所，毛细血管破裂常导致弥漫性出血。

（三）静脉

静脉（vena）是将全身各部的血液引回心的血管。管壁薄，管腔大，弹性小，有些静脉内有静脉瓣膜，有防止血液倒流的作用。越聚越粗，管腔大，空虚时塌陷，管壁损伤时，出血为流水状。

二、血管的结构

（一）动脉

动脉分大、中、小动脉和微动脉。管壁由内膜、中膜和外膜3层组成。其中，以中动脉的分层较明显。

1. **内膜** 最薄的一层，由内皮、内皮下层和内弹性膜组成。内皮为单层扁平上皮。内皮下层为薄层结缔组织，内含少量胶原纤维、弹性纤维和平滑肌纤维。内弹性膜为由弹性纤维组成的薄膜。

2. **中膜** 甚厚，主要由许多环行的平滑肌纤维构成，其中，夹有少量结缔组织和弹性纤维。

3. **外膜** 也较厚，主要由疏松结缔组织构成。在靠近中膜处有一层较厚的外弹性膜，为外膜与中膜的分界线。在外膜内有营养血管，淋巴管和神经。

（二）静脉

静脉常与动脉伴行，也分大、中和小3种类型。与伴行的动脉比较，特点是：管径大管壁薄，弹性纤维和平滑肌纤维少，3层膜分界不明显，中膜薄而外膜厚。

（三）毛细血管

毛细血管由内皮和基膜构成。很小的毛细血管管壁仅由1~2个细胞围成。

三、血管的分布

（一）肺循环的血管

肺循环又称小循环，从右心室开始，经肺动脉进入肺，在肺内形成毛细血管网，而后汇集成肺静脉，返回左心房。

肺动脉起于右心室，在主动脉的左侧向上方延伸，至心基的后上方分为左右两支，分别与同侧支气管一起经肺门入肺，牛、羊和猪的右肺动脉在入肺前还分出一支到右肺的尖叶。肺动脉在肺内随支气管两个分支，最后在肺泡周围形成毛细血管网，在此进行气体交换。肺静脉由肺内毛细血管网汇合而成，与肺动脉和支气管伴行，最后汇合成5~8条肺静脉，由肺门出肺注入左心房。

（二）体循环的血管

体循环又称大循环，从左心室开始，经过主动脉及其动脉血管的各级分支，进入全身各处形成毛细血管网，而后汇集成前腔静脉、奇静脉和后腔静脉，返回右心房。

1. **体循环的动脉** 体循环的动脉主干为主动脉（图7-5），起于左心室的主动脉口，分为升主动脉、主动脉弓和降主动脉。

升主动脉在肺动脉和左、右心房间上升，出心包向后上方呈弓形伸延，形成主动脉

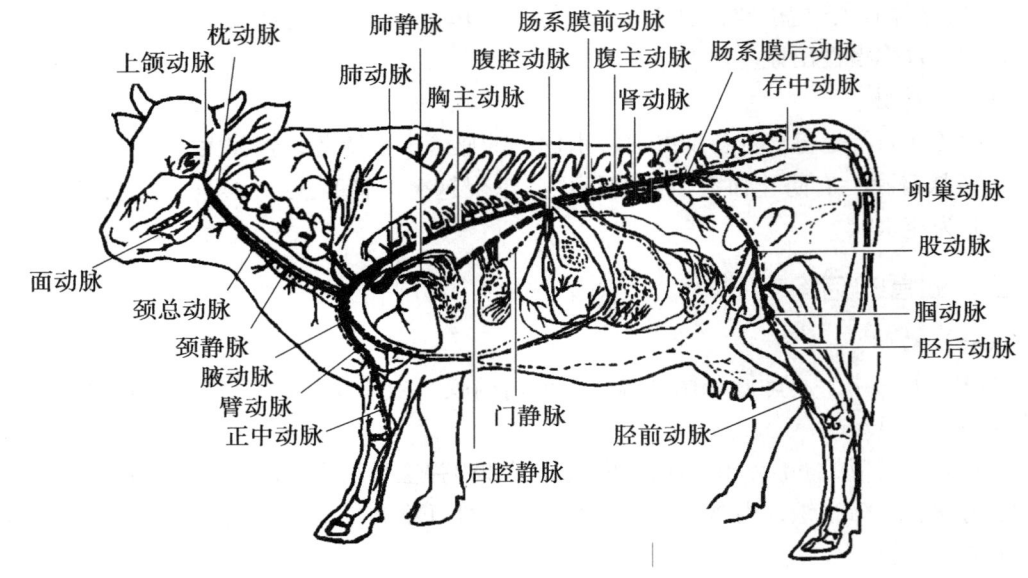

图7-5 牛全身动脉

弓,至第5胸椎腹侧延续为降主动脉,沿脊柱腹侧向后延伸,穿过膈的主动脉裂孔进入腹腔,降主动脉在胸腔的一段称胸主动脉,在腹腔的一段称为腹主动脉。主动脉的主要分支如下:

(1) 升主动脉:在起始部分出左、右冠状动脉,分布于心。

(2) 主动脉弓:向前分出臂头动脉干,此干为输送血液至头、颈、前肢和胸廓前部的动脉总干,沿气管腹侧向前延伸,分出左锁骨下动脉后,主干移行为臂头动脉。臂头动脉分出一双颈动脉干后,移行为右锁骨下动脉。

①左、右锁骨下动脉。绕过第1肋骨前缘出胸腔,分别移行为左、右腋动脉。在胸腔内左锁骨下动脉发出许多分支,分布到胸前部、鬐甲部和颈后部的肌肉、皮肤。其中,较大的一个分支为胸廓内动脉,沿胸骨背侧向后伸延,至第7肋软骨间隙分出膈肌动脉后延续为腹壁前动脉,向后达脐部与腹后动脉吻合。

②头颈部动脉。双颈动脉干是头颈部动脉的总干,在胸前口处分为左、右颈总动脉。左、右颈总动脉,在颈静脉沟深部,分别沿食管左侧和气管右侧向前上方伸延,在寰枕关节处分出枕动脉、颈内动脉(成年牛退化),主干移行为颈外动脉。颈总动脉在向前延伸时,沿途发出许多侧支,分布到颈部的皮肤、肌肉、气管、食管、喉和甲状腺等处。

枕动脉:较细,经枕骨大孔入颅腔,主要分布到脑、脊髓及寰枕关节附近肌肉和皮肤。

颈内动脉:最细,经破裂孔入颅腔,分布于脑。

颈外动脉:最粗,是分布到头部的动脉主干,主干至颞下颌关节腹侧延续为颌内动脉,分布头部大部分的器官和皮肤。分支为颌外动脉(马脉搏检查的部位),绕过下颌骨血管切迹至面部,转为面动脉,分布于唇部和鼻部。

在枕动脉、颈内动脉的起始部血管稍膨大,称颈动脉窦,壁内有压力感受器,对血压的变化敏感。马的颈总动脉分支处的角内有一小结节状的颈动脉球或颈动脉体,内含化学感受器,对血液中的CO_2和O_2含量变化敏感。

③前肢的动脉。是左、右锁骨下动脉的直接延续，沿前肢的内侧向指端伸延，前肢动脉的主干为腋动脉、臂动脉、正中动脉、指掌侧第3总动脉、第3、4指掌轴侧固有动脉（图7-6）。

腋动脉：位于肩关节内侧，主要分支有胸廓外动脉、肩胛上动脉和肩胛下动脉，分布于胸肌及肩臂部的肌肉和皮肤。

臂动脉：位于臂部内侧，主要分支有臂深动脉、尺侧副动脉、桡侧副动脉和骨间动脉，分布于臂部和前臂部的肌肉和皮肤。

正中动脉：位于前臂内侧正中沟内，分支分布于前臂部的肌肉和皮肤。

指掌侧第3总动脉：位于掌骨的后内侧，向指部延伸为第3、4指掌轴侧固有动脉，分布于前肢远端的肌肉和皮肤。

（3）降主动脉：为胸腔、胸壁、腹腔、腹壁和后肢动脉的主干。

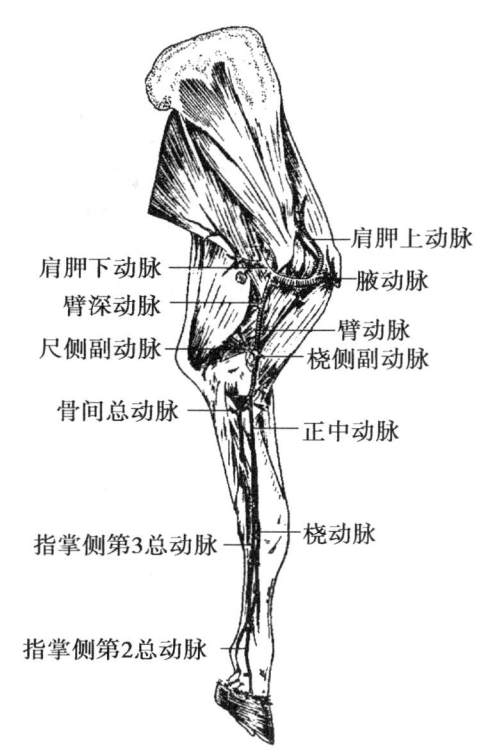

图7-6　牛前肢动脉

①胸主动脉。主要分支有肋间背侧动脉和支气管食管动脉。分布到胸壁肌肉、皮肤、食管、支气管和肺。

肋间背侧动脉：牛13对，猪14～16对，马18对，但前数对由锁骨下动脉分出，每一肋间动脉可分为背侧支和腹侧支。背侧支分布于背部肌肉、皮肤和脊髓。腹侧支分布于胸侧壁的肌肉和皮肤。

支气管食管动脉：很短，马支气管食管动脉在第6胸椎处胸主动脉腹侧分出，然后分两支：支气管动脉和食管动脉支气管动脉分左右两支与支气管一起经肺门入肺；食管动脉分布于食管。牛和猪从胸主动脉腹侧分别分出支气管动脉和食管动脉。

②腹主动脉。为腹腔及腹壁动脉的主干，分支有腹腔动脉、肠系膜前动脉、肾动脉、肠系膜后动脉、睾丸动脉（子宫卵巢动脉）、腰动脉、髂外动脉和髂内动脉。

腹腔动脉：为单支，短而粗，在主动脉裂孔后方腹主动脉腹侧分出。分支有肝动脉、脾动脉和胃左动脉，分布到肝、脾、胃、胰和十二指肠前段。

肠系膜前动脉：为单支，是腹主动脉最粗的分支，在第1腰椎处，腹主动脉腹侧分出，分布到十二指肠后段、空肠、回肠、盲肠和结肠前段。

肾动脉：成对，较粗较短，在第2腰椎处，腹主动脉两侧分出，由肾门入肾，分布到肾和肾上腺。

肠系膜后动脉：为单支，在第4～5腰椎处腹主动脉腹侧分出，分布于结肠后部和直肠前段。

睾丸动脉（子宫卵巢动脉）：成对，睾丸动脉较细长，在肠系膜后动脉附近由腹主动

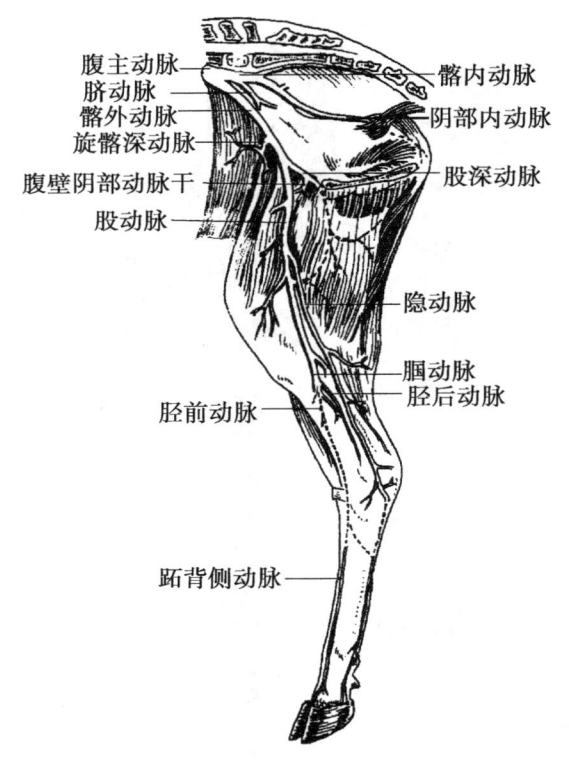

图7-7 牛后肢动脉

脉两侧发出，经腹股沟管入精索，分布于精索、睾丸、附睾、输精管等。子宫卵巢动脉分别分布卵巢和子宫角。

左、右髂外动脉：成对，在第5腰椎处腹主动脉两侧分出，分布于后肢肌肉和皮肤。

左、右髂内动脉：成对，在第6腰椎处腹主动脉两侧分出，分布于盆腔器官、外生殖器和乳房。腹主动脉分出左、右髂内动脉后，移行为荐中动脉，后行至尾根腹侧延续为尾中动脉，分布尾部肌肉和皮肤。

腰动脉：共6对，前5对由腹主动脉分出，第6对由髂内动脉分出，分布于腰腹部的肌肉、皮肤和脊髓。

③后肢的动脉。是左、右髂外动脉的延续，主干分为股动脉、腘动脉、胫前动脉、跖背侧第3动脉和趾背侧固有动脉（图7-7）。

股动脉：股动脉（羊和全脉搏检查部位）位于股内侧向下伸延，在膝关节后方延续为腘动脉。主要分支有股前动脉、股后动脉和隐动脉，分布于股前方和股后方肌肉。

腘动脉：位于膝关节后方，腓肠肌两头之间深部，主要分支为股后动脉，分布于小腿后部肌肉和皮肤。

胫前动脉：穿过小腿骨间隙，沿胫骨背外侧向下延伸，跗关节分出穿跗动脉。胫前动脉分布于小腿背侧外肌肉和皮肤。

跖背侧第3动脉：沿跖骨背外侧向下延伸，在系关节下方延伸为趾背侧固有动脉，分布于后肢远端的肌肉和皮肤。

2. 体循环的静脉 体循环的静脉系包括心静脉系、前腔静脉系、后腔静脉系和奇静脉系。

（1）前腔静脉：是汇集头、颈、前肢和部分胸壁静脉血的静脉干。在胸前口处由左、右颈内外静脉（牛、猪）或左、右颈静脉（马）和左、右锁骨下静脉汇合而成，位于气管和臂头动脉总干的腹侧向后延伸，注入右心房。牛颈外静脉和马颈静脉是静脉注射部位。

①颈内静脉。较细，见于牛和猪，由枕静脉和甲状腺静脉汇集而成，与颈总动脉伴行，在胸腔前口处与左、右颈外静脉汇合，注入前腔静脉。

②颈外静脉。较粗大，相当于马颈静脉，为头颈部静脉主干，由舌面静脉和上颌静脉汇集而成，位于颈静脉沟内。

锁骨下静脉：是汇集前肢静脉血的静脉主干，与动脉伴行。

（2）后腔静脉：是汇集腹部、骨盆部、尾部和后肢静脉血的静脉干。由左、右髂外静脉和髂内静脉汇合成左、右髂总静脉。左、右髂总静脉在骨盆腔前口汇合成后腔静脉，沿腹主动脉右侧前行，前行途中接纳肺静脉、睾丸（卵巢）静脉、肾静脉和肝静脉，穿过膈上的腔静脉裂孔入胸腔，向前进入右心房。

（3）门静脉：较粗，是汇集胃、肠、脾和胰静脉血的静脉干。位于后腔静脉腹侧，由胃十二指肠静脉、脾静脉、肠系膜前、后静脉汇集而成，经肝门入肝后反复分支至窦状隙，然后再汇集成数条肝静脉注入后腔静脉。肝硬化造成胃、肠、脾和胰静脉血回流受阻，就会造成胃、肠出血。

（4）奇静脉：是汇集胸壁、腹壁和支气管食管静脉血的静脉干。由肋间静脉和支气管食管静脉汇集而成。左奇静脉（牛）位于胸主动脉的左侧向前延伸，注入右心房；右奇静脉（马）位于胸椎腹侧偏右，与胸主动脉和胸导管伴行向前延伸，注入右心房。

四、胎儿血液循环

哺乳动物的胎儿在母体子宫内发育，其发育过程中需要的全部营养物质和氧都是通过胎盘由母体供应，代谢产物也是通过胎盘由母体运走。所以胎儿血液循环具有一些与此相适应的特点（图7-8）。

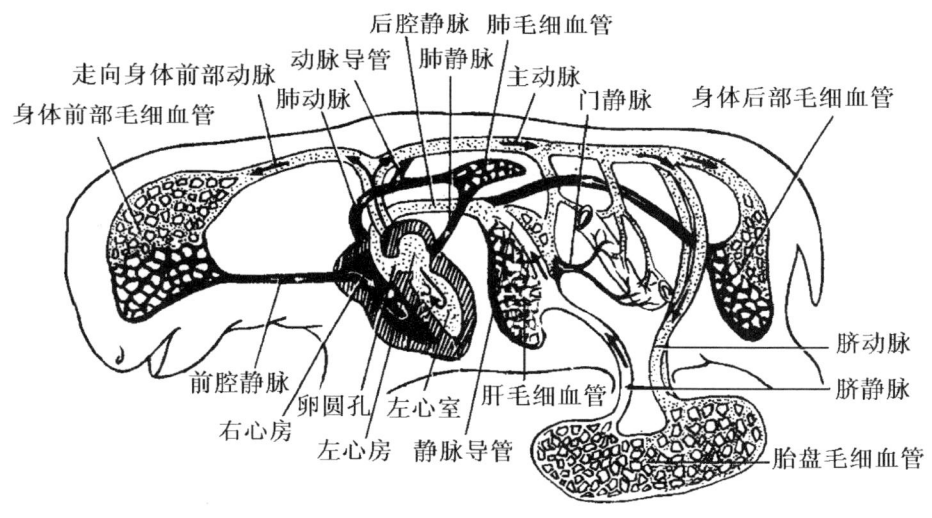

图7-8 胎儿血液循环

（一）胎儿心和血管的构造特点

1. 卵圆孔　胎儿心的房中隔上有一卵圆孔，使左右心房相通。因该孔左侧有瓣膜，所以血液只能从右心房流向左心房。

2. 动脉导管　主动脉和肺动脉之间有动脉导管相通。因此来自右心室的大部分血液通过动脉导管流入主动脉，仅有少量血液流入肺内。

3. 脐动脉和脐静脉　胎盘是胎儿与母体进行气体及物质交换的特殊器官，借脐带与胎儿相连。脐带内有两条脐动脉和一条（马、猪）或两条（牛）脐静脉。

脐动脉由髂内动脉（牛）或阴部内动脉（马）分出，沿膀胱侧韧带到膀胱顶，再沿腹腔低壁向前延伸至脐孔，进入脐带，经脐带到胎盘，分支形成毛细血管网；脐静脉由胎盘毛细血管汇集而成，经脐带由脐孔进入胎儿腹腔（牛的两支脐静脉入腹腔后则合成一支），沿腹腔底壁延伸，经肝门入肝。

（二）胎儿血液循环途径

胎盘内从母体吸收来的富含营养物质和氧气的动脉血，经脐静脉进入胎儿肝内，在肝的窦状隙与来自门静脉的血液混合，最后汇合成数支肝静脉，注入后腔静脉，与来自胎儿后半部的静脉血相混合，入右心房，大部分血液又经卵圆孔到左心房，再经左心室到主动脉及其分支，大部分到头、颈和前肢。

来自胎儿身体前半部的静脉血，经前腔静脉入右心房到右心室，再入肺动脉。由于肺基本不活动，因此，肺动脉中的血液只有少量入肺，大部分经动脉导管到主动脉，主要到身体的后半部，并经脐动脉到胎盘。

（三）胎儿出生后心血管的变化

胎儿出生后，由于肺开始呼吸和胎盘血液循环中断，心血管随之发生相应的改变。

1. **卵圆孔封闭** 由于肺静脉的血液大量流回进入左心房，左心房的压力升高，将卵圆孔封闭，在房中隔的右侧形成卵圆窝，使左心房和右心房完全分开。

2. **动脉导管封闭** 由于肺开始呼吸而扩张，肺动脉内的血液大量流入，注入肺内，动脉导管逐渐闭锁，形成动脉导管索或称动脉韧带。

3. **脐动脉和脐静脉闭锁** 出生后脐带切断，脐动脉退化形成膀胱圆韧带，脐静脉闭锁形成肝圆韧带。

复习思考题

1. 牛和马心的位置。
2. 心的外形和心腔的构造。
3. 心壁的构造和心包的构造。
4. 一动物患肾炎，颈静脉注入药物经何处可到达肾发挥疗效？

第八章　淋巴系统

知识目标

1. 了解淋巴管的组成。
2. 掌握有哪些淋巴器官。
3. 掌握淋巴结和脾的组织结构。
4. 掌握临床常用浅层淋巴结和深层淋巴结的名称和位置。

淋巴系统由淋巴管、淋巴组织、淋巴器官和淋巴组成。淋巴系统是机体内重要的防卫系统，参与机体的免疫反应；能吞噬进入体内的细菌和异物，具有过滤作用；能产生淋巴细胞，为造血器官。

第一节　淋巴管和淋巴

一、淋巴管

淋巴管为淋巴液流通的管道，根据其结构和功能，可分为毛细淋巴管、淋巴管、淋巴干和淋巴导管。

（一）毛细淋巴管

毛细淋巴管（vas lymphocapillare）以盲端起于组织间隙，并彼此吻合成网。其结构似毛细血管，管壁仅有一层内皮细胞。管径粗细不均，通透性比毛细血管大，一些不能透过毛细血管壁的大分子物质如蛋白质、细菌和异物等，能通过毛细淋巴管壁收集后回流。分布广泛，几乎遍布全身。

（二）淋巴管

淋巴管（vas lymphaticum）由毛细淋巴管汇集而成，管壁结构与小静脉相似，管壁较薄，有丰富瓣膜，外观呈串珠状。在其行程中，通过一个或多个淋巴结。进入淋巴结称输入淋巴管，离开淋巴结称输出淋巴管。按所在位置，可分浅层淋巴管和深层淋巴管，前者汇集皮肤及皮下组织的淋巴液与浅静脉伴行；后者汇集肌肉、骨和内脏的淋巴液，多与深层血管伴行。

（三）淋巴干

全身的浅、深层淋巴管经局部淋巴结后，主要汇集成5条较大的淋巴干（truncus lymphaticus），即左、右支气管淋巴干、左、右腰淋巴干和单一的内脏淋巴干。

1. **气管淋巴干**　左、右侧各一条，分别伴随左、右颈总动脉，沿气管腹侧后行，各自收集左、右侧头、肩带部和前肢的淋巴。左气管淋巴干注入胸导管，右气管淋巴干注入右淋巴导管或前腔静脉或颈静脉。

2. **腰淋巴干**　左、右各一条，由髂内淋巴结的输出淋巴管形成，收集骨盆壁、部分腹壁、后肢及盆腔内脏器官的淋巴，伴随腹主动脉和后腔静脉前行，注入乳糜池。

3. **内脏淋巴干** 由肠淋巴干和腹腔淋巴干形成，肠淋巴干汇集空肠、回肠、盲肠和大部分结肠的淋巴，腹腔淋巴干汇集胃、肝、脾、胰和十二指肠的淋巴，最后注入乳糜池。

（四）淋巴导管

由淋巴干汇集而成，包括胸导管和右淋巴导管：

1. **胸导管**（ductus lymphaticus） 为全身最大的淋巴管，起始部呈长梭状膨大，称为乳糜池（cisterna chili），位于最后胸椎和1~3腰椎腹侧，在腹主动脉和右膈肌脚之间。注入乳糜池的有左、右腰淋巴干和内脏淋巴干。胸导管入胸腔后沿胸主动脉的右上方向前延伸，在第6胸椎处，越过食管和气管左侧向下，在胸前口处注入前腔静脉。胸导管沿途中还收集胸上壁、胸侧壁、右侧胸下壁、左肺和心脏左半部的淋巴，左侧气管干也注入胸导管末端，所以，胸导管几乎收集除右淋巴导管以外的全身淋巴。

2. **右淋巴导管** 短而粗，为右侧气管干的延续，收集右侧头颈、右前肢、右肺、心的右半部及右侧胸下壁的淋巴，末端注入前腔静脉或右颈静脉。

二、淋巴

淋巴（lymph）也称淋巴液，呈无色或微黄的液体，由淋巴浆和淋巴细胞组成，在未通过淋巴结的淋巴内没有淋巴细胞，只有通过淋巴结后才含有淋巴细胞。

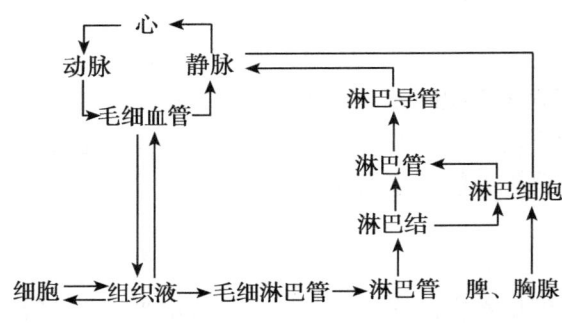

图8-1 淋巴回流径路及其与心血管系统的关系

当血液经动脉输送到毛细血管时，其中，一部分液体经毛细血管动脉端滤出，进入组织间隙形成组织液。组织液与周围组织和细胞进行物质交换后，大部分渗入毛细血管静脉端，少部分则渗入毛细淋巴管，成为淋巴液。淋巴液在淋巴管内向心流动，最后注入静脉。淋巴回流是血液循环的辅助部分（图8-1）。

第二节 淋巴组织和淋巴器官

一、淋巴组织

淋巴组织（lymphatic tissue）是富含淋巴细胞的网状组织。多分布在管状器官的管腔大小和方向突然改变的部位，如咽峡、回肠等处。淋巴组织包括弥散淋巴组织和淋巴小结。

（一）弥散淋巴组织

弥散淋巴组织指淋巴细胞分布稀疏，没有特定的外形结构。常分布在消化管、呼吸道和尿生殖道的黏膜下，可抵御外来细菌或异物的侵入。

（二）淋巴小结

淋巴小结指淋巴细胞较密集，具有一定的形态，多呈圆形或卵圆形，分布在淋巴结、脾、消化道和呼吸道的黏膜。其中单独存在的称淋巴孤结，聚集成团的称淋巴集结。如回肠黏膜的淋巴孤结和淋巴集结。

二、淋巴器官

淋巴器官（lymphatic organs）是以淋巴组织为主要成分构成的器官。根据结构和功能包括中枢淋巴器官和外周淋巴器官。中枢淋巴器官又叫初级淋巴器官，包括胸腺和腔上囊（禽类），发育较早，是培育淋巴细胞的场所，可分别分化称为T淋巴细胞和B淋巴细胞。外周淋巴器官又叫次级淋巴器官，包括淋巴结、脾、扁桃体和血淋巴结，发育较迟，其淋巴细胞由中枢淋巴器官迁移而来，是成熟淋巴细胞定居的部位。

（一）胸腺

1. 胸腺的位置和形态 胸腺（thymus）位于胸腔前部纵隔内及颈部气管的两侧，分颈、胸两部，呈红色或粉红色，单蹄类动物和肉食类动物的胸腺主要在胸腔内，猪和反刍动物的胸腺除胸部外，颈部也很发达，向前可到喉部（图8-2）。胸腺在幼畜发达，性成熟时体积最大，然后逐渐退化，到老年几乎被脂肪组织所代替，但不完全消失，在胸腺中仍可找到有活动的胸腺结构。胸腺开始退化的年龄在不同动物分别为：牛4～5岁，羊1～2岁，猪1岁，马2～3岁。胸腺是T淋巴细胞增殖分化的场所，是机体免疫活动的重要器官。

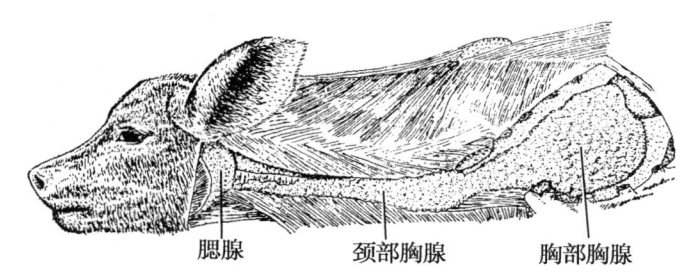

图8-2 犊牛的胸腺

2. 胸腺的组织结构 胸腺表面为一薄层结缔组织构成的被膜，被膜的结缔组织伸入实质内形成小叶间隔，将胸腺实质分隔成许多大小不等的胸腺小叶，每个小叶又由外周的皮质和中央的髓质组成。由于小叶间隔不完整，相邻胸腺小叶的髓质常连在一起。

（1）皮质：以上皮细胞为支架，间隙内含有大量的胸腺细胞和少量的巨噬细胞。上皮细胞有两种：扁平上皮细胞，又称被膜下上皮细胞，位于被膜下及小叶间隔旁，能分泌胸腺素和胸腺生成素；星形上皮细胞，即上皮性网状细胞，细胞多分支状突起，能诱导胸腺细胞发育分化。

胸腺细胞是T淋巴细胞的前身，密集于胸腺皮质内，占皮质细胞的85%～90%。淋巴干细胞进入胸腺后，由浅层向深层迁移并逐步分化，其中95%左右的胸腺细胞在分化过程中凋亡，然后被巨噬细胞吞噬清除。只有少量分化成熟的T淋巴细胞进入髓质，经血流迁移到周围淋巴器官的特定区域。

（2）髓质：含大量的上皮细胞和一些T淋巴细胞、巨噬细胞、交错突细胞和肌样细胞；还含少量肥大细胞、有粒白细胞、B细胞、浆细胞、成纤维细胞和脂肪细胞。上皮细胞有髓质上皮细胞和胸腺小体上皮细胞。髓质上皮细胞呈球形或多边形，能分泌胸腺素；

胸腺小体上皮细胞为扁平，呈同心圆状包绕排列形成胸腺小体，小体散在于髓质中，其功能尚不清楚，但无胸腺小体的胸腺不能培育出T细胞。

3. **胸腺的功能** 不仅是中枢免疫器官，同时，也是内分泌器官。

（1）分泌激素：胸腺上皮细胞分泌的胸腺素、胸腺生成素和胸腺肽等多种激素。

（2）培育和选T细胞：淋巴细胞进入胸腺后，在胸腺内微环境的诱导和选择下，发育分化形成各种处女型T细胞，经血液运送至周围淋巴组织和淋巴器官。

（二）淋巴结

1. **淋巴结的位置和形态** 淋巴结（lymphonodi [nodi lymphatici]）位于淋巴管径路上。淋巴结大小不一，直径从1mm到数厘米不等，多呈球形、卵圆形或扁圆形等。其颜色变化较大，在活体呈粉红或微红色，在尸体则呈灰白色或略带黄色（猪瘟呈大理石样变）。淋巴结一侧隆凸，连有数条淋巴输入管，另一侧凹陷，称淋巴结门，是血管、神经和淋巴输出管出入的地方。

2. **淋巴结的组织结构** 淋巴结由被膜和实质构成。被膜是结缔组织薄膜，含有少量的弹性纤维和平滑肌，被膜深入实质形成许多小梁，构成淋巴结的支架。实质分为外围的皮质和中央的髓质，猪淋巴结的皮质和髓质的位置恰好相反（图8-3）。

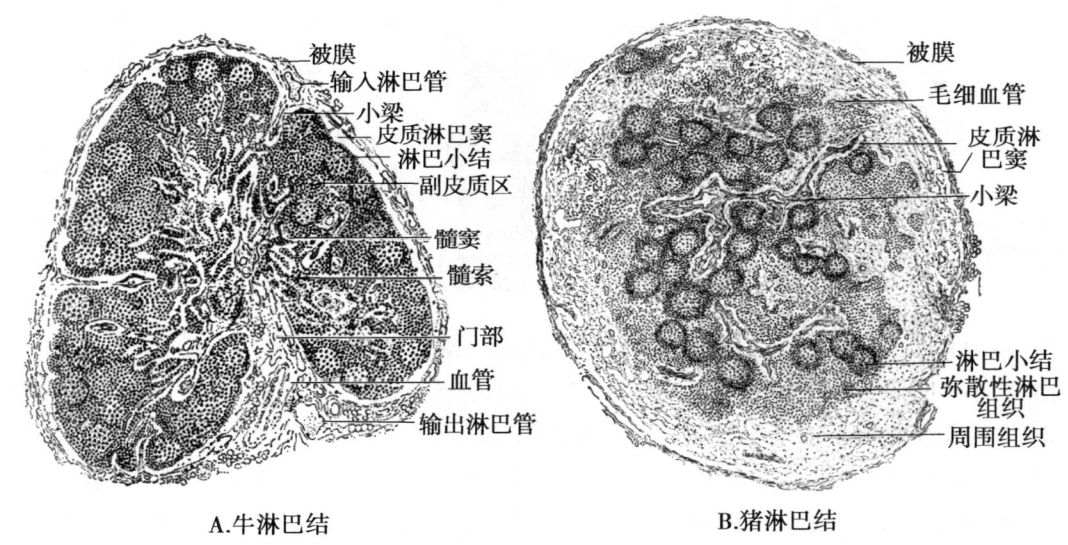

A.牛淋巴结　　　　　　　　　　B.猪淋巴结

图8-3 淋巴结组织结构（低倍）

（1）皮质：由浅皮质区、深皮质区和皮质淋巴窦构成。

浅皮质区：由淋巴小结和弥散淋巴组织构成。淋巴小结淋巴组织密集呈球形，内有大量的B细胞和少量T细胞和巨噬细胞。淋巴小结中心的B细胞能分裂分化，产生新的B细胞，参与体液免疫反应。

深皮质区：又称副皮质区，为浅皮质区与髓质之间的厚层弥散性淋巴组织，主要是T细胞。

皮质淋巴窦：简称皮窦，包括被膜下窦和小梁周窦。被膜下窦位于被膜下、包绕整个淋巴结实质，小梁周窦位于小梁周围，窦壁由内皮细胞构成。窦内有许多网状细胞和巨噬细胞。

（2）髓质：由髓索和髓质淋巴窦组成。髓索是淋巴组织密集呈索状，相互连接成网，髓索主要含B细胞、浆细胞和巨噬细胞，它们的数量可因免疫状态的不同而变化。髓质淋巴窦简称髓窦，结构与皮质淋巴窦相同，但腔大，含有较多的巨噬细胞。

3. 淋巴结的功能

（1）滤过淋巴液：当淋巴液流经淋巴结时，淋巴窦内的巨噬细胞可将细菌和异物吞噬而清除，使淋巴液得以净化。

（2）参与免疫反应：当抗原物质进入淋巴结后，即引起免疫应答反应，淋巴结内的T细胞和B细胞大量分裂增殖，产生B效应细胞和T效应细胞，参与体液免疫或细胞免疫。

4. 全身主要淋巴结的的位置

淋巴结的数目众多，有些单个淋巴结或淋巴结群常位于身体的同一部位，并接受几乎相同区域的淋巴，这个淋巴结或淋巴结群就是该区的淋巴中心。全身的淋巴中心牛和马全身有19个，猪和羊有18个，可分属于7个部位，即头部、颈部、前肢、胸腔、腹腔、腹壁及骨盆壁和后肢淋巴中心（图8-4）。

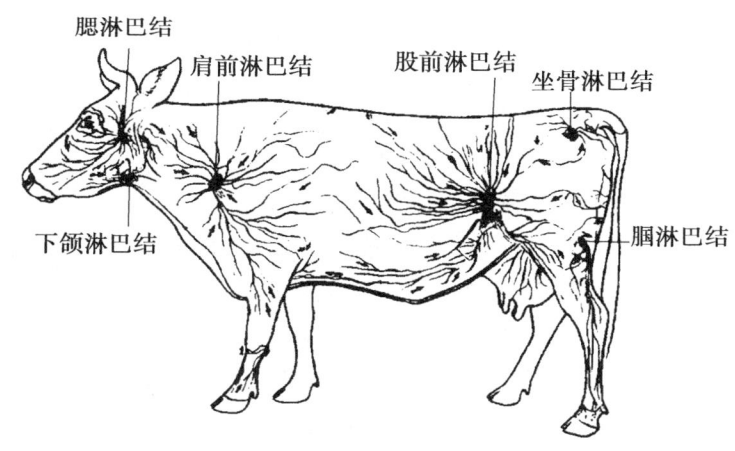

图8-4 牛浅在淋巴结

（1）头部淋巴中心及淋巴结：有3个淋巴中心，即下颌淋巴中心、腮腺淋巴中心和咽后淋巴中心。

①下颌淋巴中心：有1群，即下颌淋巴结（宰后检疫必检淋巴结）。牛还有翼肌淋巴结，猪尚有下颌副淋巴结。

下颌淋巴结：位于下颌间隙内，有1个或1群淋巴结。牛位于血管切迹的后方；猪位于下颌骨的后缘，颌下腺的前方；马位于血管切迹处相对处。

②腮腺淋巴中心：有1群，即腮腺淋巴结。

腮腺淋巴结：位于颞下颌关节后方，部分或全部被腮腺覆盖。

③咽后淋巴中心：有两群，即咽后外侧淋巴结和咽后内侧淋巴结。

咽后外侧淋巴结：位于寰椎翼的内侧，下颌腺深层。

咽后内侧淋巴结：位于咽的背外侧。

（2）颈部淋巴中心和淋巴结：有2个淋巴中心，即颈浅淋巴中心和颈深淋巴中心。

①颈浅淋巴中心：牛、马有颈浅淋巴结1群，猪有颈浅背侧淋巴结和颈浅腹侧淋巴结。

颈浅淋巴结：又称肩前淋巴结（宰后检疫必检淋巴结），位于肩关节前方，肩胛横突肌的深面。马的颈浅淋巴结大部分被臂头肌覆盖。猪的颈浅背侧淋巴结相当于其家畜的颈浅淋巴结，位于肩关节前上方的腹侧锯肌表面，被颈斜方肌和肩胛横突肌所覆盖；颈浅腹侧淋巴结位于腮腺后缘和臂头肌之间。

②颈深淋巴中心：有3群，即颈深前淋巴结、颈深中淋巴结和颈深后淋巴结。

颈深前淋巴结：位于甲状腺附近的气管两侧。

颈深中淋巴结：位于颈中部气管的两侧。

颈深后淋巴结：位于胸前口，气管腹侧，血管附近。

（3）前肢淋巴中心及淋巴结：只有1个腋淋巴中心，正常情况下应有3个淋巴结群，即肘淋巴结、腋淋巴结和第1肋腋淋巴结。

肘淋巴结：位于肘关节内侧面。

腋淋巴结：位于大圆肌下部的内侧面。

第1肋腋淋巴结：位于第1肋骨的前外侧。

（4）胸部淋巴中心及淋巴结：淋巴中心包括4个淋巴中心，即胸背侧淋巴中心、胸腹侧淋巴中心、纵隔淋巴中心和支气管淋巴中心。

①胸背侧淋巴中心：有两群，即胸主动脉淋巴结和肋间淋巴结。

胸主动脉淋巴结：位于主动脉上方的纵隔内。

肋间淋巴结：每肋间1个，位于交感神经干上方的肋间脂肪中。

②胸腹侧淋巴中心：有两群，即胸骨前淋巴结和胸骨后淋巴结，猪只有胸骨前淋巴结。

胸骨前淋巴结：位于胸骨前部上方，在左、右胸内动、静脉之间。

胸骨后淋巴结：位于胸骨中部上面和肌肉之间。

③纵隔淋巴中心：牛和马有3群，即纵隔前、纵隔中和纵隔后淋巴结（都是宰后检疫必检淋巴结），羊无纵隔中淋巴结，猪仅有纵隔前淋巴结。

纵隔前淋巴结：在心前纵隔中，位于大血管、气管和食管的表面。

纵隔中淋巴结：位于心的上方。

纵隔后淋巴结：位于主动脉弓后方的纵隔内。

④支气管淋巴中心：有4群，即气管支气管前淋巴结和气管支气管左、中、右淋巴结（都是宰后检疫必检淋巴结）。

气管支气管前淋巴结：在牛、羊、猪位于气管与右尖叶支气管夹角处的背侧。

气管支气管左淋巴结：位于气管叉左侧。

气管支气管右淋巴结：位于气管叉右侧。

气管支气管中淋巴结：位于气管叉之间。

（5）腹壁和骨盆壁淋巴中心及淋巴结：有4个淋巴中心，即腰淋巴中心，髂荐淋巴中心、腹股沟淋巴中心和坐骨淋巴中心。

①腰淋巴中心：有腰主动脉淋巴结和肾淋巴结。

腰主动脉淋巴结：为腹主动脉和后腔静脉沿途的数个淋巴结。

肾淋巴结：位于肾门附近，在肾动、静脉周围的1群淋巴结。

②髂荐淋巴中心：有3群，即髂内侧淋巴结（宰后检疫必检淋巴结）、髂外侧淋巴结（宰后检疫必检淋巴结）和肛门直肠淋巴结。

髂内侧淋巴结：左右各有1大群，位于髂外动脉起始部附近。

髂外侧淋巴结：位于旋髂深动脉前、后分叉处附近。

肛门直肠淋巴结：有多个，位于直肠腹膜后部的背侧面。

③腹股沟浅淋巴中心：有两群，即腹股沟浅淋巴结和股前淋巴结（都是宰后检疫必检淋巴结）。

腹股沟浅淋巴结：位于腹底壁皮下，大腿内侧，腹股沟管皮下环附近。因性别差异而有不同名称，公畜在阴茎背侧的精索后上方，称阴茎背侧淋巴结；母畜在乳房基底部后上方两侧，称乳房上淋巴结。母猪的在倒数第二对乳头的外侧。

股前淋巴结：又称膝上淋巴结，位于膝关节的前上方、股阔筋膜张肌前缘膝褶中，活体可摸到。

④坐骨淋巴中心：牛有坐骨淋巴结、臀淋巴结和坐骨结节淋巴结；猪无坐骨结节淋巴结；马只有坐骨淋巴结。

（6）腹腔内脏的淋巴中心：腹腔内脏的淋巴中心有3个，即腹腔淋巴中心、肠系膜前淋巴中心和肠系膜后淋巴中心。各中心的淋巴结除分布在动脉起始处，还分布在实质性器官门部，肠管沿途的肠系膜内。淋巴结的命名常按位置和器官进行命名。

①腹腔淋巴中心：所属的淋巴结有腹腔淋巴结、胃淋巴结、肝淋巴结、脾淋巴结和胰十二指肠淋巴结。

②肠系膜前淋巴中心：有4群淋巴结，即肠系膜前淋巴结、空肠淋巴结、盲肠淋巴结和结肠淋巴结。

③肠系膜后淋巴中心：只有1群，即肠系膜后淋巴结。

（7）后肢淋巴中心及淋巴结：牛、马后肢淋巴中心有两个，即腘淋巴中心和腹股沟深淋巴中心。

①腘淋巴中心：仅有1群，即腘淋巴结。

腘淋巴结：位于膝关节后方，臀股二头肌与半腱肌之间，腓肠肌外侧头近端的表面脂肪内。

②腹股沟深淋巴中心：有1群，为腹股沟深淋巴结（宰后检疫必检淋巴结）。

腹股沟深淋巴结：位于股骨上端前内侧，在耻骨肌和缝匠肌之间，股动脉起始部附近。

（三）脾

1. 脾的位置和形态　脾（lien）是动物体内最大的淋巴器官，位于腹前部、胃的左侧。其形态因动物种类不同差别很大（图8-5至图8-9）。

（1）牛脾：呈长而扁的椭圆形，蓝紫色，质比较硬。位于瘤胃背囊左前方。

（2）羊脾：扁平略呈钝三角形，紫红色，质地较软，位于瘤胃的左侧。

（3）猪脾：长而狭窄，呈紫红色，质地较软，位于胃大弯左侧（猪瘟出现梗死灶）。

（4）马、犬脾：呈扁平镰刀状，上宽下窄，位于胃的左后方。

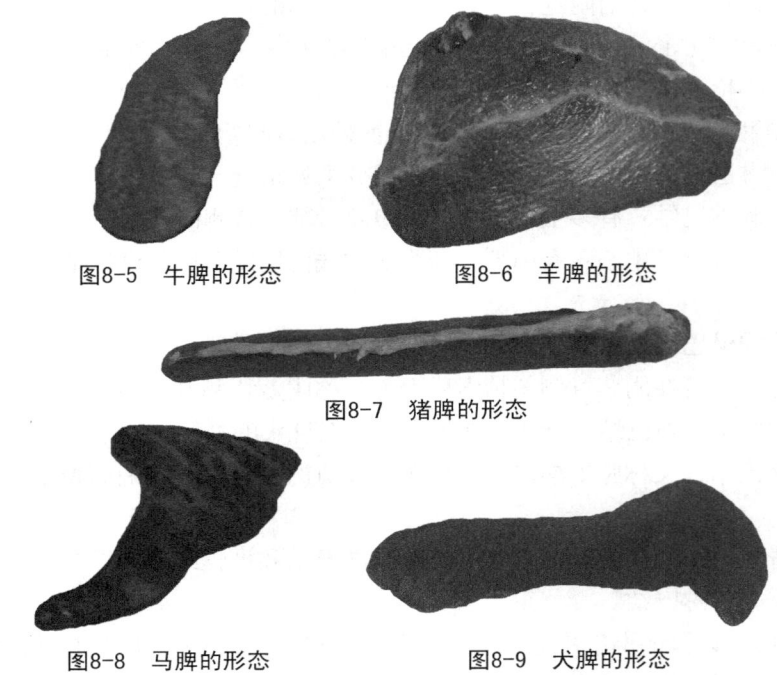

图8-5 牛脾的形态　　　图8-6 羊脾的形态

图8-7 猪脾的形态

图8-8 马脾的形态　　　图8-9 犬脾的形态

2. 脾的组织结构　脾由被膜和实质构成，实质分为白髓、红髓和边缘区（图8-10）。

（1）被膜与小梁：被膜较厚，表面有一层间皮。被膜的结缔组织向实质内伸入，形成许多索状分支的小梁，与由门部伸入的小梁分支相互连接，构成了脾的支架。被膜和小梁内均含有平滑肌。

（2）白髓：由中央动脉、动脉周围淋巴鞘和脾小体构成。

动脉周围淋巴鞘：为围绕在中央动脉周围的厚层弥散淋巴组织，主要由T细胞组成。

脾小体：位于动脉周围淋巴鞘的一侧，主要由B细胞组成，也由生发中心。当受到抗原刺激，引起体液免疫应答时，脾小体体积增大，数量增多。

（3）边缘区：位于白髓和红髓之间，该区的淋巴细胞比白髓的稀疏，但比红髓密集，内含B和T淋巴细胞，以B细胞为多，还含有巨噬细胞和浆细胞。从中央动脉分支而来的毛细血管，有的开口于边缘区，是淋巴细胞由血液和进入淋巴组织的重要通道。

（4）红髓：占脾实质的大部分，分布于被膜下、小梁周围、白髓及边缘区的外侧。红髓又可以分为脾索及脾窦。脾索由富含血细胞的淋巴索，相互连接成网，内含有B细胞、T细胞、浆细胞、巨噬细胞和其他血细胞。脾窦位于脾索之间，形态不规划，相互吻合成网，窦壁由长杆状的内皮细胞纵行排列而成，相邻细胞间有间隙，基膜不完整，网状纤维环绕血窦，形成栅栏状的多缝隙结构，有利于血细胞的出入。

3. 脾的功能

（1）造血：胚胎时期脾脏具有造血功能，但骨髓开始造血后，脾逐渐变为一种淋巴器官，仅产生淋巴细胞和浆细胞，但仍有少量造血干细胞，当严重缺血或某些病理状态下，脾可恢复造血。

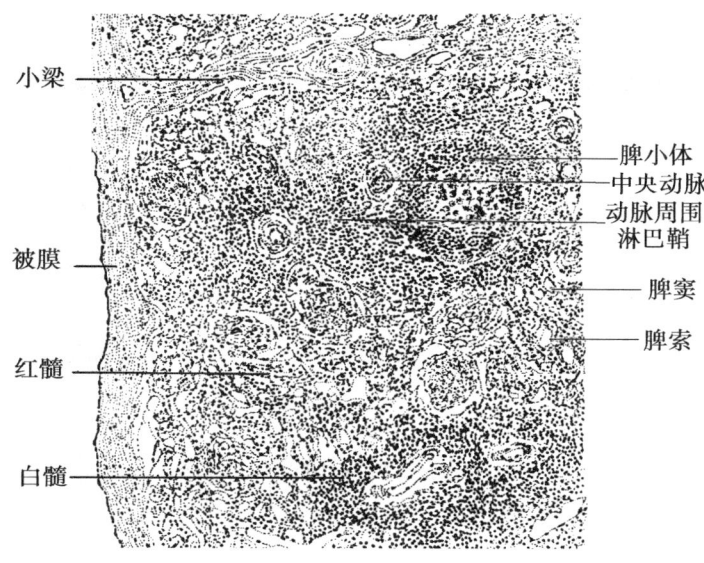

图8-10 猪的脾组织结构（低倍）

（2）贮血：脾窦内可储存一定量的血液，当机体需要时，被膜和小梁收缩，可迅速将血液释放进入血流。

（3）滤血：脾内的大量巨噬细胞，可吞噬血病原体和衰老的血细胞，而使血液净化。

（4）免疫：脾内含有大量淋巴细胞、浆细胞等多种免疫细胞，在抗原刺激下可进行，增殖产生大量效应细胞，参与机体的免疫反应。

（四）血淋巴结

血淋巴结（lymphonodus hemalis）一般呈圆形或椭圆形，紫红色，直径5～12cm，结构似淋巴结，但无输入淋巴管和输出淋巴管，以血管加入血液循环，其中，充盈血液而无淋巴。主要分布于主动脉附近，胸腹腔脏器表面和血液循环的通路上，有滤血的作用。此外，还能产生淋巴细胞和浆细胞，参与机体的免疫功能。血淋巴结多见于牛和羊，但灵长类和马属动物也有分布。

（五）扁桃体

在咽和软腭的黏膜内分布有淋巴组织构成的淋巴器官，称扁桃体（tonsilla）。有腭扁桃体和舌扁桃体，腭扁桃体，位于口咽部两侧；舌扁桃体，位于舌根部。

扁桃体位于舌、软腭和咽的黏膜下组织内，含有大量淋巴组织，呈卵圆形隆起，表面被覆复层扁平上皮，上皮向固有层内凹陷形成许多分支的隐窝，上皮下及隐窝周围有大量的弥散淋巴组织和淋巴小结，隐窝深部的上皮内含有许多淋巴细胞、浆细胞和少量巨噬细胞。扁桃体主要参与机体免疫反应。

复习思考题

1.家畜有哪些淋巴器官？
2.猪宰后卫生检验时检查的浅在淋巴结和深层淋巴结有哪些？位置如何？
3.淋巴结和脾的组织结构？

第九章 神经系统

知识目标
1. 掌握脑和脊髓的形态和内部结构。
2. 熟悉脊神经、脑神经和植物性神经的构成和区别。
3. 掌握主要脊神经的组成和分布。

神经系统可分为中枢神经系统和周围神经系统。中枢神经系统包括脊髓和脑，周围神经系统包括躯体神经和内脏神经。

第一节 中枢神经系统

一、脊髓

（一）脊髓的位置和形态

脊髓（medulla spinalis）位于椎管内，前端在枕骨大孔处与延髓相连，后端达荐骨中部。呈背腹略扁的圆柱形，分为颈、胸、腰和荐部。全长粗细不均，在颈后部和胸前部较粗，形成颈膨大，为前肢神经发出的部位。在腰后部和荐前部也较粗，形成腰膨大，为后肢神经发出的部位。腰膨大以后脊髓逐渐变细呈圆锥形，称脊髓圆锥。自脊髓圆锥向后形成一根来自软膜的细丝，称终丝。后数对荐神经和尾神经自脊髓发出，要在椎管内向后伸延相当长的一段距离，在脊髓圆锥之后包围终丝，形成马尾。

脊髓表面有几条纵行的沟，背侧面正中的浅沟，称背正中沟。在背正中沟的两侧各有一条背外侧沟，脊神经背侧根的根丝由此沟进入脊髓。脊髓的腹侧面正中的深沟，称腹正中裂。在腹正中裂两侧各有一条腹外侧沟，脊神经腹侧根的根丝由此穿出脊髓。

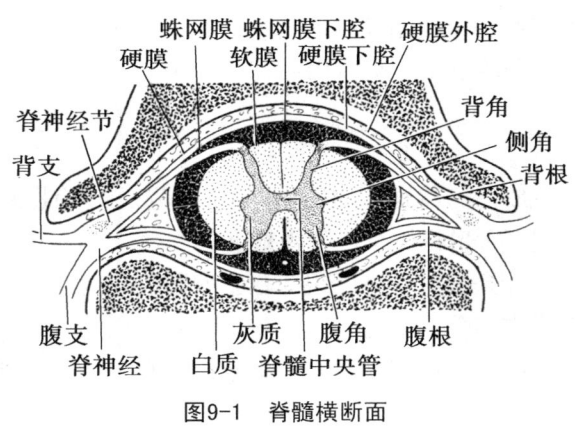

图9-1 脊髓横断面

（二）脊髓的内部结构

由灰质和白质构成，在脊髓的横断面上，可见中央有一纵行的小管，称为脊髓中央管，中央管的周围为灰质，灰质的外周为白质（图9-1）。

1. **灰质** 灰质（substantia grisea）在脊髓横切面上呈"H"形，由神经元胞体及其树突和外来轴突终末构成。灰质在两侧向背侧突出的部分称背侧角，是感觉神经元的所在地；向腹侧突出的部分称腹侧角，是运动神经元的所在地；在脊髓的胸段和腰段的背侧角与腹侧角之间还有向外侧突出的外侧角，是植物性神经节前神经元所在地。它们在脊髓内前后连续成柱状，所以又称背侧柱、腹侧柱和外侧柱。外侧柱中央管周围连接两侧部的灰质称为灰质连合。

2. **白质** 白质（substantia alba）：主要由纵行的神经纤维束组成。被灰质柱分为左、右对称的3对索。背正中沟与背侧柱之间为背侧索；腹侧柱与腹正中裂之间为腹侧索；背侧柱与腹侧柱之间为外侧索。灰质腹侧连合与腹正中裂之间的白质称白质连合。背侧索的神经束是感觉传导束。外侧索内位于浅层的神经束是感觉传导束，位于深层的神经束是运动传导束。腹侧索的神经束是运动传导束。靠近灰质周围有一些短程的纤维，联络各节段的脊髓，称脊髓固有束。

3. **脊神经根** 每节段脊髓的背外侧沟和腹外侧沟，分别与脊神经的背侧根和腹侧根相连。背侧根（或感觉根）较粗，上有脊神经节。脊神经节由感觉神经元的胞体所构成，其外周突脊神经伸向外周，中枢突构成背侧根，进入脊髓背侧索。腹侧根较细，由腹侧柱和外侧柱运动神经元的轴突构成。背侧根和腹侧根在椎间孔附近合并为脊神经。

二、脑

脑（encephalon）位于颅腔内，后端在枕骨大孔处与脊髓相连。脑可分为大脑、间脑、小脑和脑干。脑干又分延髓、脑桥和中脑（图9-2、图9-3、图9-4）。

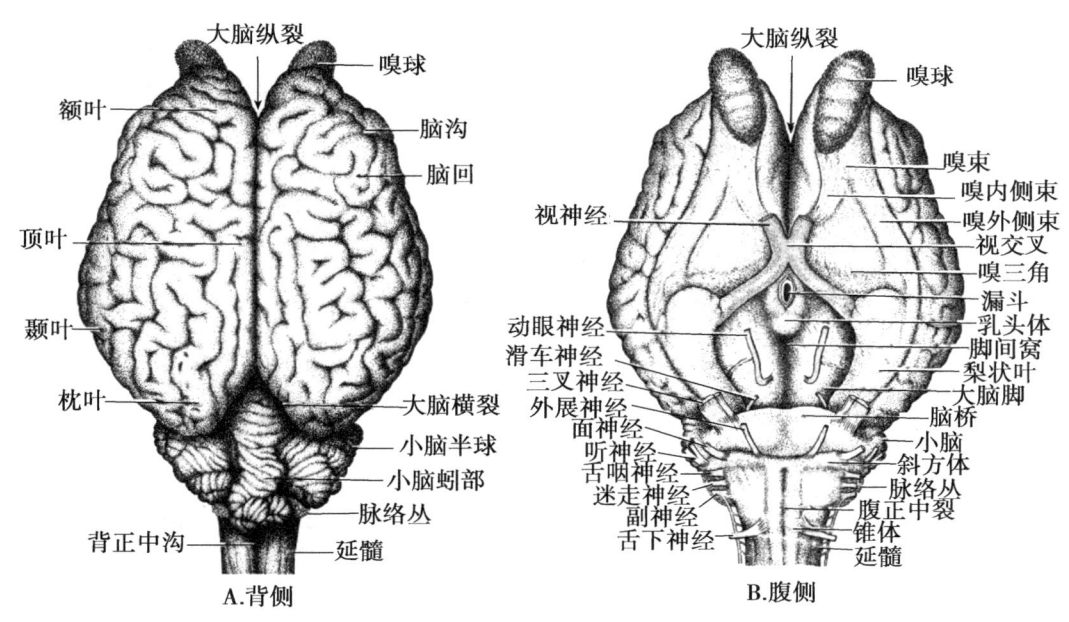

图9-2 马脑

（一）脑干

由后向前顺次为延髓、脑桥和中脑，前接间脑，后连脊髓，背面有小脑。脑干由灰质和白质构成。灰质分散成团块状的神经核。在神经核中有脑神经的运动核和感觉核、植物性神经的副交感核及传导经路上的中继核。脑干的白质由上、下行传导经（纤维束）构成。此外，脑干内还存在大量由灰质和白质混杂在一起形成的网状结构。

1. **延髓** 延髓（*medulla oblongata*）呈前宽后窄，背腹侧稍扁的锥形。前端连脑桥，后端在枕骨大孔处接脊髓。背侧面大部分被小脑覆盖，腹侧面位于枕骨基底部的背侧。

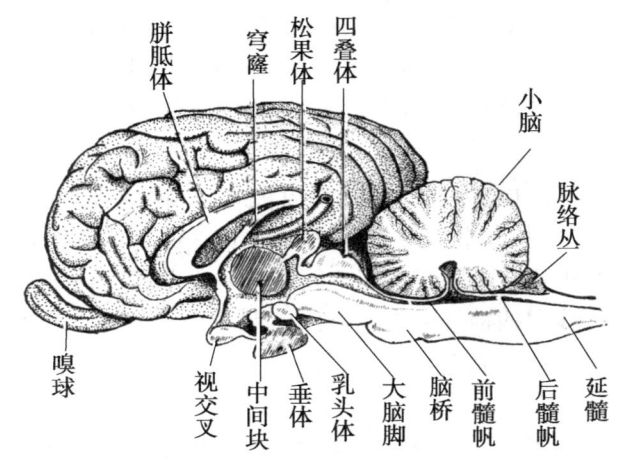

图9-3 马脑（正中纵切面）

延髓腹侧面有腹正中裂，裂的两侧各有一条纵行隆起，称锥体。内有皮质脊髓束通过。在锥体的后部，大部分纤维左、右交叉，形成锥体交叉。在延髓腹侧由前向后依次有第6~12对脑神经根。延髓背侧面前半部为开放部，构成第四脑室底壁的后部。后半部为闭合部，形似脊髓。延髓内有调节心血管活动、呼吸运动等反射中枢。

2. **脑桥** 脑桥（*pons*）位于小脑腹侧，在延髓和中脑之间。腹侧面呈横行的隆起，内含横向纤维，是连接大脑与小脑的重要通道。其背侧面构成第四脑室底壁的前部。在腹侧有粗大的三叉神经根。

脑桥在横切面上可分为背侧部的被盖和腹侧部的基底。被盖部是延髓背侧的延续，内有三叉神经核、中继核和网状结构。基底部由纵行纤维、横行纤维和散在其中的神经核（脑桥核）组成。纵行纤维为大脑皮质至延髓和脊髓的锥体束。横行纤维由脑桥核发出，伸向对侧形成小脑中脚，而后入小脑。

3. **中脑** 中脑（*mesencephalon*）位于脑桥和间脑之间，腹侧面有1对纵行纤维束构成的隆起，称大脑脚，有动眼神经根。背侧为四叠体，前方1对较大的隆起称前丘，与视觉反射有关。后方1对较小的隆起称后丘，与听觉反射有关。四叠体与大脑脚之间有中脑导水管，前方通第三脑室，后方通第四脑室。

（二）间脑

间脑（*diencephalons*）位于中脑前方，大部分被两侧大脑半球覆盖。分为丘脑和丘脑下部。

1. **丘脑** 丘脑（*thalami*）是间脑最大的组成部分。左、右丘脑是1对卵圆形的灰质团块，由白质分隔为许多不同机能的核群组成。左、右丘脑的内侧部相连，断面呈圆形，称丘脑中间块，周围的环形间隙称第三脑室。在丘脑后部的背外侧，有外侧膝状体和内侧膝状体，外侧膝状体位于前方稍外侧，呈幡状，接受视束的纤维，为视觉通路的中继站。内侧膝状体位于外侧膝状体后下方，呈卵圆形，接受上行的听觉纤维，是听觉通路的中继站。在左、右丘脑的背侧、中脑四叠体的前方，有松果体，是内分泌腺。

2. **丘脑下部** 位于丘脑腹侧，构成第三脑室的底壁和侧壁腹侧部。从脑底面看，有视交叉、视束、灰结节、漏斗、垂体和乳头体。视交叉由左、右视神经会合而成，视交叉向后伸延为视束。视交叉的后方为灰结节，它向腹侧移行为漏斗。漏斗的腹侧连接垂体。灰结节后方的圆形隆起为乳头体。丘脑下部是植物性神经的重要中枢，含有许多核群，其中，主要有视上核和室旁核。视上核位于视束的背侧，分泌的抗利尿素；室旁核位于第三脑室侧壁内，分泌催产素。

（三）大脑

大脑（cerebrum）或称端脑，位于脑干前方，后端以大脑横裂与小脑分开，背侧被大脑纵裂分为左、右两个大脑半球，大脑纵裂底部有胼胝体将两半球联系在一起。每侧大脑半球包括大脑皮质、白质、嗅脑、基底核和侧脑室。

1. **大脑皮质** 大脑皮质（cortex cerebri）是覆盖于大脑半球表面的灰质，为机体功能活动的最高调节中枢，皮质内的神经元呈分层排列，由浅到深分为界限不清的6层，即分子层、外颗粒层、外椎体细胞层、内颗粒层、内椎体细胞层和多形细胞层。其各层的厚度，细胞形状、大小和密度，都依部位不同而有差异。这与不同部位皮质具有不同的功能有关。皮质表面凹凸不平，凹陷处称为脑沟，沟间隆起的部分称脑回。大脑皮质可分为5个叶，前部为额叶，是运动区；后部为枕叶，是视觉区；背侧部为顶叶，是一般感觉区；外侧部为颞叶，是听觉区；内侧面为边缘叶，与内脏活动有关。

2. **白质** 大脑皮质的深面是白质，由大量的神经纤维构成，这些纤维可分3类：①联络纤维：亦称弓形纤维，是连接同侧半球各脑回、各叶之间的纤维。②联合纤维：是连接左、右大脑半球皮质的横行纤维，主要是胼胝体。③投射纤维：是联络大脑皮质与皮质下中枢和脊髓间的上、下行纤维，绝大多数通过内囊。

3. **嗅脑** 嗅脑（rhinencephalon）位于大脑腹侧面，包括嗅球、嗅束、嗅三角、梨状叶和海马等。

嗅球呈卵圆形，位于每个大脑半球的最前端。接受嗅神经纤维，即嗅丝。嗅球的后面接嗅束（嗅回）。嗅束向后分为内侧嗅束和外侧嗅束。内侧嗅束伸向半球内面的旁嗅区，外侧嗅束向后连于梨状叶。内、外侧嗅束之间的三角区称为嗅三角。梨状叶为位于大脑脚和视束外侧的梨状隆起，是海马回的前部，其表层是灰质，前端深部藏有杏仁核。海马呈弓带状，由梨状叶的后部和内侧部转向半球的深部而成。构成侧脑室底壁的后部。

4. **基底核** 是位于大脑半球基底部的灰质核团，也是皮质下运动中枢，主要包括尾状核和豆状核等。尾状核斜位于丘脑的前外侧，构成侧脑室前部的底壁。腹外侧与内囊相接。内囊的外侧有豆状核，豆状核被白质分成内、外两部分。内侧部称苍白球，外侧部称壳。尾状核、内囊和豆状核在横切面上呈灰白质相间的条纹状，故称纹状体。纹状体是锥体外系的主要联络站，有维持肌紧张和协调肌肉运动的作用。

5. **侧脑室** 为左、右大脑半球内的腔隙，顶壁为胼胝体，底壁称穹隆，前部为尾状核，后部为海马，两个侧脑室之间为透明隔。侧脑室内有脉络丛，侧脑室经室间孔与第三脑室相通。

（四）小脑

小脑（cerebellum）小脑略呈球形，位于大脑后方，在延髓和脑桥的背侧，构成第四脑室顶壁。小脑被两条纵沟分为中间的蚓部和两侧的小脑半球，表面有许多沟和回。小脑的功能是维持动物机体平衡、调节协调肌紧张和协调随意运动。

小脑的表层为灰质，称小脑皮质，皮质由外至内分为分子层、浦肯野细胞层和颗粒层3层结构。内部为白质，称小脑髓质。白质呈树枝状伸向小脑皮质，形成髓树。小脑髓质内每侧有3个灰质核团，由正中面向外为顶核、栓核和齿状核，其中齿状核最大。

三、脑脊髓膜和脑脊液

（一）脑脊髓膜

由内向外依次为软膜、蛛网膜和硬膜。

1. 软膜（*pia mater*） 很薄，富含血管，分为脊软膜和脑软膜，分别紧贴于脊髓和脑的表面。脑软膜上的血管丛与脑室膜上皮共同折入脑室，形成脉络丛，能产生脑脊液。

2. 蛛网膜（*arachnoidea*） 为一层透明结缔组织薄膜，包围于软膜的外面，以无数结缔组织小梁与软膜相连。蛛网膜与软膜之间的腔隙，称蛛网膜下腔，内含脑脊液。

3. 硬膜（*dura mater*） 厚而坚韧，包围于蛛网膜外面。硬膜与蛛网膜之间的腔隙，称硬膜下腔，内含少量液体。脑硬膜紧贴于颅腔壁，其间无腔隙存在。脊硬膜与椎管之间有一较宽的腔隙，称硬膜外腔，内含有静脉和脂肪，并有脊神经根通过。临床上做硬膜外腔麻醉时，即将麻醉药注入硬膜外腔，以阻滞脊神经的传导。

脑硬膜伸入大脑纵裂内形成大脑镰；伸入大脑横裂内形成小脑幕；位于脑和垂体之间形成鞍隔。

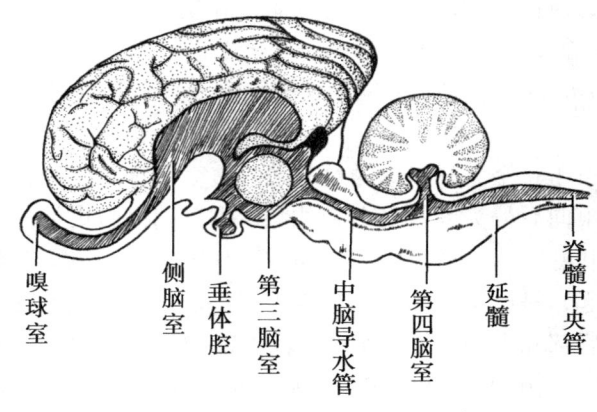

图9-4 马的脑室

（二）脑脊液

脑脊液（*liquor cerebrospinalis*）是无色透明液体，充满于各脑室（图9-4）、脊髓中央管和蛛网膜下腔脑脊液有运送营养物质、带走代谢产物的机能、维持正常脑内压、缓冲震荡、保护脑和脊髓的作用。由各脑室脉络丛产生，最后进入血液。其循环途径是：

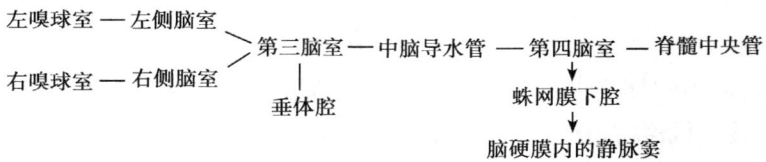

第二节 周围神经系统

周围神经系统包括躯体神经和内脏神经。躯体神经是分布于动物的体表、骨、关节和骨骼肌上的神经。与脊髓连接为脊神经,与脑连接为脑神经。内脏神经是分布于内脏器官、血管和皮肤平滑肌、心肌和腺体上的神经。内脏神经的传出纤维(运动纤维)又称植物性神经,依形态和功能不同又分为交感神经和副交感神经。

一、脊神经

脊神经(nervi spinales)是混合神经,以背侧根和腹侧根与脊髓相连,其中,背侧根是感觉纤维,腹侧根是运动纤维,背侧根和腹侧根在椎间孔处合并而成脊神经。脊神经按部位分为颈神经、胸神经、腰神经、荐神经和尾神经。各种动物脊神经对数见表9-1。

表9-1 各种动物脊神经数目

名称	牛、羊	猪	马
颈神经	8	8	8
胸神经	13	14~16	18
腰神经	6	7	6
荐神经	5	4	5
尾神经	5~7	5	5~6
合计	37~39	38~40	42~43

脊神经是混合神经,既含有感觉纤维,也含有运动纤维。每条脊神经可分为躯体和内脏两部分。因此,脊神经含有4种纤维成分。

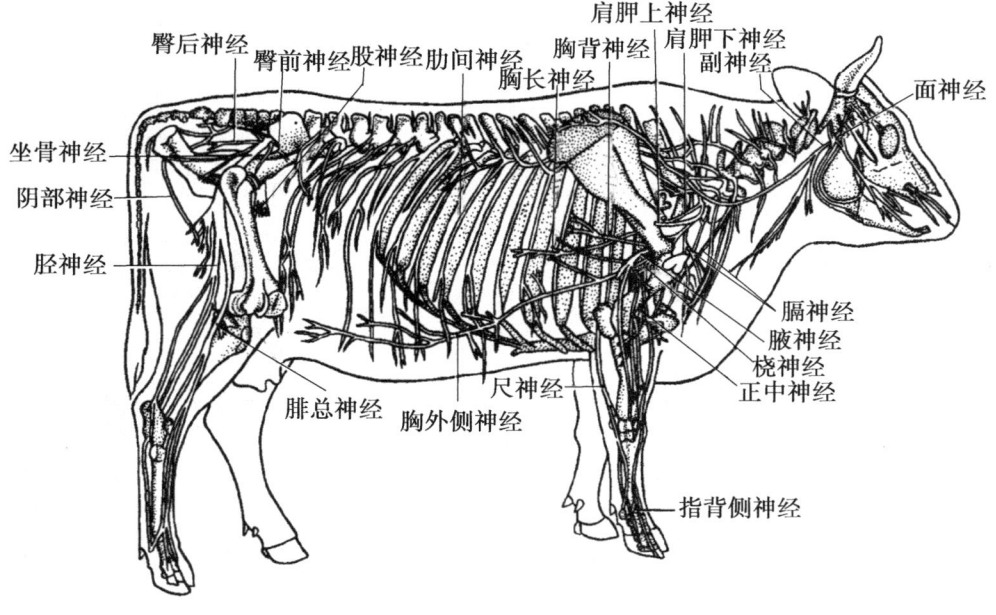

图9-5 牛脑神经和脊神经

①躯体传入（感觉）纤维：分布皮肤、骨骼肌和关节。
②内脏传入（感觉）纤维：分布内脏、心脏、血管和腺体。
③躯体传出（运动）纤维：支配骨骼肌。
④内脏传出（运动）纤维：支配平滑肌、心肌和腺体。

脊神经出椎间孔分为背侧支和腹侧支。背侧支分布于脊柱背侧的肌肉和皮肤；腹侧支分布于脊柱腹侧的肌肉和皮肤。以下介绍分布于脊柱腹侧和四肢的躯体神经的腹侧支的主要神经（图9-5）。

1. 膈神经 由第5、6、7颈神经的腹侧支合成，经胸前口入胸腔，在纵隔内后行，分布于膈。

2. 臂神经丛 由第6、7、8颈神经的腹侧支和第1、2胸神经的腹侧支合成，位于肩关节的内侧。发出的主要神经有：肩胛上神经、肩胛下神经、腋神经、桡神经、尺神经和正中神经（图9-6）。分布到前肢肌肉和皮肤。

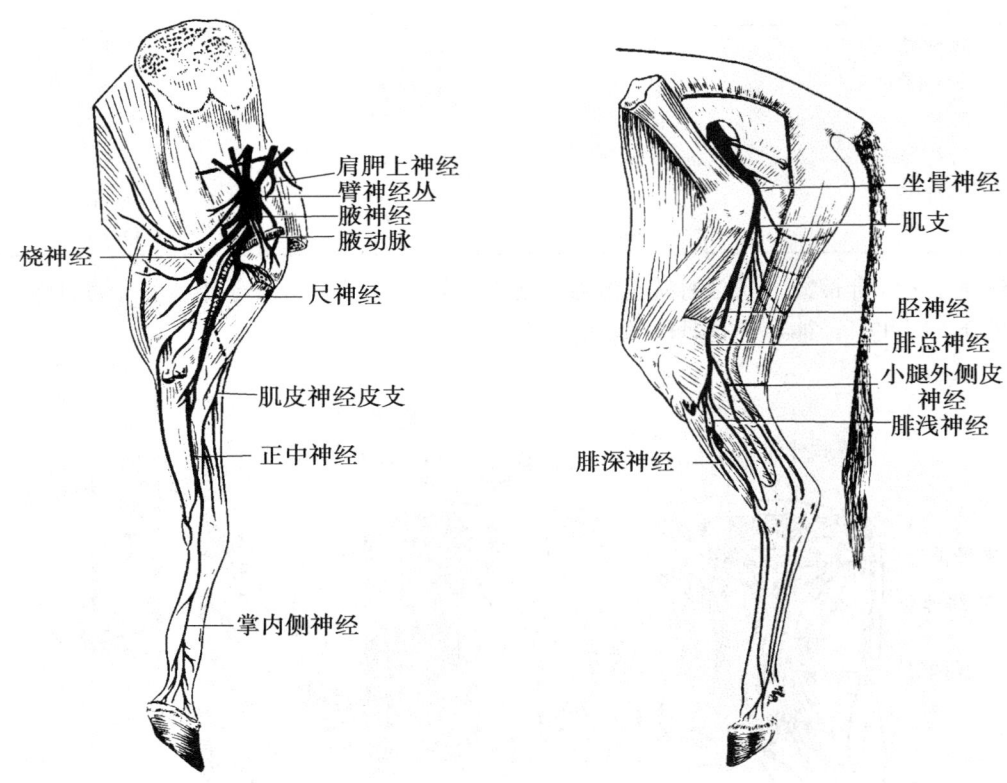

图9-6 牛前肢神经（内侧面）　　图9-7 牛后肢神经（外侧面）

3. 肋间神经 每一胸神经的腹侧支形成肋间神经，沿肋骨后缘下行，分布于肋间肌、腹肌和皮肤。最后肋间神经又称肋腹神经，在第1腰椎横突末端前下方分为深、浅两支，进入腹壁肌之间。分布于腹壁肌、腹部皮肤，以及阴囊皮肤、包皮或乳房（图9-8）。

4. 髂腹下神经 第1腰神经的腹侧支，经腰方肌与腰大肌之间向后下方伸延，在第2腰椎横突末端的腹侧，分为浅、深两支，进入腹壁肌之间。分布于腹壁肌和腹壁的皮肤。

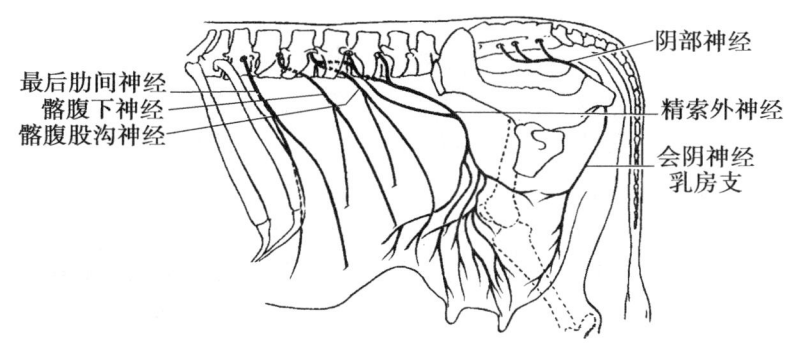

图9-8 母牛腹壁神经

5. 髂腹股沟神经 第2腰神经的腹侧支,从腰方肌和腰大肌之间穿出,牛经第4(马经第3)腰椎横突末端的下方向后伸延,分为浅、深两支,进入腹壁肌之间。分布于腹壁肌、腹壁和股内侧皮肤。

6. 腰荐神经丛 由第4、5、6腰神经的腹侧支和第1、2荐神经的腹侧支合成。分布于后肢的神经由腰荐神经丛发出,发出的神经主要有:股神经、坐骨神经、闭孔神经、臀前神经和臀后神经(图9-7)。分布到后肢肌肉和皮肤。

二、脑神经

脑神经(nn.craniales)共有12对,多数与脑干相连接。根据所含神经纤维的种类,分为感觉神经、运动神经以及混合神经。脑神经的名称、与脑联系部位、所含纤维成分和分布见表9-2。脑神经记忆口诀:一嗅二视三动眼,四滑五叉六外展,七面八听九舌咽,十迷一副舌下全。

表9-2 脑神经简表

对别	名称	与脑联系部位	纤维成分	分布
I	嗅神经	嗅球	感觉神经	嗅黏膜
II	视神经	间脑外侧膝状体	感觉神经	视网膜
III	动眼神经	中脑的大脑脚	运动神经	眼球肌
IV	滑车神经	中脑四叠体后丘	运动神经	眼球肌
V	三叉神经	脑桥	混合神经	面部皮肤、口、鼻腔黏膜、咀嚼肌
VI	外展神经	延髓	运动神经	眼球肌
VII	面神经	延髓	混合神经	面、耳、睑肌和部分味蕾
VIII	听神经	延髓	感觉神经	前庭、耳蜗和半规管
IX	舌咽神经	延髓	混合神经	舌、咽和部分味蕾
X	迷走神经	延髓	混合神经	咽、喉、食管、气管和胸、腹腔内脏
XI	副神经	延髓和颈部脊髓	运动神经	咽、喉、食管以及胸头肌和斜方肌
XII	舌下神经	延髓	运动神经	舌肌和舌骨肌

三、植物性神经

植物性神经(systema nervosum vegetatiium)根据形态和机能的不同,分为交感神经

（prars sympathia）和副交感神经（n.parasympatheticus）。交感神经是由胸、腰段脊髓发出的植物性神经，副交感神经是由脑和荐部脊髓发出的植物性神经。

（一）植物性神经的一般特征

植物性神经因其活动不受意识支配，故又称自主神经。植物性神经与躯体运动神经相比较，具有下列一些结构和机能上的特点。

（1）躯体运动神经支配骨骼肌，而植物性神经则支配平滑肌、心肌和腺体。

（2）躯体运动神经自中枢到外周效应器只经过一个运动神经元。而植物性神经要由两个神经元来完成传导过程。前一个神经元称节前神经元，其胞体位于脑干和脊髓的灰质外侧柱内，其轴突称节前神经纤维。第2个神经元称节后神经元，其胞体位于植物性神经节内，轴突称节后神经纤维。

（3）躯体运动神经以神经干的形式分布；植物性神经节后纤维则攀附在器官或血管周围形成神经丛，由丛再发出分支至效应器。

（4）躯体运动神经纤维一般是较粗的有髓纤维，而植物性神经的节前纤维是细的有髓纤维，节后纤维是细的无髓纤维。

（5）躯体神经一般都受意识支配，而植物性神经在一定程度上不受意识的直接控制，有相对的自主性。

（二）交感神经和副交感神经的区别

交感神经和副交感神经常共同支配一个器官，形成对内脏器官的双重支配。但二者在来源、结构和分布范围方面又有不同。

（1）交感神经的节前神经元位于胸腰段脊髓的灰质外侧柱，称胸腰部；副交感神经的节前神经元位于脑干和荐段脊髓的外侧柱，称颅荐部。

（2）交感神经的节后神经元位于脊柱两旁（椎旁节）和脊柱腹侧（椎下节），节后纤维经过较长的路径才能到达效应器；副交感神经的节后神经元位于所支配的器官附近或器官壁内（终末节），节后纤维则较短。

（3）交感神经作用范围比副交感神经广泛。一般认为，肾上腺髓质、四肢血管、头颈部的大部分血管以及皮肤的腺体和竖毛肌均无副交感神经支配。

（4）交感神经和副交感神经对同一器官的作用不同，既互相对抗，又相互统一。如当机体活动增强时，交感神经活动加强，副交感神经活动减弱，表现心跳加快、血压升高、支气管舒张和消化活动减弱等现象。而当机体处于安静或休息时，副交感神经活动加强，交感神经却受到抑制，则表现心跳减慢、血压下降、支气管收缩和消化活动增强等现象。

（三）交感神经

交感神经干按部位可分颈部、胸部、腰部和荐尾部。

1. 颈部交感神经干 是由第1~6胸段脊髓的节前纤维和颈前、颈中和颈后3个神经节组成。它位于气管两侧，颈总动脉的背侧，与迷走神经合并成迷走交感干。

（1）颈前神经节：呈梭形，位于颅底腹侧，由颈前神经节发出节后纤维分布于头部的平滑肌和腺体。

（2）颈中神经节：位于颈后部。发出节后纤维组成心支，加入心神经丛。分布于心、主动脉、气管和食管。牛、马和绵羊没有，或与颈后神经节合并。

（3）颈后神经节：位于第1肋骨椎骨端内侧，与第1和第2胸神经节合并成颈胸神经节或称星状神经节。神经节呈星芒状，向四周发出节后纤维，分布于心、颈部、胸壁和胸腔的平滑肌和腺体。

2. **胸部交感神经干** 由胸段脊髓的节前纤维构成，紧贴于胸椎椎体的腹外侧面，胸部交感神经干上有胸神经节，并分出内脏大神经和内脏小神经，走向腹腔器官。

（1）胸神经节：在每一椎间孔附近都有一胸神经节，除第1、2胸神经节参与形成星状神经节，其他都位于胸部交感神经干上，胸神经节发出的节后纤维分布于心、胸壁和胸腔的平滑肌和腺体。

（2）内脏大神经：由来自第6～13（牛）胸部脊髓节段的节前纤维组成，与胸部交感神经干一起向后伸延，分开后穿经膈脚的背侧进入腹腔，进入腹腔肠系膜前神经节。

（3）内脏小神经：由胸部脊髓最后节段和第1、2腰部脊髓节段（牛）的节前纤维构成，在内脏大神经后方进入腹腔，进入腹腔肠系膜前神经节。

3. **腰部交感神经干** 由腰段脊髓的节前纤维构成，位于腰椎椎体的侧面。腰神经节通常有6个。腰部交感神经干的大部分节前纤维组成腰内脏神经，走向肠系膜后神经节；少部分节前纤维参与盆神经丛；腰部交感神经节的节后纤维走向腰神经，伴随腰神经分布于腹壁的平滑肌和腺体。

（1）腹腔肠系膜前神经节：位于腹腔动脉与肠系膜前动脉的根部，由左、右两个腹腔神经节和一个肠系膜前神经节组成。发出节后纤维参与形成腹腔神经丛和肠系膜前神经丛，沿主动脉的分支分布到肝、胃、脾、胰、肾、小肠、盲肠和结肠前段等器官。

（2）肠系膜后神经节：位于肠系膜后动脉的根部，左、右两神经节有纤维相连。肠系膜后神经节接受腰部交感神经干的腰内脏神经和肠系膜前神经节来的节间支，节后纤维形成肠系膜后神经丛，随动脉分布到结肠后段、精索、睾丸、附睾或母畜的卵巢、输卵管和子宫角。肠系膜后神经节还向后发出1对腹下神经，沿输尿管进入骨盆腔，在直肠两侧的下方加入盆神经丛。

4. **荐、尾部交感神经干** 沿荐骨盆侧面向后伸延，主要由腰前段脊髓发出的节前纤维，有荐神经节和尾神经节，节后纤维分布骨盆腔和尾部的平滑肌和腺体。

（四）副交感神经

1. **颅部副交感神经** 节前纤维由中脑和延髓发出，随动眼神经、面神经、舌咽神经和迷走神经伸延。

（1）动眼神经内的副交感神经的节前纤维，伴随动眼神经至睫状神经节交换神经元，节后纤维分布于瞳孔括约肌和睫状肌。

（2）面神经内的副交感神经节前纤维，随面神经出延髓后分为两部分：一部分至上颌神经的翼腭神经节，节后纤维随上颌神经分支分布于泪腺、腭腺和鼻腺；另一部分通过鼓索神经和舌神经至下颌神经节，节后纤维分布于舌下腺和下颌腺。

（3）舌咽神经内的副交感神经节前纤维，经舌咽神经到耳神经节，节后纤维分布于腮腺和颊腺。

（4）迷走神经副交感节前纤维，是迷走神经的主要成分，节后纤维分布分布于胸、腹腔内脏器官，支配心肌、平滑肌和腺体的活动。

2. 荐部副交感神经 节前纤维由第2~4荐部脊髓外侧柱发出，形成1~2条盆神经，沿盆腔壁向腹侧伸延，在直肠侧壁与膀胱侧壁间与腹下神经一起构成盆神经丛，丛内有许多盆神经节，节后纤维分布于结肠后段、直肠、膀胱、阴茎或子宫和阴道等。

复习思考题

1. 叙述脑和脊髓的形态和构造。
2. 牛腰旁神经干传导麻醉有哪几条神经？神经走向如何？
3. 躯体神经与植物性神经、交感神经和副交感神经的主要区别是什么？

第十章 内分泌系统

> **知识目标**
> 1. 熟悉内分泌腺定义和内分泌系统的组成。
> 2. 掌握垂体、肾上腺、甲状腺的形态和结构。

内分泌系统由内分泌腺、内分泌组织和内分泌细胞构成。内分泌腺（glandulae endocrinae）是分泌物无导管排出，而直接进入血液或淋巴，又称无管腺，如垂体、松果体、肾上腺、甲状腺和甲状旁腺。内分泌组织指散在于其他器官之内的内分泌细胞团块，如胰中的胰岛、睾丸内的间质细胞、肾小球旁器、卵巢内的卵泡细胞和黄体。内分泌细胞指具有内分泌动能单个存在于许多器官中，如胃肠内分泌细胞，神经内分泌细胞。内分泌系统的分泌物为激素（hormone）。

一、垂体

（一）垂体的位置和形态

垂体（hypophysis）为一扁圆形小体，位于脑的底面，蝶骨构成的垂体窝内，借助漏斗连于下丘脑。包括结节部、远侧部、中间部和神经部。结节部、远侧部、中间部合称神经垂体；神经部称为神经垂体。通常又将远侧部和结节部称前叶，而把中间部和神经部称后叶（图10-1）。牛、猪的垂体有垂体腔，马的垂体无垂体腔。

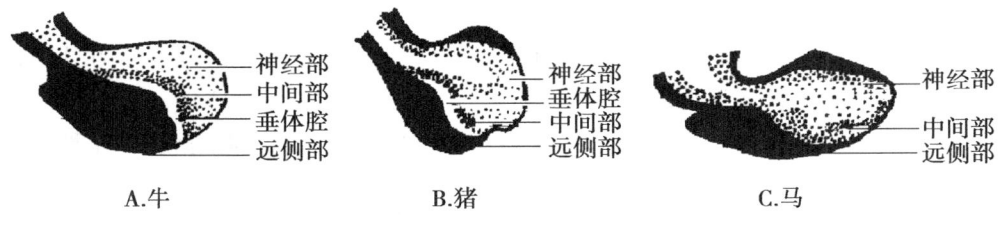

A.牛　　　　B.猪　　　　C.马

图10-1　垂体（正中切面）

（二）垂体的组织结构

1. 腺垂体的组织结构

（1）远侧部：细胞排列成团状或索状，互相连接成网，网孔内是血窦。细胞可分为嗜色细胞和嫌色细胞两大类。嗜色细胞又按其颗粒对染料亲和力的不同分为嗜酸性和嗜碱性两种（图10-2）。

①嗜酸性细胞。占远侧部细胞总数的40%

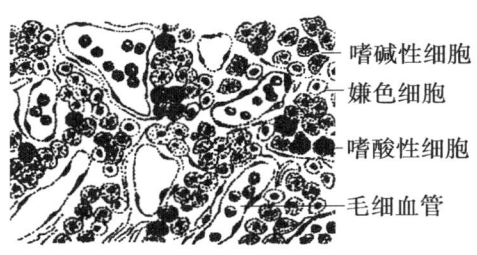

图10-2　垂体远侧部（高倍）

左右，细胞轮廓清楚，呈圆球形或卵圆形，胞质内含有许多粗大的嗜酸性颗粒。又分为两种功能不同的细胞：催乳激素细胞和生长激素细胞。

催乳激素细胞：细胞较少，在妊娠和哺乳期，细胞可增多变大，细胞内含颗粒最大，形状多样。分泌催乳激素（LTH）。

生长激素细胞：数量较多，胞体较大，胞质内充满圆球形的颗粒。能分泌生长激素（STH）。

②嗜碱性细胞。数量较少，约占远侧部细胞10%，胞体比嗜酸性细胞稍大，胞质嗜碱性，胞核较大而色浅。包括三种功能不同的细胞：促甲状腺激素细胞、促性腺激素细胞和促肾上腺皮质激素细胞。

促甲状腺激素细胞：细胞呈多角形，胞质内颗粒最小，能分泌促甲状腺激素（TSH）。

促性腺激素细胞：胞体大，靠近血窦分布，胞质的颗粒大小、深浅均不同。特点在一个细胞内形成两种结构和功能相关的激素，即卵泡刺激素（FSH）和黄体生成素（LH）。

促肾上腺皮质激素细胞：细胞嗜碱性弱，色浅，形态不规则，分泌颗粒密度不一，颗粒较小且少。不分泌促肾上腺皮质激素。

③嫌色细胞。数量最多，占远侧部细胞50%以上，细胞集聚成堆，细胞较小，胞质少，着色浅，细胞界限不清。有的是嗜色细胞的脱颗粒细胞，有的属于未分化的细胞。有的具有突起，可能起支架作用。

（2）结节部：细胞呈套管状包在垂体柄的外部，此处有垂体门脉通过，含丰富的毛细血管，腺细胞沿血管之间排列，主要含嫌色细胞，还有少量嗜色细胞。分泌少量促性腺激素和促甲状腺激素。

（3）中间部：紧贴神经部，主要由嫌色细胞及少量弱碱性细胞组成，常可见到充满胶体的滤泡。分泌促黑素细胞激素（MSH）。

2. 神经垂体的组织结构　主要有无髓神经纤维和神经胶质细胞和丰富毛细血管。

二、甲状腺

（一）甲状腺的位置和形态

甲状腺（*glandula thyroidea*）是最大的内分泌腺，位于喉的后方，前2~3个气管软骨环的两侧和腹侧面。各种家畜的形态虽然不同，都有左右两个侧叶和连接两个侧叶的腺峡组成（图10-3）。

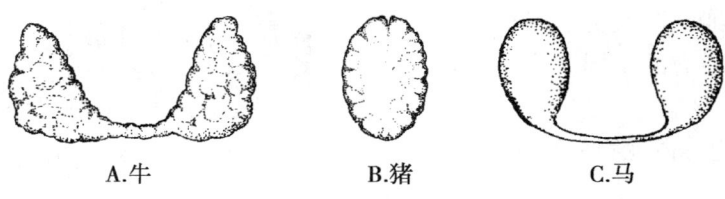

A.牛　　B.猪　　C.马

图10-3　甲状腺的形态

牛的甲状腺侧叶较发达，颜色较浅，呈不规则的三角形，长6~7cm，宽5~6cm，厚约1.5cm。腺小叶明显，腺峡较发达，由腺组织构成。猪的甲状腺呈深红色，左右侧叶与腺峡结合为一整体，长4~4.5cm，宽2~2.5cm，厚1~1.5cm，腺小叶明显，位于胸前口处气管的腹侧面。马的甲状腺左右侧叶呈红褐色，卵圆形，长3.4~4cm，宽约2.5cm，厚约1.5cm。腺峡不发达，由结缔组织构成。

（二）甲状腺的组织结构

甲状腺外覆薄层结缔组织被膜，内伸的小梁把实质分为许多小叶。小叶内充满大量的圆形滤泡，滤泡间的结缔组织内含有散在的滤泡旁细胞（图10-4）。

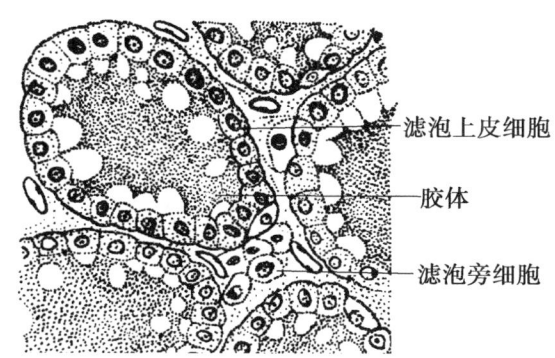

图10-4 甲状腺组织结构（高倍）

1. **滤泡** 是甲状腺结构和功能单位，大小不等，由单层立方上皮细胞构成，腔内充满嗜碱性胶体，内含甲状腺球蛋白。

2. **滤泡旁细胞** 常单个嵌在滤泡壁上或成群散在于滤泡间的结缔组织中。滤泡旁细胞在HE染色切片中着色浅，故又名亮细胞或C细胞，但用银染法则细胞内显有嗜银颗粒。旁细胞分泌降钙素。

三、甲状旁腺

（一）甲状旁腺的位置和形态

甲状旁腺（glandulac parathyroideae）很小，呈圆形或椭圆形，位于甲状腺附近或埋于甲状腺实质内，家畜一般具有两对甲状旁腺。牛的甲状旁腺有内、外两对。外甲状旁腺位于甲状腺前方，靠近颈总动脉，大小5~8mm，内甲状旁腺较小，1~4mm，常位于甲状腺的内侧面，靠近甲状腺的背缘或后缘；猪的甲状旁腺仅有1对，大小不定，1~5mm，位于颈总动脉分叉处附近，有胸腺时，则埋于胸腺内，色较胸腺深，质较坚硬；马的甲状旁腺有前、后两对。前甲状旁腺大多数位于食管和甲状腺前半部之间，少数位于甲状腺的背缘或在甲状腺的内面，后甲状旁腺位于颈部后1/4的气管上。两侧腺体不对称，大小1~1.3cm。

（二）甲状旁腺的组织结构

甲状旁腺被膜很薄，实质的腺细胞一般排列成团块或索状。由主细胞和嗜酸性细胞构成。间质有丰富的毛细血管伸入实质细胞团中，还含有随年龄增多的脂肪细胞，牛和猪的间质量最多（图10-5）。

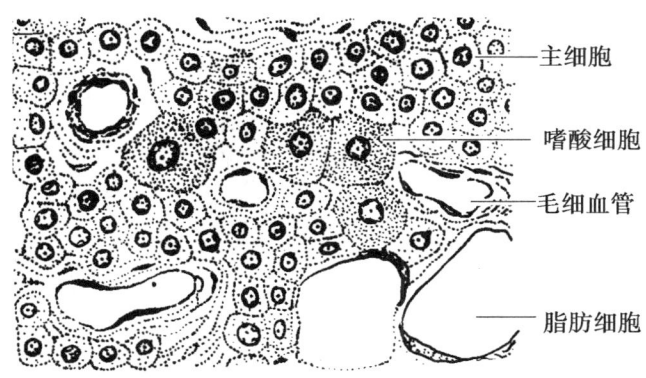

图10-5 甲状旁腺组织结构（高倍）

1. **主细胞** 构成腺实质的主体，呈圆形或多边形，排列成团索状。胞质浅染呈弱嗜酸性。嗜银染色有嗜银颗粒。主细胞能合成和分泌甲状旁腺素（PTH）。

2. **嗜酸性细胞** 比主细胞大，数量少，可随年龄而增加，单个或成群的分散于主细胞之间。胞质充满嗜酸性颗粒，电镜下这些颗粒即线粒体，还可见到较少的糖原颗粒，常见于牛、羊和马。

四、肾上腺

（一）肾上腺的位置和形态

肾上腺（*glandula suprarenalis*）是成对的红褐色器官，位于肾的前内侧。牛的肾上腺的形态、位置不同，右肾上腺呈心形，位于右肾的前端内侧；左肾上腺呈肾形，位于左肾前方；猪的肾上腺狭而长，表面有沟，位于肾内侧缘的前方；马的肾上腺呈扁椭圆形，长4～9cm，宽2～4cm，位于肾内侧缘的前方。

（二）肾上腺的组织结构

肾上腺的被膜由致密结缔组织构成，含少量平滑肌纤维和未分化的皮质细胞团块。实质由皮质和髓质构成（图10-6）。

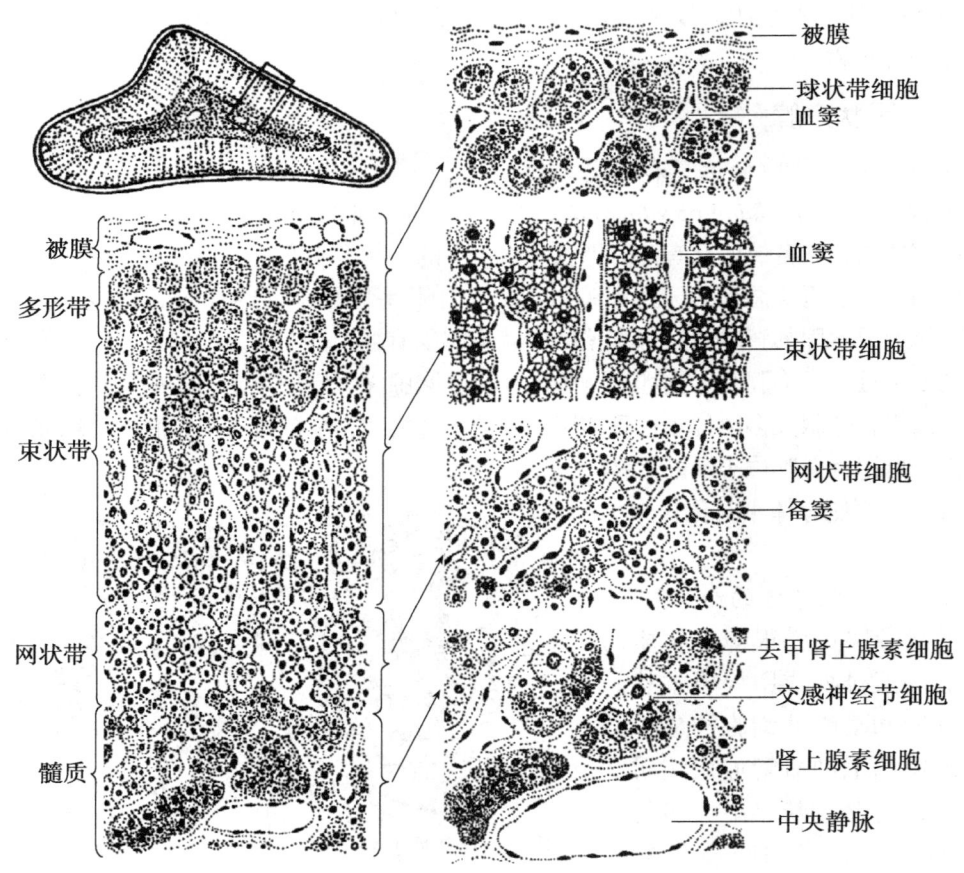

图10-6 肾上腺组织结构

1. 皮质的组织结构　从外向内可分为多形区、束状区和网状区。

（1）多形带：位于被膜下，占皮质的15%。实质细胞的排列因动物种类不同而异，反刍动物细胞呈团状分布，又称球状带；马和肉食兽的细胞呈高柱状，排成弓形；猪为不规则排列。多形带细胞分泌盐皮质激素（醛固酮）。

（2）束状带：是多形带的延续，此层最厚，占皮质的75%～80%。胞核较大，呈条束状平行排列，束间毛细血管丰富，细胞呈多角形，界限清楚，核圆，位于中央。胞质含有许多脂滴，呈泡沫状。束状区细胞分泌糖皮质激素（可的松和皮质醇）。

（3）网状带：位于皮质深层与髓质相毗连，此层最薄，仅占皮质5%～7%。由细胞排成索状且互相吻合成网，细胞小，胞核深染，胞质弱嗜酸性。网状带细胞分泌雄性激素和少许雌性激素。

2. 髓质的组织结构　位于皮质中央，与皮质呈相互交错状分界。髓质中央有1条中央静脉，汇合皮质和髓质的血液，经肾上腺静脉离开肾上腺。髓质细胞呈团索状排列，腺细胞呈卵圆形或多角形，在含铬酸盐的固定液所制备的标本上，细胞的颗粒呈暗棕色，又称嗜铬细胞。分泌颗粒内含有儿茶酚胺类物质。嗜铬细胞分两种：一种为肾上腺素细胞，颗粒内含肾上腺素，此种细胞数量多；另一种为去甲肾上腺素细胞，颗粒内含去甲肾上腺素。

复习思考题

1. 甲状腺的形态和组织结构。
2. 垂体的形态和组织结构。

第十一章 感觉器官

知识目标

1. 了解感觉器官构成。
2. 掌握眼的构造。
3. 熟悉耳的构造。

感觉器官是由感受器及其辅助装置构成的。主要有触觉、嗅觉、味觉、视觉和听觉。

第一节 视觉器官

视觉（organum visus）器官能感受光波的刺激，经视神经传至中枢，而产生视觉。视觉器官由眼球和眼球的辅助结构组成。

一、眼球

眼球（bulbus）位于眼眶内，呈前后略扁的球形，包括眼球壁和眼球内容物（图11-1）。

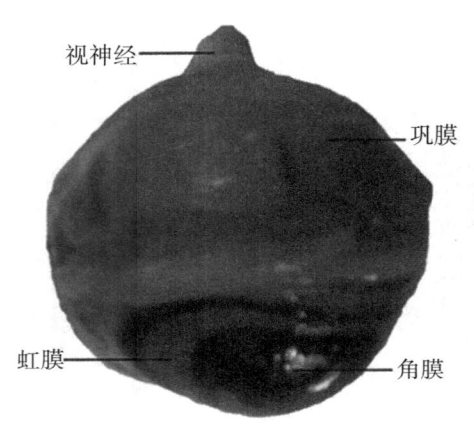

图11-1 眼球构造

（一）眼球壁

由3层构成，由外向内依次为纤维膜、血管膜和视网膜。

1. **纤维膜**（tunica fibrosa bulbi） 由致密结缔组织构成，厚而坚韧，形成眼球的外壳，有维持眼球形态和保护眼球内部结构的作用。可分为前部的角膜和后部的巩膜。

（1）角膜（cornea）：占纤维膜的前1/5，无色透明，具有折光作用。角膜内无血管和淋巴管，氧气靠角膜表面泪液中的大气提供，营养靠眼房水提供。但有丰富的感觉神经末梢，所以感觉灵敏。再生能力强。

（2）巩膜（sclera）：占纤维膜的后4/5，白色不透明，是不规则的致密结缔组织。内有血管，色素细胞。角膜与巩膜相连处称角巩膜缘，其深面有静脉窦，是眼房水流出的通道。

2. **血管膜**（tunica vasculosa bulbi） 含有丰富的血管和色素细胞，有营养眼内组织、并形成暗的环境，有利于视网膜对光和色的感应。血管膜由前向后分为虹膜、睫状体和脉络膜。

（1）虹膜（iris）：是位于角膜与晶状体之间，是一环形薄膜，中央有一瞳孔，呈横椭圆形，猪为圆形。瞳孔周围有呈环形瞳孔括约肌，向虹膜周围呈放射状排列的瞳孔开大肌。

（2）睫状体（corpus ciliare）：是血管膜的增厚部分，呈环状围绕晶状体，睫状体内表面有许多呈放射状排列的皱褶，称睫状突。睫状突以睫状小带与晶状体相连。睫状体的外面为平滑肌构成的睫状肌，受副交感神经支配，该肌通过舒缩牵动睫状小带，有调节晶状体的凸度。

（3）脉络膜（chorioidea）：约占血管膜的后2/3，外面与巩膜疏松相连，内面与视网膜的色素层紧密相贴。脉络膜后部在视神经穿过的背侧，除猪外，有一呈青绿色带金属光泽的三角形区，称为照膜，反光很强，有助于动物在暗环境下对光的感应。

3. 视网膜（retina） 紧贴于血管膜的内面，可分盲部和视部两部分。

（1）视网膜盲部（pars ceca retinae）：包括视网膜虹膜部和睫状体部，分别衬于虹膜后面和睫状体的内面，无感光作用。

（2）视网膜视部（pars optica retinae）：贴附于脉络膜的内面，有感光作用。可分内、外两层。外层为色素上皮层，内层为神经层，主要由3层细胞组成，由外向内为感光细胞、双极细胞和节细胞。感光细胞分视锥细胞和视杆细胞两种。视锥细胞有感受强光和分辨颜色的功能，视杆细胞能感受弱光，无颜色感觉。双极细胞为双极神经元，外侧突与视细胞的内突形成突触，内侧突向内与节细胞的树突形成突触。节细胞的轴突向视神经乳头汇集，穿出巩膜形成视神经。在视网膜后部中央腹外侧，视神经的起始处有一白色圆盘形隆起，称视神经盘，无感光能力又称盲点。在眼球后端的视网膜的中央区是视觉最敏锐的地方，相当于人的黄斑。

（二）眼球内容物

包括眼房水、晶状体和玻璃体，它们和角膜一起构成眼球的折光系统。

1. 晶状体（lens） 呈双凸透镜状，无色透明而富有弹性。主要为排列致密而整齐的晶状体纤维所构成，晶状体外包一层透明而具有弹性囊，周缘借睫状小带连于睫状突上。晶状体的凸度可随睫状肌舒缩而改变。看近物时，睫状肌收缩，睫状小带松弛，晶状体凸度增大；相反，看远物时，睫状肌舒张，睫状小带拉紧，晶状体凸度变小，这样都能使物像聚焦在视网膜上（近视眼晶状体凸度变大，远视眼晶状体凸度变小）。

2. 眼房和眼房水 眼房位于晶状体与角膜之间，被虹膜分为眼前房和眼后房，借瞳孔相通。眼房水为无色透明液体，充满于眼房内。眼房水由睫状体产生，从眼后房经瞳孔到眼前房，再渗入巩膜静脉窦而至眼静脉。眼房水除有折光作用外，还具有营养角膜和晶状体及维持眼内压的作用。

3. 玻璃体（corpus vitreum） 为无色透明的胶状物质，充满于晶状体与视网膜之间，外包一层透明的玻璃体膜。玻璃体除有折光作用外，还有支持视网膜的作用。

二、眼球的辅助结构

眼球的辅助结构有眼睑、结膜、泪器、眼球肌和眶骨膜，对眼球起保护、运动和支持

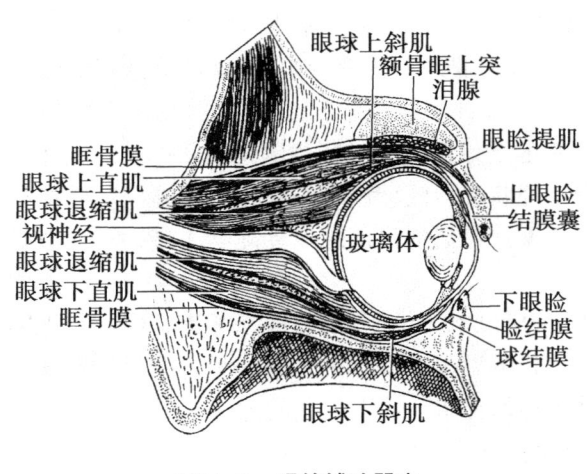

图11-2 眼的辅助器官

作用（图11-2）。

（一）眼睑

眼睑（palpebrae）位于眼球的前面，分为上眼睑和下眼睑。上、下眼睑之间的裂隙称睑裂，其内、外两端分别称眼内侧角和眼外侧角。眼睑的外面被覆皮肤，中间为眼轮匝肌和睑板腺，内面为睑结膜，眼睑游离缘长有睫毛。

（二）结膜

结膜分为睑结膜和球结膜，睑结膜覆盖在眼睑内表面，睑结膜折转覆盖于巩膜前部，为球结膜。睑结膜与球结膜之间的裂隙为结膜囊。第三眼睑又称瞬膜，是位于眼内角的结膜褶，略呈半月形，常见色素，内有一软骨。

（三）泪器

泪器（apparatus lacrimalis）包括泪腺和泪道。

1. **泪腺**（glandula lacrimalis） 位于眼球背外侧，腺导管开口于上眼睑结膜囊内。泪腺分泌泪液，冲洗结膜囊、湿润和清洁角膜，对眼球起保护作用。

2. **泪道** 是泪液排出的通道，由泪小管、泪囊和鼻泪管组成。泪小管有两条，位于眼内侧角，汇注于泪囊。泪囊为漏斗状的膜性囊，位于泪骨的泪囊窝内，连鼻泪管。鼻泪管沿鼻腔侧壁伸延，开口于鼻前庭。

（四）眼球肌

眼球肌（musculi bulbi）为眼球的运动装置，包括4块眼球直肌、2块眼球斜肌和1块眼球退缩肌。

（五）眶骨膜

眶骨膜为圆锥形坚韧的纤维膜，包围着眼球、眼球肌、血管、神经和泪腺。圆锥基附着于眶缘，锥顶附着于视神经孔周围。在眶骨膜的内外有许多脂肪，起缓冲作用。

第二节 听觉器官

耳有听觉感受器和平衡觉感受器，包括外耳、中耳和内耳。外耳和中耳具有收集和传导声波的功能，内耳是听觉感受器和平衡觉感受器所在之处（图11-3）。

一、外耳

外耳（auris externa）包括耳廓、外耳道和鼓膜。

（一）耳廓

耳廓（auricular）一般呈圆筒状，上端较大，开口向前；下端较小，连于外耳道。耳廓以耳廓软骨为支架，内、外被覆皮肤，里面的凹陷称舟状窝。耳廓基部具有脂肪垫，并

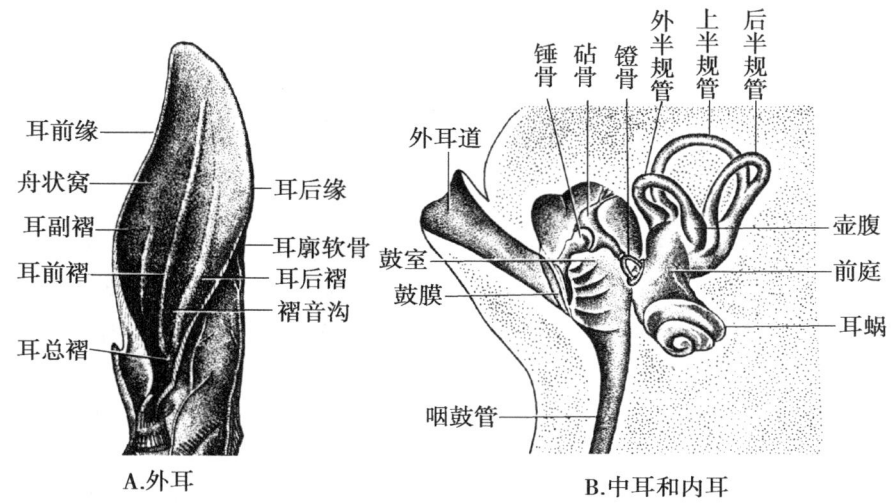

图11-3 耳构造

附着有许多耳肌,故耳廓转动灵活,便于收集声波。

（二）外耳道

外耳道（meatus acusticus externus）是从耳廓基部到鼓膜的管道,外侧部是软骨管,内侧部是骨管,内表面衬有皮肤,在软骨管部的皮肤含有皮脂腺和特殊的耵聍腺,耵聍腺为变态的汗腺,分泌耳蜡,又叫耵聍,有保护作用。

（三）鼓膜

鼓膜（membrane tympani）是构成外耳道底的一片圆形纤维膜,坚韧而有弹性,外面覆以皮肤,内面覆以黏膜,由鼓室黏膜折转形成。

二、中耳

中耳（auris media）由鼓室、听小骨和咽鼓管组成。

（一）鼓室

鼓室（cavum tympani）位于岩颞骨内的一个含气小腔,内面衬有黏膜,外侧壁为鼓膜,内侧壁上有前庭窗和蜗窗。前庭窗被镫骨底及环状韧带封闭,蜗窗被第二鼓膜封闭。鼓室的前下方通咽鼓管。

（二）听小骨

听小骨（ossicula auditus）位于鼓室内,共有3块,由外向内依次为锤骨、砧骨和镫骨。它们借关节连成一个骨链,一端以锤骨柄附着鼓膜,另一端以镫骨底的环状韧带附着于前庭窗。当声波振动鼓膜时,可借听小骨链的运动,使镫骨底来回摆动,将声波的振动传入内耳。

（三）咽鼓管

咽鼓管（tuba auditiva）又称耳咽管,是连接咽腔与鼓室的管道。一端开口于鼓室的前下壁,另一端开口于咽侧壁。其作用是使鼓室内的气压与外界大气压相等,保持鼓膜内、外两面的压力平衡。

三、内耳

内耳（auris interna）位于岩颞骨内，由构造复杂的弯曲管道组成，故称迷路。迷路分为骨迷路和膜迷路，骨迷路由致密骨质构成，膜迷路为膜性结构，套在骨迷路腔内。膜迷路内含有内淋巴，膜迷路与骨迷路之间充满外淋巴。

（一）骨迷路

骨迷路（labyrinthus osseus）包括前庭、骨半规管和耳蜗。

1. 前庭（vestibulum） 为骨迷路中部稍扩大的椭圆形腔，位于骨半规管与耳蜗之间。前庭向前下方与耳蜗相通，向后上方与骨半规管相通。前庭外侧壁有前庭窗和蜗窗；内侧壁为内耳道底。

2. 骨半规管（canales semicirculares ossei） 位于前庭的后上方，为3个互相垂直的半环形管。每个半规管的一端膨大称壶腹骨脚，另一端细称单骨脚。

3. 耳蜗（cochlea） 位于前庭前下方，形似蜗牛壳，有一耳蜗螺旋管环绕蜗轴盘旋数圈而成。管的起端与前庭相通，盲端终止于蜗顶。自蜗轴向螺旋管内发出骨螺旋板，此板未达骨螺旋管的外侧壁，其缺损处由膜迷路（膜耳蜗管）填补封闭，而将骨螺旋管分为上部的前庭阶和下部的鼓阶。前庭阶和鼓阶在蜗顶处经蜗孔相通，均充满外淋巴。

（二）膜迷路

膜迷路（labyrinthus membranaceus）是套在骨迷路内的膜性管和囊，包括椭圆囊、球囊、膜半规管和耳蜗管。

1. 椭圆囊和球囊 椭圆囊（utriculus）位于前庭的椭圆囊隐窝内，球囊（sacculus）位于前庭的球囊隐窝内。椭圆囊与3个膜半规管相通，球囊与耳蜗管相通，椭圆囊和球囊以椭圆球囊管相通。椭圆囊和球囊均有局部增厚区，分别称为椭圆囊斑和球囊斑，为平衡觉感受器，可接受静止时的位置觉刺激和直线变速运动刺激。

2. 膜半规管（ductus semicirculares） 套于骨半规管内，与骨半规管内形状相似。每管有一端膨大成膜壶腹，壁面有壶腹嵴，也是平衡觉感受器，能感受旋转变速运动的刺激。

3. 耳蜗管（ductus cochlearis） 为一螺旋形管，位于耳蜗内，一端与球囊相通，另一端终于蜗顶。耳蜗管的横断面呈三角形，顶壁为前庭膜，外侧壁为耳蜗骨膜，底壁为骨螺旋板和基底膜。基底膜上有螺旋器，又称科蒂氏器，是听觉感受器。

复习思考题

1. 当眼的哪些结构发生变化时，影响视觉功能？
2. 为什么发生严重上呼吸道感染时，可引起中耳炎，常影响听觉功能？

第十二章 被皮系统

知识目标

1. 掌握皮肤结构。
2. 掌握有哪些皮肤衍生物。
3. 熟悉蹄的构造。

被皮系统由皮肤和由皮肤衍生物构成。在皮肤的某些特殊部位，皮肤演变成特殊的器官，称为皮肤衍生物。家畜的皮肤衍生物包括的皮肤腺、毛、蹄、角和枕。

一、皮肤

皮肤（cutis）被覆于动物体表，有保护体内组织、防止异物侵害和机械损伤的作用。皮肤内含有大量的血管、汗腺及丰富的感觉神经末梢，因此，皮肤还具有感觉、调节体温、分泌、排泄和贮藏营养物质的作用。皮肤由表皮、真皮和皮下组织构成（图12-1）。

（一）表皮

表皮（epidermis）位于皮肤的最表层，由复层扁平上皮构成，表层细胞角化，称角质层。凡长期受摩擦和受压力的部位，角质层较厚。表皮内没有血管和淋巴管，表皮需要的营养由真皮摄取，但有丰富的神经末梢。

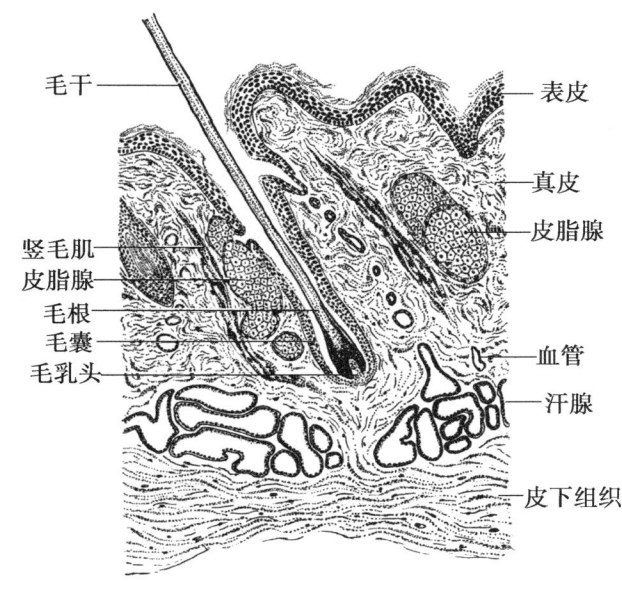

图12-1 皮肤组织结构

（二）真皮

真皮（corium）位于表皮下面，是皮肤最厚的一层，为致密结缔组织，含有多量胶原纤维和弹性纤维，坚韧而富有弹性，可用以鞣制皮革。真皮内有毛囊、竖毛肌、汗腺、皮脂腺以及丰富的血管、淋巴管和神经。

（三）皮下组织

皮下组织（tela subcutanea）位于皮肤的最深层，由疏松结缔组织构成。含有大量的脂肪组织，具有保温、贮藏能量和缓冲机械压力的作用。皮下组织发达的部位皮肤的活动性大，可形成皱褶。在骨突起部位的皮肤，形成皮下黏液囊，可减少骨与该部皮肤活动时的摩擦。

二、皮肤的衍生物

（一）毛

毛（pili）是表皮的衍生物，由角化的上皮细胞构成。覆盖于皮肤表面，是温度的不良导体，有保温作用。

1. 毛的形态和分布　家畜的毛遍布全身，有粗毛和细毛之分，牛、猪和马的被毛多为短而直的粗毛；绵羊的被毛是细长而柔软的细毛。在畜体的某些部位长有特殊的长毛，如马额顶部的鬃、颈部的鬃、尾部的尾毛是系关节后面的距毛，公山羊颏部的髯，猪颈背部的鬃。牛、马唇部的触毛，其毛根具有丰富的神经末梢，能感受触觉。

家畜毛的分布随动物种类不同而异，牛、马的被毛是均匀分布的；绵羊的是成组分布的；猪的常是3根集合成1组，其中，较长的1根是主毛。

毛在畜体表面成一定方向排列，称毛流。在畜体的不同部位，毛流排列的形式也不相同。毛流的方向一般来说与外界气流和雨水在体表流动的方向相适应。

2. 毛的结构　毛分毛干和毛根。毛干为露出皮肤表面的部分，毛根为埋于皮肤内的部分。毛根末端膨大呈球形，称毛球。毛球底部凹陷，并有结缔组织伸入，称为毛乳头。毛乳头内富有血管和神经，毛可通过毛乳头获得营养。毛根周围有上皮组织和结缔组织构成的毛囊。在毛囊的一侧有一条平滑肌束，称竖毛肌，收缩时使毛竖立。

3. 换毛　毛有一定寿命，生长到一定时期就会衰老脱落，被新毛所代替，这个过程称为换毛。换毛的方式有两种，一种为持续性换毛，换毛不受时间和季节的限制，如绵羊的细毛。另一种是季节性换毛，每年春秋两季各进行一次换毛，如骆驼。大部分家畜既有持续性换毛，又有季节性换毛。因而是一种混合方式的换毛。

（二）皮肤腺

皮肤腺包括汗腺、皮脂腺和乳腺。

1. 汗腺　汗腺位于真皮和皮下组织内，为蟠曲的单管状腺，分泌汗液，有排泄废物和调节体温的作用。汗腺多数开口于毛囊，无毛的皮肤则直接开口于皮肤的表面。绵羊和马汗腺最发达；牛汗腺以面部为最显著；猪指（趾）间部汗腺发达。犬和猫汗腺不发达。

2. 皮脂腺　位于真皮内，在毛囊和竖毛肌之间，呈囊泡状，其导管在有毛的皮肤开口于毛囊；无毛的皮肤则直接开口于皮肤表面。皮脂腺分泌皮脂，有润泽皮肤和被毛的作用。几乎分布全身，绵羊和马的皮脂腺较发达，猪的皮脂腺不发达。

特殊的皮肤腺是汗腺和皮脂腺的变型结构。由汗腺衍生的，如外耳道皮肤的耵聍腺，分泌耳蜡（或耵聍）；牛的鼻唇镜腺以及羊的鼻镜腺和猪的腕腺等，分泌浆液。由皮脂腺衍生的如肛门腺、包皮腺、阴唇腺和睑板腺等。

3. 乳腺　乳腺为哺乳动物所特有，公母畜均有乳腺，但只有母畜才能充分发育和具有分泌乳汁的能力，形成发达的乳房（udder）。

（1）牛乳房的位置、形态：母牛的乳房呈倒置圆锥形，位于两股之间，腹后耻骨部腹下壁。可分紧贴腹壁的基部、中间的体部和游离的乳头部。乳房由纵行的乳房间沟分为左、右两半，每半又以浅的横沟分为前后两部，共分为4个乳丘，每个乳丘有一圆柱形或圆锥形的乳头。每个乳头有1个乳头管。

（2）乳房的组织结构 由皮肤、筋膜和实质构成（图12-2）。

皮肤：皮肤薄而柔软，除乳头外有一些稀疏的细毛。在乳房后部到阴门之间有呈线状毛流的皮肤褶，称乳镜。可作为评估产乳能力的指标之一。

筋膜：皮肤深面为浅筋膜和深筋膜。浅筋膜由疏松结缔组织构成；深筋膜位于浅筋膜的深层，含有大量的弹性纤维，牛、羊和马在两侧乳房之间形成乳房中隔。深筋膜的结缔组织伸入乳腺实质内，构成乳腺的间质。

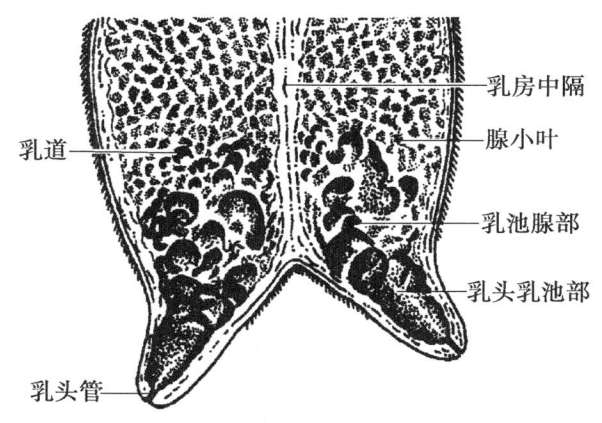

图12-2 牛乳房构造（纵切面）

乳房实质：主要是乳腺，乳腺分为实质和间质。

①乳腺间质。乳腺间质由富有血管、淋巴管和神经纤维的疏松结缔组织构成。结缔组织将乳腺分隔成许多腺小叶，小叶之间的结缔组织称为小叶间结缔组织，并伸入到小叶内包围在腺泡的周围，它们彼此相连构成乳腺的支架。

②乳腺实质。由许多腺小叶构成，每个腺叶是一个复管泡状腺，分为分泌部和导管部。

分泌部：包括腺泡和分泌小管，腺泡与分泌小管相连。腺泡的数量、大小和上皮形态随分泌周期而变化，在静止期，腺泡数量少，腺泡上皮为单层立方上皮。在妊娠期，腺泡数量增多，腺泡变大，腺上皮为单层立方或柱状上皮。妊娠后期和泌乳期，腺上皮细胞呈高柱状或锥形，核呈椭圆形，多位于细胞基部。乳腺为顶浆分泌腺，分泌后细胞低立方形，腺泡腔变大，并充满分泌物。腺上皮细胞与基膜之间有呈梭形带有突起的肌上皮细胞，收缩时，可促使乳腺分泌物的排出（图12-3）。

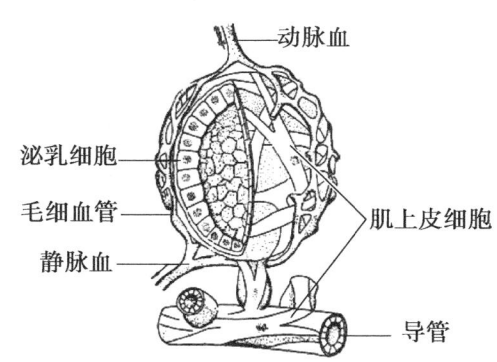

图12-3 乳腺腺泡结构

导管部：为输送乳汁的管道，包括小叶内导管、小叶间导管、较大的输乳管、乳池和乳头管。小叶内导管与分泌小管相连，管壁上皮为单层立方上皮，小叶间导管位于小叶间结缔组织内，管壁上皮为双层矮柱状。乳池和乳头管为复层扁平上皮。

（3）其他家畜乳房的特征

①羊的乳房。呈圆锥形，有一对圆锥形乳头。乳头基部有较大的乳池，每个乳头上有1个乳头管的开口。

②猪的乳房。位于胸部和腹正中部的两侧，一般5~8对，有的10对，每个乳头上有2~3个乳头管的开口。

③马的乳房。呈扁圆形，被纵沟分为左、右两部分，每部分各有1个乳头。乳头乳池小，每个乳头有2~3个乳头管的开口。

（三）蹄

蹄是指牛、马、猪和羊等有蹄动物指（趾）端着地的部分，由皮肤演变而成。

1. **牛和羊蹄的构造** 是偶蹄，每指（趾）端有4个蹄，由内向外分别称第2、3、4、5指（趾）蹄。第3、4指（趾）端蹄发达，直接与地面接触，称主蹄。2、5指（趾）端蹄很小，不着地，附着于系关节掌（跖）侧面，称悬蹄（图12-4）。主蹄，呈锥状，由蹄匣（蹄表皮）、肉蹄（蹄真皮）和蹄的皮下组织构成。

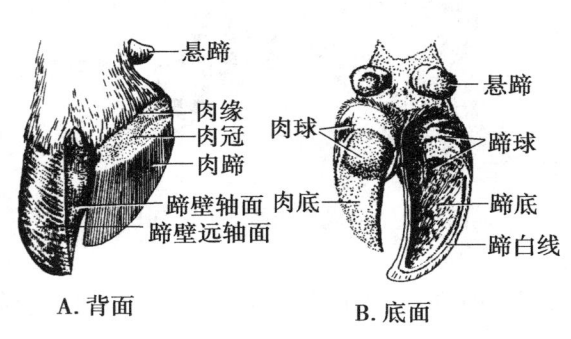

图12-4 牛蹄

（1）蹄匣：即蹄的角质层，由表皮衍生而成，可分为角质壁、角质底和角质球。

①角质壁。分轴面和远轴面。轴面凹即指（趾）间面，仅后部与对侧主蹄相接。远轴面凸，前端向轴面弯曲，与轴面一起形成角质壁。角质壁的远轴面可分为3部分，前方为蹄尖壁，后方为蹄踵壁，二者之间为蹄侧壁。角质壁近端与皮肤直接连接的部分称蹄缘，蹄缘的下方为蹄冠，其内面凹陷成沟。蹄缘和蹄冠内表面都有许多小孔。

角质壁的结构由外向内，分别为釉层、冠状层和小叶层。釉层位于表层，由角化的扁平细胞构成。冠状层最厚，主要由平行排列的角质小管构成。小叶层为最内层，由许多平行排列的角质小叶构成。角质小叶较柔软，并与肉小叶互相紧密嵌合在一起。

②角质底。位于蹄匣底面的前部，呈略凹的三角形，与角质壁底缘之间有白线分开，白线又称蹄白带，是由角质小叶向蹄底伸延而成。角质底的内表面有许多小孔，容纳肉底上的乳头。

③角质球。位于蹄匣底面的后部，呈球状隆起，由较柔软的角质构成。

（2）肉蹄：即蹄的真皮层，由真皮衍生而成，富含血管和神经，颜色鲜红，套于蹄匣内面，可分肉壁、肉底和肉球。

①肉壁。与蹄骨的骨膜紧密结合，分肉缘、肉冠和肉叶。肉缘表面有细而短的乳头，插入角质缘的小孔中。肉冠是肉蹄较厚的部分，位于蹄冠沟中，表面有粗而长的乳头，伸入蹄冠沟的小孔中。肉叶表面有许多平行排列的肉小叶，嵌入蹄壁角质小叶之间（肉叶发炎为蹄叶炎）。

②肉底。与角质底相适应，表面有小而密的乳头，插入角质底的小孔中。

③肉球。位于角质球的深层，表面有细而长的乳头。

（3）蹄的皮下组织：蹄缘和蹄冠的皮下组织薄，蹄壁和蹄底无皮下组织，蹄球下的皮下组织发达。含有丰富的弹性纤维，构成指（趾）端的弹力结构。

悬蹄为第2、5指（趾）的小蹄，呈短圆锥形，不与地面接触。结构与主蹄相似，也分蹄匣、肉蹄和皮下组织。

2. **猪蹄**　猪属于偶蹄动物，与牛不同之处蹄底较小，蹄球较大，蹄球与蹄底之间的界限清楚，悬蹄内有指（趾）骨。

3. **马蹄**　马属动物为单蹄动物，只有发达的第3指（趾）着地。因此，马属动物的蹄没有主蹄和悬蹄之分（图12-5）。

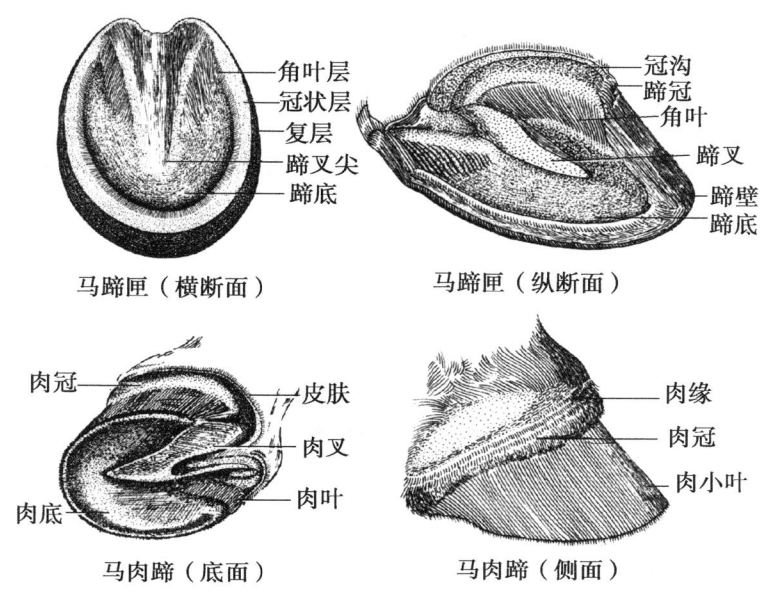

图12-5　马蹄

（四）角

反刍动物的额骨两侧各有一个骨质角突，其表面覆盖的皮肤衍生物，称为角（cornu），由角表皮和角真皮构成。

1. **角表皮**　角表皮位于角的表面，形成坚硬的角质鞘。角质鞘由角质小管和小管间角质构成。牛的角质小管排列非常紧密，管间角质很少，羊角则相反。

2. **角真皮**　角真皮位于角表皮的深面，直接与角突的骨膜紧密连接，表面有发达的乳头。伸入表皮的角质小管中。角可分角根（基）、角体和角尖。角根与额部的皮肤相连续，角体由角根生长延续而来，角质层逐渐变厚。角尖由角体延续而来，角质层最厚，甚至成为实体。角的表面有环状的角轮，牛的角轮在角根部最明显，羊整个角的角轮都很明显。

（五）枕

枕由枕表皮、枕真皮和枕皮下组织构成，分为腕枕、掌（蹄）枕和指（趾）枕。

复习思考题

1. 从皮肤的结构分析，皮下注射和皮内注射是皮肤的哪个部位？
2. 有哪些皮肤衍生物？

第十三章 家禽的解剖特征

知识目标
1. 掌握鸡内脏各器官的形态结构特征。
2. 掌握鸡淋巴器官的组成及各器官的形态特征。
3. 了解鸡运动系统的特征。

家禽均属脊椎动物的鸟纲,主要包括鸡、鸭、鹅、鸽子和火鸡等。鸟纲的动物最重要的特征是飞翔。在漫长的进化过程中,为适应飞翔,已形成一系列的自身结构特征。如身体呈流线形,前肢变成翼,骨中有气体,有气囊等。在人类长期饲养和驯化下,虽已丧失了飞翔能力,但其身体形态、结构、机能以及活动规律,仍然保持着适合飞翔的特点。本章以鸡为重点,阐述家禽的解剖生理特征。

第一节 运动系统

一、骨骼

禽类骨骼由于适应飞翔而有两个特征,即轻便性和坚固性。轻便性表现在大多数骨髓腔内充满气体,因为气囊与骨髓腔相通。坚固性表现在两个方面:一方面是骨质致密,因含无机钙盐较多,关节坚固;另一方面有的骨块愈合为一体,如颅骨、腰荐骨和骨盆。雌禽的某些骨内,在产蛋前形成类似松质骨的髓质骨,随着蛋壳形成的周期而增生或吸收,可储存或释放钙盐。鸡的全身骨骼见图13-1。

（一）头部骨骼

头骨分为颅骨和面骨。颅骨呈圆形,属于含气骨,在发育过程中愈合在一起,围成颅腔,筛骨前移至眶部,垂直板形成眶间隔,筛板

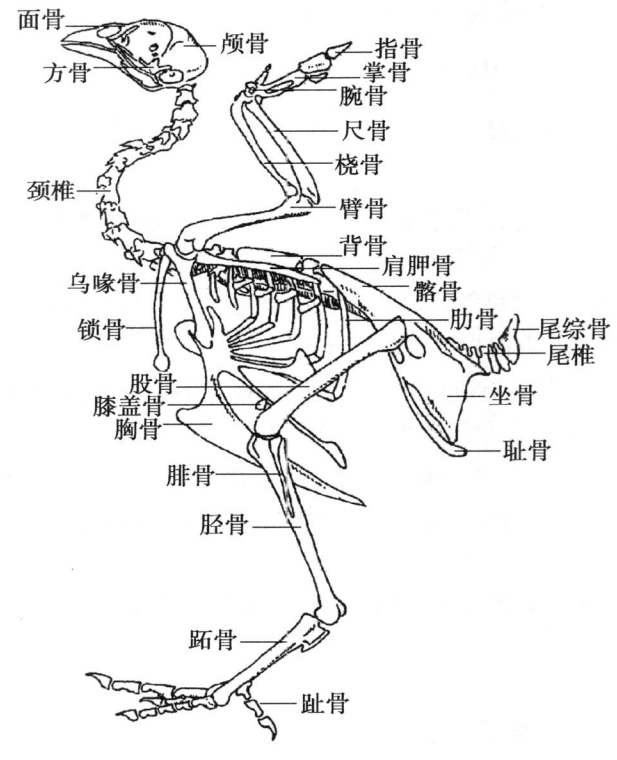

图13-1 鸡全身骨骼

则形成鼻腔之间的水平间隔，眶缘不完整，由颧骨、额骨和泪骨围成；面骨位于颅骨前方，鸡呈尖圆锥形体，鸭呈前方钝圆的长方形体，面骨在颞下颌关节之间多一块方骨，作用是有利于张大口。

（二）躯干骨骼

躯干骨包括椎骨、肋和胸骨。

1. **椎骨** 包括颈椎、胸椎、腰椎、荐椎和尾椎。

（1）颈椎：鸡14枚、鸭15枚、鹅17枚、鸽子12枚，连结呈S形弯曲，运动灵活。

（2）胸椎：鸡和鸽子7枚，鸭和鹅9枚，鸡和鸽子的第1和第6胸椎游离，第2~5胸椎愈合成一整体叫背骨，第7胸椎与综荐骨愈合；棘突发达，成年鸡几乎愈合成一完整的垂直板；胸椎还具有腹嵴。

（3）腰椎和荐椎：鸡的第7胸椎（鸭和鹅最后2~3枚胸椎）及全部腰椎、荐椎和第1尾椎在发育早期愈合而在一起称综荐骨。综荐骨共有11~14枚椎骨。

（4）尾椎：鸡、鸽子有5~6枚，鸭和鹅有7枚。第1尾椎与综荐骨愈合，第2~5尾椎游离；最后1块是三棱形的综尾骨。

2. **肋** 肋的对数与胸椎数量相同。第1、2对肋和第7对肋为浮肋，不与胸骨相接。第2~7对肋的每一肋都分为背侧的椎肋骨和腹侧的胸肋骨两段，互相连接，大致形成直角。椎肋骨除第1对和最后2对（鸡和鸽子）或3对（鸭和鹅）外，均有斜向后上方的钩突，覆盖在后椎肋骨的外侧面，起着加固胸廓侧壁的作用。

3. **胸骨** 禽类的胸骨非常发达，又称龙骨。腹侧正中有一纵行的胸骨嵴，飞翔能力强的鸟类特别发达，供强大的胸肌附着。胸骨向后有一对后外侧突，鸡的特长，鸡和鸽子还有一对胸突。胸骨背外侧面有一些气孔，与气囊相通。

（三）前肢骨骼

1. **肩带部** 包括肩胛骨、乌喙骨和锁骨。肩胛骨狭而长，紧贴椎肋骨，几乎与脊柱平行。乌喙骨呈长柱状，位于胸前口两侧。左、右两锁骨的下端互相愈合，后成叉骨，鸡和鸽子呈V字形，鸭和鹅呈U字形，位于胸前口前方。

2. **游离部** 游离部为翼骨，分为3段，平时折叠成Z字形，紧贴胸廓。第1段是臂骨，为含气骨，近端内侧具有大的气孔。第2段是前臂骨，包括桡骨和尺骨，尺骨比桡骨发达。第3段是前脚骨，包括腕骨、掌骨和指骨。腕骨仅有尺腕骨和副腕骨两块，掌骨有第2、3、4掌骨，第2掌骨只有一小突起，第3、4掌骨两端愈合，中间骨体分开。指部有第2、3、4指，分别有2、2、1指节骨，鸭和鹅分别有2、3、2指节骨。

（四）后肢骨骼

1. **盆带部** 包括髂骨、坐骨和耻骨，结合成髋骨。与哺乳动物比较，禽类髋骨有两大特征：为适应后肢的支持作用，髂骨与综荐骨形成牢固的连接；为适应产蛋，无骨盆联合，两髋骨在骨盆腹侧相距较远，形成开放性的骨盆。

2. **游离部** 由股骨、膝盖骨、小腿骨、跗骨和趾骨组成。

（1）股骨：较短，特别是鸭和鹅。近端有股骨头和大转子，远端形成滑车和内、外髁，滑车前方有膝盖骨。

（2）小腿骨：分胫骨和腓骨。胫骨较长而发达，鸭和鹅几乎为股骨的1倍，腓骨较细，向远端逐渐退化。

（3）跗骨：跗骨在禽类已不独立存在。近列跗骨与胫骨愈合，其他跗骨与跖骨愈合。因此跖骨又称跗跖骨。禽的跗关节实际上相当于跗间关节。跖骨发达，有大跖骨和小跖骨。大跖骨是由第2、3、4跖骨愈合而成，远端分开；第1跖骨为小跖骨。

（4）趾骨：有第1、2、3、4趾。第1趾向后向内，仅有支撑大跖骨的作用；其余3趾向前，主要起支持和运动作用。每个趾分别有2、3、4、5个节，末节为爪骨。

二、肌肉

家禽肌肉的肌纤维较细，无脂肪沉积。肉眼看分为白肌和红肌。白肌颜色较淡，血液供应少，肌纤维较粗，线粒体和肌红蛋白较少，肌糖原较多，收缩较快，作用短暂。红肌呈暗红色，血液供应丰富，肌纤维较细，含线粒体、肌红蛋白和糖原较多，收缩作用较慢但持久。鸡等飞翔能力差或不能飞翔的家禽以白肌为主；鸭和鹅等善于飞翔的水禽，以红肌为主。肌肉发达程度与功能活动相适应（图13-2）。

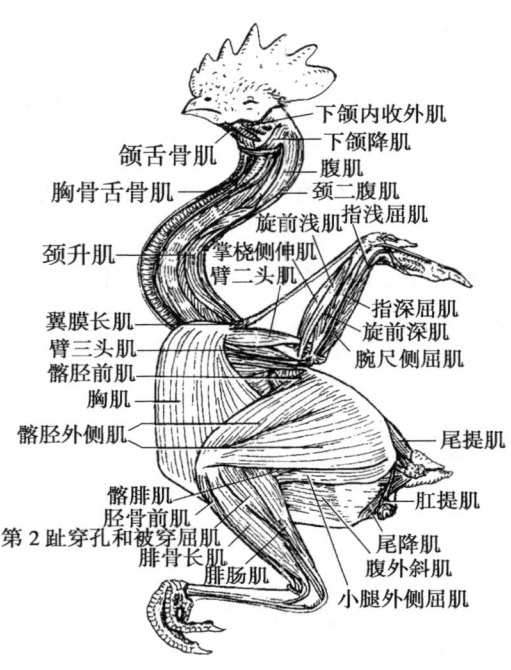

图13-2 鸡全身肌肉

（一）皮肌

家禽的皮肌薄而广泛，主要与皮肤的羽区相联系，控制其紧张和活动范围，有的有支持嗉囊的作用；有的终止于翼的皮肤褶，飞翔时起着紧张翼膜的作用。

（二）头部肌

家禽因无唇、颊、耳廓和外耳，面部肌肉不发达；但开闭上下喙的肌肉则比较发达，还有一些作用于方骨的肌肉。

（三）躯干肌

躯干肌包括脊柱肌、胸廓肌和腹壁肌。

1. **脊柱肌** 颈部肌肉很发达，保证颈部的灵活运动。背部和腰荐部肌肉因椎骨大多愈合而退化。尾部肌肉比较发达，能使尾向各方运动，因为尾羽在飞翔时起着重要舵的作用。

2. **胸壁肌** 有肋间外肌、肋间内肌、肋提肌和肋胸骨肌。膈肌不发达，只有一层腱膜。

3. **腹壁肌** 为四层薄的肌片，从外向内依次为腹外斜肌、腹内斜肌、腹直肌和腹横肌。

（四）前肢肌

1. **肩带肌** 最发达的是胸部肌，是飞翔的主要肌肉，可占全身肌肉重量的一半以上。胸部肌有两块：①胸肌：又称胸浅肌、胸大肌，位于胸的浅部，作用是将翼下降。②乌喙上肌：又称胸深肌、胸小肌。位于胸浅层肌肉的深面，为一大的纺锤形羽状肌，作用是将翼上举。

2. **翼肌** 主要分布于臂部和前臂部，飞翔时伸展各关节将翼张开，并维持其一定姿势；静止时则屈曲各关节而将翼收拢。

（五）后肢肌

盆带肌不发达，腿肌发达，占全身肌肉的比重仅次于胸肌。由于趾屈肌腱的经路，当髋关节、膝关节在禽下蹲栖息而屈曲时，跗关节和所有趾关节也同时被屈曲，从而牢固地攀住栖木，不需消耗能量。耻骨肌位于股部前内侧面的小肌，细长的腱向下绕过膝关节外侧面而转到小腿后面，合并入趾浅屈肌内，此肌也称迂回肌或栖肌。鸡跖部的趾屈肌腱常随年龄增大而骨化。

第二节 消化系统

家禽消化系统由消化管和消化腺两部分组成。消化管包括口咽、食管、胃、小肠、大肠和泄殖腔。消化腺包括胃腺、肠腺、唾液腺、肝和胰。

一、口咽

禽类没有软腭，口腔和咽直接相通，常合称口咽。无唇、无齿，颊不明显，上、下颌上有角质的喙。喙是采食器官，鸡和鸽子的喙呈角锥形；鸭和鹅的喙长而扁，喙缘则形成许多横褶，在水中采食时可将水滤出。口腔顶壁的正中有腭裂或称鼻后孔裂，鸡和鸽子的长而鸭和鹅的短。舌的形状与喙相似，舌肌不发达，舌尖乳头高度角质化，舌黏膜上缺味觉乳头，仅分布有数量少结构简单的味蕾，因而味觉不敏感，但对水温极为敏感。咽部黏膜血管丰富，可使大量血液冷却，有参与散发体温的作用。唾液腺比较发达，唾液腺数量较多，在口腔和咽的黏膜下几乎连成一片。主要有上颌腺、腭腺、蝶腭腺、咽鼓管腺、下颌腺、舌腺和口角腺等。导管很多，开口于口咽黏膜表面。

二、食管

食管壁薄而较宽，易扩张，可分颈段和胸段。颈段与气管同偏于颈的右侧，位于皮下。鸡、鸽子的食管在胸腔前口的前方形成袋状的嗉囊；鸭、鹅无真正嗉囊，但食管颈段可扩大成纺锤形，后端具有括约肌与胸段为界。

三、胃

胃分为腺胃和肌胃（图13-3）。

（一）腺胃

腺胃呈纺锤形，位于腹腔左侧，在肝左、右两叶之间的背侧。前以贲门与食管相通，后以峡与肌胃相接，黏膜表面分布有30~40个肉眼可见的圆形宽矮的乳头（鸡新城疫乳头上有针尖大出血点）。腺胃黏膜含有两种腺体：腺胃浅腺和腺

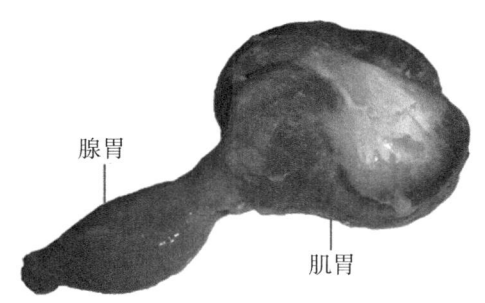

图13-3 鸡胃形态

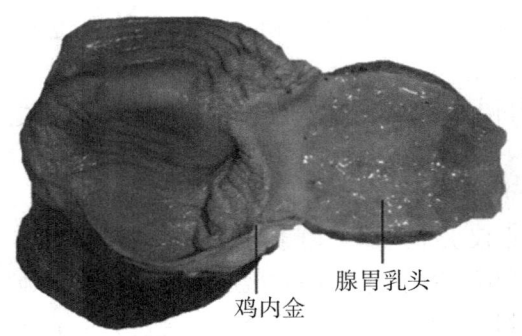

图13-4 鸡胃黏膜

胃深腺。黏膜上皮下陷于固有层形成的单管状腺，称腺胃浅腺，分泌黏液。分布于两层黏膜肌层之间的复管状腺，称为腺胃深腺，分泌盐酸和胃蛋白酶原的功能。腺体开口于腺胃乳头（图13-4）。

（二）肌胃

肌胃紧接腺胃之后，为扁的球形（传染性法式囊炎在腺胃和肌胃交界处出血），质地坚实，位于腹腔左侧，在肝后方两叶之间。肌胃可分为厚的背侧部和腹侧部及薄的前囊和后囊。肌胃的肌层很发达，是由平滑肌的环肌层发育而成，外纵肌在发育过程中消失。平滑肌因富含肌红蛋白而呈暗红色，组成两块强大厚肌和两块薄肌，4块肌在胃两侧以厚的腱中心相连接，形成所谓腱面。肌胃的入口和出口（幽门）都在前囊处。在黏膜固有层内，排列有单管状的肌胃腺，一般10～30个为一群开口于黏膜表面的隐窝。其分泌物加上黏膜上皮的分泌物及脱落的上皮细胞一起在酸性环境中硬化而形成一层厚的类角质膜，称胃角质层，俗称肫皮，中药名"鸡内金"，起保护膜的作用。

肌胃内经常含有吞食的砂砾，又称砂囊。肌胃以发达的肌层和胃内砂砾，以及粗糙而坚韧的类角质膜，对吞入食物起机械性磨碎作用（图13-4）。

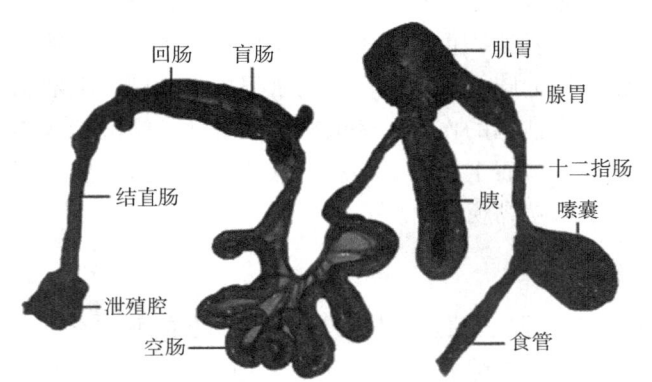

图13-5 鸡肠的构造

四、小肠

小肠分为十二指肠、空肠和回肠（图13-5）。十二指肠位于腹腔右侧，形成U字形，分为降支和升支，两支折转处达盆腔。空肠形成许多肠袢，大约在空场的中部有一小突起，叫卵黄囊憩室，是胚胎期卵黄囊柄的遗迹。回肠短而直，以回盲韧带与盲肠相连（鸡新城疫小肠有出血点）。小肠组织结构特点是有发达的肠腺和绒毛，没有十二指肠腺，肠绒毛内无中央乳糜管，脂肪吸收直接入血液。

五、大肠

大肠包括盲肠和直肠，盲肠有两条（鸡球虫病盲肠出血）。盲肠分为盲肠基、盲肠体和盲肠尖。盲肠基的壁内分布有丰富的淋巴组织，常称盲肠扁桃体。禽类没有明显的结肠，只有一短的直肠，因此，也称结直肠。大肠的组织结构与小肠相似，黏液除在盲肠尖外也具有绒毛，但较短而宽（图13-5）。

六、泄殖腔

泄殖腔是消化、泌尿和生殖3个系统的共同通道，略呈球形。泄殖腔以黏膜褶分为3部分。前部为较膨大的粪道，与直肠相连；中间部为泄殖道，最短，输尿管、输精管（公禽）或输卵管（母禽）开口于泄殖道；最后部分为肛道，背侧在幼禽有腔上囊的开口，向后以泄殖孔开口于体外，也称肛门，由背侧唇和腹侧唇围成，并具有发达的括约肌。

七、肝

肝位于腹腔前下部，呈暗褐色，分为左、右两叶，右叶略大，除鸽子外有胆囊。肝的两叶各有一肝门，每叶的肝动脉、门静脉和肝管等由此进出。右叶肝管注入胆囊，由胆囊发出胆囊管，左叶的肝管不经胆囊，与胆囊管共同开口于十二指肠终部，但鸽左叶的肝管较粗，开口于十二指肠的降支。

八、胰

胰位于十二指肠袢内，呈淡黄色或淡红色，长条形，可分为背叶、腹叶和很小的脾叶。胰管鸡一般有2~3条，鸭和鹅有2条，与胆管一起开口于十二指肠终部。

第三节　呼吸系统

家禽呼吸系统包括鼻腔、喉、气管、鸣管、支气管、肺和气囊（图13-6）。

一、鼻腔

鼻腔较狭，鼻孔位于上喙基部。鸡鼻孔上缘为具有软骨性支架的闭孔盖；鸽的两孔之间在喙基部形成隆起的蜡膜。鸭和鹅等水禽鼻孔周围为被覆柔软的蜡膜。鼻中隔大部为软骨。每侧鼻腔有3个鼻甲：前鼻甲正对鼻孔，为C形薄板；中鼻甲较大，向内卷曲；后鼻甲位于后上方，呈小泡状，内腔开口于眶下窦。

眶下窦又称上颌窦，位于上颌外侧和眼球前下方，略呈三角形的小腔，窦的后方有两个开口，分别通鼻腔和后鼻甲腔。

鼻腺位于眶鼻角附近的额骨凹陷处，鸡的不发达，鸭和鹅等水禽的较发达，特别是在海洋生活的禽类。水禽鼻腺有分泌盐的作用，又称盐腺，对调节机体渗透压起重要作用。

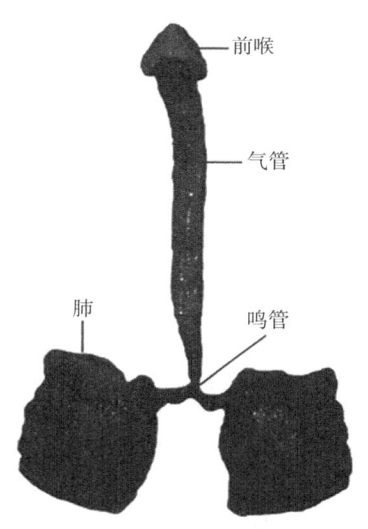

图13-6　呼吸系统

二、喉

喉位于咽的底壁，在舌根后方，约与鼻后孔相对，喉软骨仅有环状软骨和杓状软骨，喉口呈纵行裂缝。缝状，以两黏膜褶围成，内有勺状软骨支架。环状软骨是喉的主要基础，由4片构成，以腹侧板最长。杓状软骨1对，形成喉口的支架。喉腔内无声带。喉软骨上分布有扩张和闭合喉口的肌肉，喉口在吞咽过程中，可因喉肌的作用而引起反射性地关闭。

三、气管、鸣管和支气管

（一）气管

气管较长而粗，伴随食管后行，到颈后半部，一同偏至右侧，入胸腔前又转到颈的腹侧。进入胸腔后在心基上方分为两个支气管，分叉处形成鸣管。气管数很多（如鸡有100～130个），是圆环形软骨环，幼禽为软骨，随年龄增长而骨化。相邻气管互相套叠，可以伸缩，以适应颈的灵活性。沿气管两侧附着有狭长的气管肌，起于胸骨、锁骨，一直延续到喉，可使气管和喉作前后颤动，在发音时有辅助作用。

（二）鸣管

鸣管是禽类的发音器官（图13-6），其支架为几个气管环和支气管环以及1块鸣骨。鸣骨呈楔形，位于气管叉的顶部，在鸣管腔分叉处，将气管环形成的鸣腔分为两个。在鸣管的内侧壁和外侧壁覆以两对弹性薄膜，叫内、外鸣膜。两鸣膜形成一对狭缝，当禽呼吸时，空气振动鸣膜而发声。鸭鸣管主要由支气管构成；公鸭鸣管在左侧形成一个膨大的骨质鸣管泡，无鸣膜，故发声嘶哑。

（三）支气管

支气管经心基的上方而入肺，其支架为C形软骨环，内侧壁为结缔组织膜。

四、肺

（一）肺的位置和形态

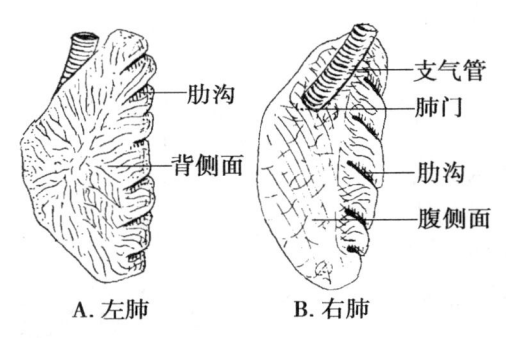

图13-7 鸡肺形态

位于胸腔背侧。禽类的肺不大，鲜红色，略呈扁平四边形，不分叶，内侧缘厚，外侧缘和后缘薄，背侧面有椎肋骨嵌入，形成几条肋沟（图13-7）。肺门位于腹侧面前部，肺上还有一些与气囊相通的开口。

（二）肺的组织结构

肺实质由各级支气管、肺房和肺毛细管组成。

1. **初级支气管** 支气管入肺后纵贯全肺，称为初级支气管，后端出肺而连接于腹气囊。初级支气管的结构与气管相似，但软骨只见于起始部，而环形平滑肌则逐渐增多，形成连续一层。

2. **次级支气管** 从初级支气管分出4群次级支气管，即内腹侧群、内背侧群、外腹侧群和外背侧群。次级支气管的黏膜除内腹侧群外，其余均衬以单层扁平上皮，外面环绕螺旋形平滑肌束和弹性纤维网。

3. **三级支气管** 从次级支气管，又分出许多三级支气管，又叫旁支气管，呈袢状，连接两群次级支气管之间。相邻的三级支气管之间还有吻合支。每条三级支气管壁被许多辐射状排列的肺房所穿通。

4. **肺房** 是不规则的球形腔，相当于哺乳动物的肺泡囊，其底壁形成一些小漏斗，漏斗再分出许多直径7～12μm的肺毛细管。

5. **肺毛细管** 相当于家畜的肺泡。仅有网状纤维作为支架，衬以单层扁平上皮，外面包围着丰富的毛细血管。

在禽类，1条三级支气管及其肺房、漏斗和肺毛细管构成1个肺小叶。

五、气囊

（一）气囊的位置和形态

气囊是禽类特有的器官，是初级支气管或次级支气管的黏膜突触肺的表面形成的黏膜囊。有9个气囊（图13-8），可分前后两群。前群有5个气囊：1对颈气囊，1个锁骨气囊和1对胸前气囊。后群气囊有4个：1对胸后气囊和1对腹气囊。前者位于肺腹侧的后部，腹气囊最大，位于腹腔内两侧，并分出憩室至综荐骨、髂骨及肾背面。前群气囊均与腹内侧支气管直接相通；胸后气囊与腹外侧支气管直接相通；腹气囊直接与初级支气管相通。此外，除颈气囊外，所有气囊还与若干三级支气管相通，称为囊支气管。

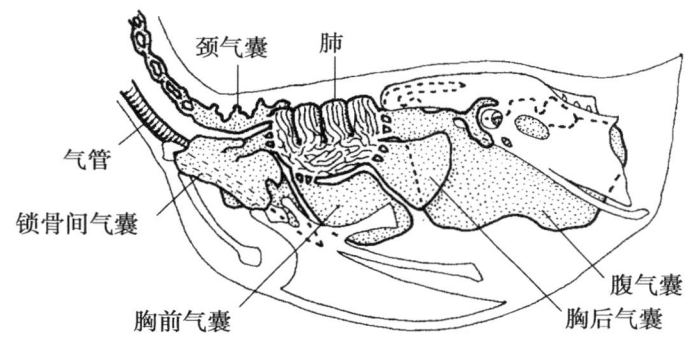

图13-8 鸡气囊及支气管分支

（二）气囊的构造

气囊壁很薄，内衬单层纤毛立方或柱状上皮，外覆浆膜，含有少量胶原纤维和弹性纤维。血管较少，无气体交换功能，无色透明（气囊炎时出现混浊）。

第四节 泌尿系统

家禽泌尿系统由肾和输尿管组成（图13-9）。

一、肾

（一）肾的位置和形态

肾位于综荐骨两旁和髂骨的内面，前端达最后椎肋骨。肾外无脂肪囊，仅背侧与骨之间有腹气囊形成的肾周憩室。禽肾比例较大，占体重的1%以上。呈淡红色至褐红色（肾形传染性支气管炎肾肿大呈花斑肾）；质地软而脆。分为前、中、后三部。没有肾门，

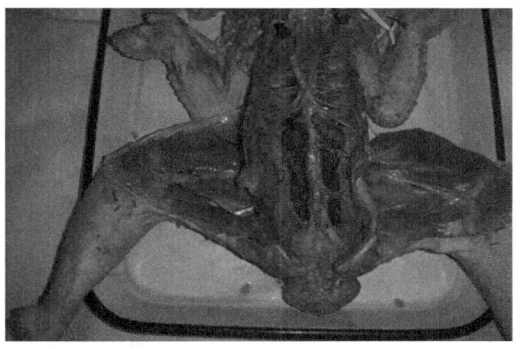

图13-9 公鸡肾

血管、神经和输尿管直接从表面进出。肾实质由许多肾小叶构成，每个肾小叶也为皮质和髓质，但由于肾小叶的位置有浅有深，因此整个肾没有皮质和髓质的分界。禽肾的血管除肾动脉、肾静脉外，还有肾门静脉。无肾盏和肾盂，输尿管接初级分支（鸡约17条），相当于肾盂，次级分支（鸡的每1条初级分支上有5或6条），相当于肾盏。

（二）肾的组织结构

肾小叶由许多肾单位构成。肾小体较小，肾小球只有2或3条毛细血管袢。每个肾小叶的所属集合管和肾小管的细段构成髓质区。几个相邻的肾小叶，其集合管相聚合并包以结缔组织，形成1个肾叶的髓质部。此髓质部加上所属小叶的皮质部，构成1个肾叶。

二、输尿管

输尿管为1对细管，从肾中部走出，沿肾腹侧向后延伸，最后开口于泄殖道顶壁两侧。

第五节　生殖系统

一、公禽生殖器官的形态和结构

公禽生殖系统的组成包括睾丸、附睾、输精管和交配器（图13-10）。

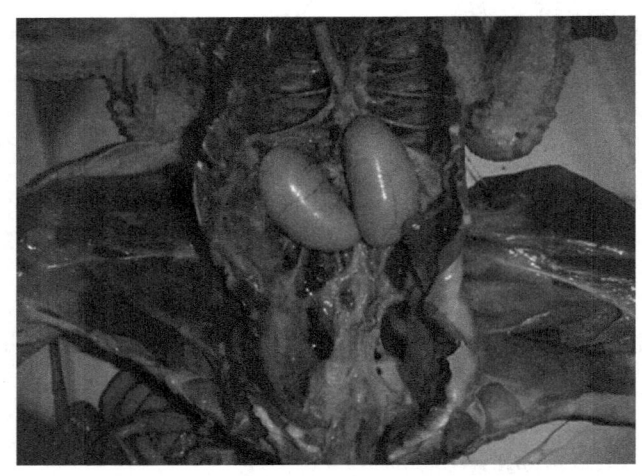

图13-10　公鸡睾丸

（一）睾丸和附睾

1. **睾丸**　左右对称，位于腹腔内，以短的系膜悬挂在肾前部的腹侧，与胸、腹气囊相接触，邻近后腔静脉和髂总静脉等大血管，应注意。睾丸的体表投影位置，在最后两个椎肋骨的上部。睾丸的大小因年龄和季节而有变化，幼雏只有米粒大，淡黄色；成禽在生殖季节，可达鸽蛋大，颜色变为白色。

睾丸外面包有浆膜和一层薄的白膜；睾丸内的结缔组织间质不发达，不形成睾丸小隔和纵隔。实质主要为曲精小管。睾丸增大主要是由于曲精小管的加长和增粗，以及间质细胞增多。

2. **附睾**　紧贴在睾丸的背内侧缘，主要由睾丸输出小管和短的附睾管构成。附睾管由附睾后端走出延续为输精管。

（二）输精管

输精管是一对弯曲的细管，与同侧输尿管并行，到肾后端形成一略为膨大的纺锤形体，末端形成输精管乳头，突出于输尿管口略下方。输精管是精子成熟和储存的主要场所，在生殖季节输精管加长增粗，弯曲密度也变大。

（三）交配器

公鸡的交配器不发达，主要包括输精管乳头、脉管体、阴茎体和淋巴褶。输精管乳头是1对；脉管体每侧1个，位于泄殖道和肛道腹外侧壁；阴茎体包括1个正中阴茎体和1对外侧阴茎体，位于肛门腹侧唇的内侧，刚孵出的雏鸡可用来鉴别雌雄；淋巴褶每侧1个，位于外侧阴茎体与输精管乳头之间。交配受精时，1对外侧阴茎体因充满淋巴而增大，中间形成阴茎沟，插入母鸡阴道内，精液由阴茎沟导入阴道。

公鸭和公鹅的阴茎较发达，位于肛道腹侧偏左，长达6～9cm，它是由两个纤维淋巴体和1个产生黏液的腺部构成。两个纤维淋巴体之间在阴茎表面形成螺旋形的阴茎沟。勃起时，淋巴体充满淋巴，阴茎变硬并加长因而伸出，阴茎沟则闭合成管，将精液导入母禽阴道内。

二、母禽生殖器官的形态和结构

母禽生殖系统由卵巢和输卵管组成，仅左侧充分发育而具有功能。

（一）卵巢

卵巢以短的系膜附着在左肾前部及肾上腺的腹侧。雏禽卵巢为扁平椭圆形，表面呈颗粒状，被覆生殖上皮。皮质内有卵泡，髓质为疏松结缔组织和血管。随着年龄的增长和性活动，卵泡逐渐发育为成熟卵泡，同时，储存大量卵黄，并突出于卵巢表面，尤其在排卵前7～9d，以细的卵泡蒂与卵巢相连，因而卵巢呈葡萄状。较大的成熟卵泡在产卵期常有4～5个。停产时，卵巢萎缩，直到下次产卵期，卵泡又开始生长。禽卵泡没有卵泡腔和卵泡液，排卵后不形成黄体。

（二）输卵管

输卵管为1条长而弯曲的管道，幼禽较细而直，成禽在停止产卵期间也萎缩。它以背侧韧带悬挂于腹腔背侧偏左，沿输卵管腹侧形成一个游离的腹侧韧带，向后固定于阴道。禽输卵管根据构造和功能，由前向后可顺次分为5部分：漏斗部、卵白分泌部、峡部、子宫和阴道（图13-11）。

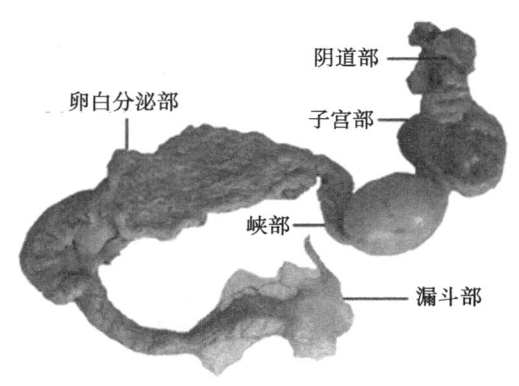

图13-11 母鸡输卵管

1. 漏斗部 位于卵巢的正后方，输卵管漏斗部前端扩大呈漏斗状，其游离缘呈薄而软的皱襞，称输卵管伞，中央有长裂缝状的输卵管腹腔口。向后逐渐过渡成为狭窄的颈部。

2. 卵白分泌部 又称膨大部，是输卵管最长和最弯曲的一段，它以短而细的峡与子宫连接。壁较厚，管径大，但主要是黏膜。黏膜层被覆单层柱状纤毛上皮或假复层柱状纤毛上皮，在活动期呈乳白色或灰色，形成高而厚的纵褶，略呈螺旋状。固有层内有丰富的弯曲状分支管状腺，分泌物形成蛋白。

3. 峡部 短而细，管壁较薄，黏膜褶较低。峡腺较小，分泌物是一种角蛋白。峡部与卵白分泌部之间以一明显的狭带为界，黏膜无腺体，新鲜时较透明又叫透明部。

4. 子宫 扩大成囊状，壁较厚。子宫的黏膜呈淡红色至淡灰色，因机能状况而有差异。黏膜褶分割成叶片状的次级褶，腺体较小，分泌物为碳酸钙和碳酸镁。子宫腺又称壳腺，因此，子宫又称壳腺部。卵在子宫内停留的时间最长，有水分和盐类透过壳膜加入于蛋白而形成稀蛋白。

5. 阴道 较短，呈S状弯曲，开口于泄殖道的左侧。阴道黏膜呈白色，形成细而低的褶，与子宫相连接的第1段含有管状的阴道腺，又叫精小窝，可储存部分精子，并陆续释放出，供持续受精（鸡10～21d，鸭和鹅8～12d）。

第六节 心血管系统

一、心

禽的心较大，位于胸腔前下方，心基朝向前方，与第1肋骨相对。心尖向后下方，夹于肝的两叶之间，与第5肋骨相对。禽心也分左、右心房和左、右心室。右房室瓣是一片肌肉瓣，无腱索和乳头肌。

二、血管

（一）动脉分布的特点

肺动脉干由右心室出发，在接近臂头动脉的背侧分为左、右肺动脉，肺动脉通过肺膈，在肺的腹侧面稍前方进入肺门。主动脉由左心室出发，可分为升主动脉、横主动脉和降主动脉3段。

1. 升主动脉 自起始部向前右侧斜升，然后弯向背侧，到达胸椎下缘移行为横主动脉。

2. 横主动脉 起始部分出左、右臂头动脉。每一臂头动脉由分为颈总动脉和锁骨下动脉。两侧颈总动脉出胸腔前口互相靠拢，然后沿颈部腹侧中线，在颈椎和颈长肌所形成的沟内向前延伸，到颈前部由肌肉深处穿出，分向同侧到头部。锁骨下动脉是翼的动脉主干，它绕出第1肋骨移行为腋动脉，以后延续为臂动脉，到前臂部分为桡动脉和尺动脉。锁骨下动脉紧靠第1肋骨外侧还发出胸动脉，以后延续为臂动脉，到前臂部分为桡侧动脉和尺侧动脉。锁骨下动脉还分出胸动脉，分布到胸肌。

3. 降主动脉 沿体壁背侧中线后行，分出成对的肋间动脉、腰动脉和荐动脉到体壁，还分出一些脏支至内脏。脏支有腹腔动脉、肠系膜前动脉、肠系膜后动脉和1对肾前动脉。睾丸动脉和卵巢动脉由肾前动脉分出。降主动脉在肾前部和中部之间，分出1对髂外动脉到后肢。在肾中部与后部之间，分出1对较粗的坐骨动脉，成为后肢动脉主干。此动脉在肾内分出肾中和肾后动脉。降主动脉最后分出1对细的髂内动脉后，主干延续为尾动脉至尾部。

（二）静脉分布的特点

1. 肺循环静脉 肺静脉有左、右两支，注入左心房。

2. 体循环静脉 全身静脉汇集成两支前腔静脉和1支后腔静脉，分别开口于右心房的静脉窦。

（1）前腔静脉：由同侧的颈静脉和锁骨下静脉汇合而成。两颈静脉在皮下沿颈部延伸，在颅底与颈静脉间吻合。臂静脉位于臂部内侧，又称翼下静脉，是鸡静脉注射的部位。

（2）后腔静脉：是由髂总静脉汇合而成。髂内静脉穿行于肾后部和中部内成为肾门后静脉，与髂外静脉汇合而成髂总静脉。

（3）门静脉：有左、右两干，进入肝的两叶。左干较细，主要收集部分胃的血液。右干较粗，主要收集胃、肠脾和胰的血液。肝静脉有两支，由肝的两叶走出，直接注入后腔静脉。

第七节　淋巴系统

一、淋巴管

禽体内的淋巴管较少，较大的淋巴管通常伴随血管而行。管内瓣膜较少。胸导管有1对，是体内最大的淋巴管。左、右胸导管沿主动脉两侧前行，最后分别注入左、右前腔静脉。有的禽类（如鹅）在盆部的淋巴管上形成1对淋巴心，壁内有肌组织，其搏动可推动淋巴向胸导管流动。

二、淋巴组织

淋巴组织广泛分布于体内的其他器官，如实质性器官、消化道管壁内等。多数为弥散性，有的呈小结节状，在盲肠基部和食管末端的壁内的淋巴结集，又称盲肠扁桃体和食管扁桃体，是抗体重要来源之一。

三、淋巴器官

（一）胸腺

位于颈部气管两侧的皮下，从颈前部沿颈静脉延伸到胸腔前口的甲状腺处。每侧胸腺一般有3~8个叶，鸡有7个叶，鸭、鹅为5个叶，呈淡黄色或带红色。性成熟前发育至最大，性成熟后逐渐萎缩，但仍保留一些痕迹。

（二）腔上囊

腔上囊又叫泄殖腔囊或法氏囊（传染性法式囊炎法氏囊肿大出血），是禽类特有的淋巴器官，位于泄殖腔背侧，开口于肛道。鸡的呈球形，鸭和鹅的为椭圆形。4月龄最发达，性成熟后开始退化，到10月龄（鸭1年，鹅更迟）时，仅留小的痕迹，甚至完全消失。

囊壁由4层构成。黏膜形成纵褶（鸡9~12个，鸭和鹅2个或3个），被覆假复层柱状上皮，局部为单层柱状上皮。固有层里分布大量排列紧密的淋巴小结，小结由周边的皮质和中央的髓质及介于两者之间的一层上皮细胞构成。无黏膜肌层。黏膜下层为疏松结缔组织，肌层由内纵、外环两层平滑肌构成，外膜为浆膜。腔上囊是产生B淋巴细胞的初级淋巴器官。

（三）脾

位于腺胃右侧，为褐红色，鸡呈圆球形，鸭和鹅呈钝三角形。主要功能是造血、滤血和参与免疫反应。

（四）淋巴结

鸡无淋巴结，鸭、鹅等水禽有两对：颈胸淋巴结，呈长纺锤形，位于颈基部，紧贴颈静脉；腰淋巴结，为长带形，长约2.5cm，位于肾与腰荐骨之间主动脉两侧。

第八节　神经系统

一、中枢神经系统

（一）脊髓

从枕骨大孔与延髓连结处起，向后延伸，直到综尾骨的椎管内，因此，后端不形成马尾。颈胸部和腰荐部形成颈膨大和腰膨大，腰膨大较发达，其背侧向左右分开，形成菱形窦，窦内有胶质细胞团，称胶质体，因其细胞内充满糖原，故又称糖原体。

脊髓的内部结构与哺乳动物相似，中央为灰质，外周为白质。在颈膨大和腰膨大部，灰质腹侧柱神经元有一部分移至外周的白质内，形成缘核。

（二）脑

禽脑较小，延髓发达，腹侧面隆凸。无明显的脑桥。中脑较发达，背侧顶盖形成1对发达的二迭体，又叫视叶，相当于哺乳动物的前丘。间脑较短，位于视交叉背后侧，无乳头体。小脑的蚓部很发达，两旁为绒球。禽的大脑皮质较薄，表面光滑，无沟和脑，仅背面有一略斜的纵沟。禽的纹状体较发达，是重要的整合中枢。嗅脑不发达，嗅球较小。胼胝体很不发达，主要是以前联合和皮质联合联络两大脑半球。

二、周围神经系统

（一）脊神经

鸡的脊神经对数与椎骨数目相近，共39～41对。

1. **臂神经丛**　由颈胸部4～5对颈神经的腹侧支形成，集合成为丛背侧干和丛腹侧干，分支经锁骨、第1肋和肩胛骨之间走出。背侧干发出腋神经和桡神经，腹侧干发出胸肌神经和正中尺神经。

2. **腰荐神经丛**　是由腰荐部8对脊神经腹侧支所形成，分为腰神经丛和荐神经丛两部分。腰神经丛主要分支有股神经和闭孔神经等。荐神经丛主要形成粗大的坐骨神经（鸡神经型马立克病坐骨神经肿大），穿过髂坐孔而到腿部。

3. **阴部神经丛**　是由第31～34对脊神经的腹侧支所形成，其壁支分布于泄殖腔、尾部和腹底壁的皮肤；脏支即阴部神经，内含副交感神经纤维。

（二）脑神经

禽类的脑神经有12对，三叉神经较发达，分为眼神经、上颌神经和下颌神经，在头部分布较广。面神经不发达，缺少面部分支。舌咽神经分为3支，即舌神经、喉咽神经和食管降神经。食管降神经沿颈静脉而行，分布于食管、气管和嗉囊。副神经进入迷走神经，出颅腔分开，分出小支至颈皮肌，其余随迷走神经分布。舌下神经有前、后两个根，出颅腔后与第1、2颈神经腹侧支分支加入，并与迷走神经和舌咽神经间有交通支。舌下神经有两个终支：舌支，较细，分布于舌骨肌；气管支，细长，分布于气管肌。

（三）植物性神经

1. **交感神经** 交感神经干有1对，从颅底沿脊柱两侧延伸到尾综骨，在神经干上有一串神经节。

（1）颈部交感干：行于颈椎横突管内，颈前神经节很大，其节后纤维主要分布于头部皮肤，血管的平滑有和腺体。此外，还有1对细干沿颈总动脉伸延，称颈动脉神经，在胸腔入口处与颈交感干一起至颈胸神经节。

（2）胸腰部交感干：节间支分为两支，包绕肋头或椎骨横突。胸交感干发出心支和肺支，分布于心和肺。内脏大神经由第2～5胸椎处脊髓发出的节前纤维组成，在腹腔动脉根与肠系膜前动脉根之间形成腹腔丛，然后分支形成肝丛、胃丛、脾丛、胰十二指肠丛和胃腺丛，分布到相应的器官。内脏小神经由第5～7胸椎处和第1、2腰椎处脊髓发出的节前纤维所组成，在肠系膜前动脉根部后方形成肠系膜前丛，分布到空回肠和盲肠。

（3）荐部和尾前部交感干：发出脏支，形成肠系膜后丛，发出卵巢支到卵巢、输卵管或睾丸支到睾丸，进入直肠系膜，沿肠系膜后动脉分支延伸。尾前部交感干在尾椎基部腹侧左、右合二为一。

2. **副交感神经** 禽脑部副交感神经的节前纤维随动眼神经、面神经、舌咽神经和迷走神经出脑。迷走神经主要含副交感神经纤维，发出交通支至颈前神经节（近神经节），然后伴随颈静脉下行，在胸腔前口处甲状腺附近形成远神经节（远神经节），由分支到颈部内分泌腺。在神经节之后分出返神经，折向前与舌下神经的降支相汇合，分布于气管、食管和嗉囊。迷走神经在分出心支和丛后，沿食管后行，在腺胃处左、右两支合并为迷走神经总干沿腺胃腹侧后行在腺胃与肌胃交界处，又互相分开进入腹腔神经丛。分布到胃、肝、脾和胰。

荐部副交感神经，其节前纤维行于腰荐部4～5对脊神经腹支形成的阴部丛内，节后纤维分布到输尿管、输精管（或输卵管）和泄殖腔等。

3. **肠神经** 为禽类所特有，从直肠与泄殖腔的连接处起，在肠系膜内与肠管平行向前延伸，直到十二指肠后端，具有一串肠神经节。肠神经接受来至肠系膜前丛、主动脉丛、肠系膜后丛和盆丛的交感神经纤维。肠神经分出细支到肠和泄殖腔。

第九节 内分泌系统

一、垂体

垂体位于脑的腹侧，以垂体柄与间脑相连，呈扁平长卵圆形。可分为腺垂体和神经垂体。腺垂体又分为结节部和远侧部，无明显的中间部，远侧部分为前区和后区。神经垂体由漏斗、正中隆起和神经叶3部分组成，神经叶内有发达的隐窝。

二、甲状腺

甲状腺1对，呈椭圆形，暗红色，位于胸腔前口附近气管的两侧，颈总动脉与锁骨下动脉分叉处的前方。甲状腺的大小因禽的品种、年龄、季节和饲料中碘的含量而有变化。

三、甲状旁腺

甲状旁腺有两对，芝麻粒大，呈黄色或淡褐色，紧位于甲状腺之后，位置变化较大。其实质为主细胞形成的细胞索，无嗜酸性细胞，索间为网状组织。

四、腮后腺

腮后腺又叫腮后体，是1对较小的腺体（鸡为2~3mm），位于甲状腺和甲状旁腺之后，右侧腮后腺位置变化较大。新鲜时呈淡红色。形状不规则，无被膜，周界常不明显。其实质由降钙素细胞形成的细胞索所。腮后腺分泌降钙素，参与体内钙的代谢。

五、肾上腺

肾上腺是1对，位于两肾前端，呈不正的卵圆形或三角形，多为乳白色、黄色或橙色。皮质形成细胞索，髓质则形成不规则的细胞团，分散于皮质的细胞索之间，呈镶嵌状结构。

第十节　感觉器官

一、视觉器官（眼）

（一）眼球

禽类眼球比较大，成鸡两眼球的重量与脑之比为1∶1。眼球较扁。

1. **纤维膜**　角膜较凸，面积相对较小。巩膜较坚硬，其后部含有软骨板；角膜与巩膜连接处有一环形小骨片形成巩膜骨环。

2. **血管膜**　虹膜呈黄色，瞳孔开大肌、瞳孔括约肌和睫状肌均为横纹肌。睫状肌除调节晶状体外，还能调节角膜的曲度。

3. **视网膜**　较厚，无血管分布，在视神经入口处，视网膜呈板状伸向玻璃体内，并含有丰富的血管，形成一特殊的眼梳膜。

4. **晶状体**　较柔软。其外周在靠近睫状突部位有晶状体环枕，与睫状体牢固连接。

（二）眼的辅助结构

下眼睑大而薄，较灵活，眼睑无腺体。第三眼睑（瞬膜）发达，为半透明薄膜，瞬膜活动时，能将眼球前面完全盖住。泪腺较小，位于眶的颞角附近。瞬膜腺较发达，鸡的呈淡红色至褐红色，位于眶的前部和眼球内侧。禽类眼球的运动由6块小而薄的眼肌控制，包括2块斜肌、4块直肌，无退缩肌。

二、位听器官（耳）

（一）外耳

禽类无耳廓，外耳孔呈卵圆形，周缘有褶，被小的耳羽遮盖。外耳道较短，壁上分布有耵聍腺，鼓膜向外隆凸。

（二）中耳

鼓室除以咽鼓管与咽腔相通外，还以一些小孔通颅骨内的气腔。听小骨只有1块，称为耳柱骨，其一端以多条软骨性突起连于鼓膜，另一端膨大呈盘状嵌于内耳的前庭窗。

（三）内耳

半规管很发达，耳蜗则不形成螺旋状，是一个稍弯曲的短管。

第十一节 被皮系统

一、皮肤

皮肤较薄，皮下组织疏松，与深部结构联系不紧密。皮下脂肪在羽区和水禽躯干腹侧形成一层。皮肤真皮与皮下层里的血管形成血管网。母鸡和火鸡在孵化期，胸部皮肤形成特殊的孵区，即所谓孵斑。羽毛较少，血管增生，有利于体温传导。

皮肤从躯干到臂部和前臂部形成一固定的皮肤褶，叫翼膜，翼膜由两层皮肤构成，有较大的面积，以利飞翔。水禽的趾间有皮褶，叫蹼，用来作为划水的工具。

二、皮肤衍生物

（一）羽毛

羽毛是禽类皮肤特有的衍生物。羽毛着生在皮肤的一定区域，称为羽区。无羽毛着生的部位则称为裸区。羽毛根据形态不同分为3类：正羽、绒羽和纤羽（图13-12）。

1. 正羽 正羽又叫廓羽，覆盖体表的绝大部分，构造较典型。有一根羽轴，下端为羽根，着生在皮肤的羽囊内；上部为羽茎，其两侧具有羽片，羽片是由许多的平行的羽枝构成的，从其上又分出两排小羽枝，远侧小羽枝具有小钩，与相邻的近端小羽枝钩搭，从而构成一片完整的弹性结构。

2. 绒羽 绒羽密生于皮肤表面，被正羽所覆盖。羽茎短而细，羽枝长而柔，小羽枝无小钩，主要起保温作用。

3. 纤羽 纤羽分布全身，细长如毛发状，仅在羽茎顶部有少数羽枝。

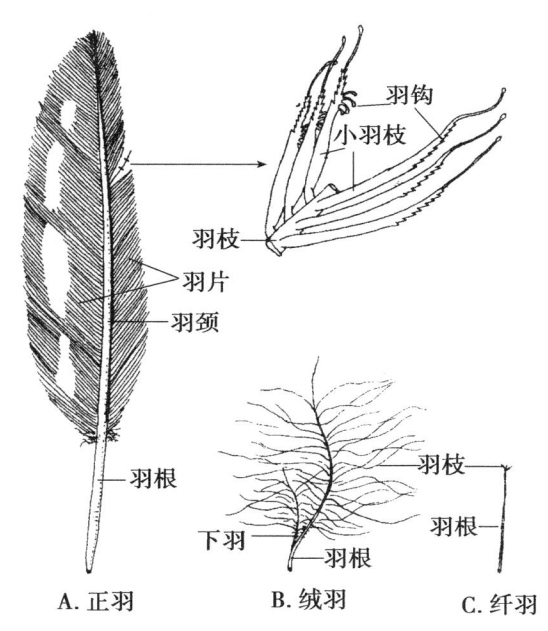

图13-12 禽羽毛类型

羽毛的颜色主要取决于羽毛细胞内所含色素的颜色，以及各种色素的比例和分布。羽色和图案由遗传决定。雌雄异形的羽色及图案还与性激素有关。

（二）冠、肉髯和耳叶

冠、肉髯和耳叶，位于头部，均为褶演变成。冠是第二性征的标志，公鸡的冠特别发达，呈直立状，母鸡常倒向一侧。冠的表皮很薄，真皮较厚。真皮浅层含有丰富的毛细血管窦，使冠呈红色；中间层是厚的纤维黏液组织，能维护冠的直立，但去势公鸡和停蛋母鸡中间层的黏液性物质消失，故冠也倾倒。冠的中央为致密结缔组织，内含较大的血管。肉髯位于喙的下方，两侧对称。结构与冠相似，但真皮缺纤维黏液性组织，中央部则为疏松结缔组织构成。耳叶位于耳孔开口的下方，呈椭圆形，真皮缺少纤维黏液性组织。真皮浅层中含窦状毛细血管的耳叶呈红色，缺者呈白色。鸭和鹅无冠、肉髯和耳叶。

（三）喙、爪、距和鳞片

鳞片是分布在跖部和趾部高度角化皮肤，由表皮角质层加厚形成。喙位于上颌和下颌表面。爪位于每一趾端，鸡的呈弓形。距位于距骨表面，都是由表皮角质层加厚和角蛋白钙化而形成。

（四）皮肤腺

禽类没有汗腺，在外耳道和肛门的皮肤含有少量的皮脂腺。尾部有尾脂腺，位于尾综骨背侧，鸡为圆形，水禽为卵圆形，水禽尾脂腺发达。分为两个叶，每个叶有一腺腔，分泌物含有脂质、卵磷脂和麦角固醇。禽可用喙压迫尾脂腺，将分泌物涂布于羽毛，使羽毛润泽。尾脂腺对于水禽尤为重要，尾脂腺分泌物有使羽毛不被水浸湿的作用。麦角固醇在紫外线的作用下，能变成维生素D，被皮肤吸收利用。

复习思考题

1. 叙述鸡与家畜比较各器官的形态构造有哪些特征？
2. 鸡的输卵管的组成分哪几段？叙述蛋的形成过程。

第二篇

家畜生理学

第十四章 细胞的基本功能

知识目标

1. 了解细胞膜的结构特点。
2. 掌握细胞膜的物质转运功能。
3. 了解细胞的生物电现象。
4. 熟悉生命活动的基本特征和生命活动的调节。

第一节 细胞膜的结构特点和基本功能

一、细胞膜的结构特点

细胞膜（cell membrane）是细胞表面的一层薄膜，又称质膜。在光镜下难以分辨，若在高倍率的电镜下可呈现出3层结构：内、外两层色暗，电子密度高；中间层明亮，电子密度低。通常将具有这种3层结构的膜为单位膜。单位膜在细胞质中还构成某些细胞器细胞内膜。细胞膜和细胞内膜统称为生物膜（biomembrane）。

细胞膜化学成分主要包括蛋白质、脂质和少量多糖。细胞膜的分子结构，目前，普遍认为，是液态镶嵌模型学说（图14-1）。该学说认为，细胞膜是由液态的脂质双分子层中镶嵌着可移动的球状蛋白构成。每个脂质分子均包括一个头部和两个尾部。头部亲水称亲水端，尾部疏水称疏水端。头部分别朝向膜内、外两面；尾部则朝向膜的内部。蛋白质分子有的镶嵌在脂质分子之间，称为嵌入蛋白；有的附着在脂质分子的内外表面，主要在内表面，称为表在蛋白。少量多糖与部分表在蛋白质或脂质分子结合形成糖蛋白和糖脂。

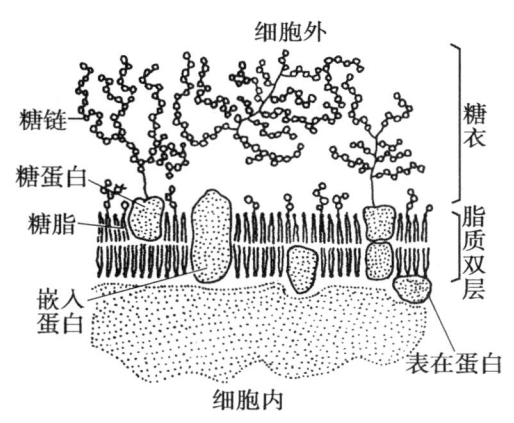

图14-1 细胞膜结构

二、细胞膜的基本功能

（一）细胞膜的物质转运功能

细胞膜直接控制着离子和分子进出细胞，常见下列几种形式。

1. **简单扩散**（simple diffusion） 是一种最简单的物质转运方式。是指脂溶性物质由膜的高浓度侧向低浓度侧扩散的现象。特点：是一种被动的物理转运过程，不需要消耗能量。如水、氧气和二氧化碳。

2. **易化扩散**（facilitated diffusion）　非脂溶性物质或脂溶性小的物质，在特殊膜蛋白质的帮助下，由高浓度一侧通过细胞膜向低浓度一侧扩散的现象称易化扩散。特点：物质移动的动力来自高浓度的势能，细胞不耗能；顺浓度差或浓度梯度移动；膜蛋白（载体蛋白、通道蛋白）的参与。如葡萄糖、氨基酸和无机离子等。

3. **主动转运**（active transport）　是指细胞通过本身的耗能过程，将某些物质的分子或离子由膜的低浓度一侧向高浓度一侧转运的过程。特点：细胞本身要消耗能量；逆浓度梯度和电位梯度；膜蛋白的参与。把完成主动转运的膜蛋白称为"泵"，例如：Na^+泵、K^+泵、Ca^{2+}泵等。

4. **入胞和出胞作用**　大分子物质或团块物质不能渗透通过细胞膜，而细胞却能整批地转运这些物质，是通过细胞本身的入胞（内吞）作用和出胞（胞吐）作用进行的。

（1）入胞作用（endocytosis）：指细胞外的大分子物质或团块进入细胞内的过程。如进入的物质是固体的，称之为吞噬（吞噬细菌）；如进入的物质是液体，则称之为吞饮。

（2）出胞作用（exocytosis）：指细胞把大分子或团块物质由细胞内向外排出的过程。是将细胞产生的蛋白质、激素、酶类和神经递质等物质运出细胞的主要方式。

（二）细胞膜的受体功能

受体是指细胞拥有的能够识别和选择性结合某种配体（化学物质）的蛋白质大分子，它与配体结合后，启动一系列过程，最终引发细胞的生物学效应。受体按其存在部位的不同可分为细胞膜受体、胞浆受体和核受体。细胞膜上有的蛋白质可作为受体，能和一定的化学物质，如激素、药物等发生特异性结合，引起受体蛋白发生构型变化，从而引起细胞内部激发一系列的代谢反应和生理效应。

第二节　生命活动的基本特征和机体功能的调节

一、生命活动的基本特征

生物体生命活动都具有共同的基本特征，即新陈代谢、兴奋性和适应性。

（一）新陈代谢

新陈代谢是有机体与外界环境之间进行物质交换和能量转换过程。动物有机体在生命活动中，一方面不断破坏自身衰老的结构，在分解旧物质的同时释放出能量，供机体生命活动的需要，并将分解终产物排出体外，这一过程称为异化作用（catabolism），又称分解代谢；另一方面从外界取得生活所需的物质，通过物理、化学作用变成生物体新的结构，合成新的物质并储存在体内，这一过程称为同化作用（anabolism），又称合成代谢。新陈代谢是生命现象的最基本特征，也是机体与外界环境最基本的联系。一旦新陈代谢停止，生命也就终止。

（二）兴奋性

动物有机体在内、外环境发生变化时，机体内部的新陈代谢都将发生相应的改变，机体的这种特性称为兴奋性（excitability）。能够引起机体新陈代谢发生改变的各种体内外变化因素称为刺激（stimulus）。细胞、组织或器官接受刺激后出现改变称为反应。反应有两种形式：一种是由相对静止状态转变为活动状态或由活动较弱的状态转变成活动增强的状态的过程，称为兴奋（excitation）；另一种是由活动状态转变为相对静止状态或由活动较强状态转变成活动减弱的状态的过程，称为抑制（inhibition）。

（三）适应性

动物机体随外界环境的变化调整自身生理功能以适应环境变化的特性，称为适应性。如动物夏天脱毛，有利于散热；冬天被毛加厚，有利于保温。

二、机体功能的调节

动物有机体在生命活动中，体内各器官、系统的活动必须协调一致才能适应内外环境的变化，而协调统一是通过调节实现的。机体功能的调节方式有神经调节、体液调节和自身调节。

（一）神经调节

神经调节（neural regulation）是神经系统对机体各器官、系统的活动进行的调节。神经调节是最主要的一种调节方式，神经调节的基本方式是反射，完成反射所必须的结构是反射弧。反射是机体在神经系统的参与下，对刺激所发生的全部应答性反应。反射弧通常由5个部分组成：感受器→传入神经→神经中枢→传出神经→效应器。要想实现反射必须保证反射弧结构和功能的完整性，任何一个部分受到缺损，均可导致反射功能的丧失（如蟾蜍用硫酸刺激引起的反射）。神经调节的主要特点是快速、精确、短暂，具有高度的整合能力。

（二）体液调节

体液调节（humoral regulation）是指体液因素对某些特定器官的生理机能进行的调节。体液因素包括：激素（如催产素、生长素和肾上腺素）、代谢产物（如CO_2和乳酸）。体液调节的特点是作用缓慢、持续时间较长，作用范围较广泛。

（三）自身调节

当内外环境发生变化时，局部的组织或细胞在不依赖与外来神经或体液的调节而产生的适应性反应，称为自身调节（autoregulation）。例如：血管壁平滑肌受到牵拉刺激时，发生收缩性反应。自身调节特点是较为简单，幅度小。是对神经调节和体液调节的补充。

第三节 细胞生物电现象

细胞生物电现象是活细胞共有的基本特性。有两种表现形式：静息电位和动作电位。

一、静息电位

静息电位（resying potential）是指细胞未受到刺激时存在于细胞膜两侧的电位差，有时也称膜电位。表现为外正内负，说明静息状态下膜内电位比膜外低，若规定膜外电位为0，则膜内为负电位，高等哺乳动物神经和肌肉细胞膜静息膜电位一般为$-90 \sim -70mV$。静息状态下内负外正的状态称为极化（polarization）。

二、动作电位

动作电位（active potential）是细胞受到刺激时膜电位的变化过程。当细胞受到一次适当强度的刺激后，膜内原有的负电位迅速消失，进而变为正电位，如由原来的-90~-70mV变到20~40mV，整个膜电位的变化幅度达到90~130mV，这构成了动作电位的上升支。此后，膜内电位急速下降，构成了动作电位的下降支。由此可见，动作电位实际上是膜受到刺激后，膜两侧电位的快速倒转和复原。把构成动作电位主体部分的脉冲样变化称为锋电位（spike potential）。在锋电位下降支最后恢复到静息电位以前，膜两侧电位还有缓慢的波动，称为后电位（图14-2）。

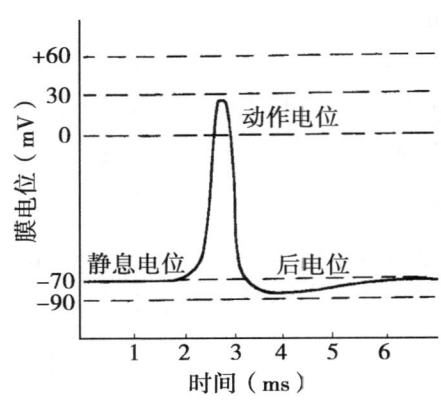

图14-2 动作电位期间膜电位的变化

三、细胞生物电产生的机制

细胞内外K^+、Na^+的不均衡分布和细胞膜对K^+、Na^+的通透性是细胞生物电产生的基础。静息状态下，膜内的K^+浓度总是超过细胞外K^+浓度很多（约30倍），而细胞外Na^+浓度总是超过细胞内Na^+浓度很多（约20倍），这是Na^+泵活动的结果。由于高浓度的离子具有较高的势能，K^+有向膜外扩散的趋势，而Na^+有向膜内扩散的趋势。

（一）静息电位产生的机制

静息状态下，细胞膜对K^+的通透性高，结果K^+以易化扩散的形式移向膜外，但带负电荷的大分子蛋白不能通过膜而留在膜内，故随着K^+的移出，膜内电位变负而膜外变正，当K^+外移造成的电场力足以对抗K^+继续外移时，膜内外不再有K^+的净移动，此时存在于膜内外两侧的电位即为静息电位。因此，静息电位是K^+的平衡电位，静息电位主要是K^+外流所致。

（二）动作电位产生的机制

细胞受到刺激后，细胞膜的通透性发生改变，对Na^+的通透性突然增大，膜外高浓度的Na^+在膜内负电位的吸引下以易化扩散的方式迅速内流，结果先是造成膜内负电位的消失，消除静息时膜的极化状态，这个过程叫去极化（depolarization）。由于膜外Na^+具有较高的浓度势能，当膜电位减小到零时Na^+仍继续内流，膜内电位转为正电位，内正外负的状态称为反极化，直至膜内正电位足以阻止Na^+内移为止，此时的电位即为动作电位。动作电位就是Na^+的平衡电位。

Na^+通道失活与膜电位复极：在去极化后期，Na^+通道很快失活，锋电位迅速下降，细胞处于快速复极阶段，在这一短暂的时间内，细胞不再接受新的刺激而出现新的锋电位，这一时期称为绝对不应期。此后，一些失活的Na^+通道开始恢复，如有较强的刺激可引起新的兴奋，故称为相对不应期。

在Na^+通道失活的同时，K^+通道开放，于是膜内K^+外流，使膜内电位变负直至复极到静息电位水平,这个过程为复极化。在Na^+-K^+泵的作用下,内流的Na^+被主动转运到胞外,而外流的K^+被泵回胞内,以维持正常的离子分布。

(三)动作电位的传导

动作电位产生后,在膜的已兴奋部位和未兴奋部位之间形成了局部电流。已兴奋的膜部分通过局部电流刺激了未兴奋的膜部分,使之出现动作电位。这样的过程在膜表面连续进行下去,使整个细胞兴奋。

复习思考题

1. 叙述细胞膜的物质转运功能。
2. 生命活动是如何进行调节的?每种调节各有何特点?
3. 何为静息电位和动作电位?
4. 静息电位和动作电位是怎样产生的?

第十五章 血液

知识目标
1. 熟悉血液的组成和理化特性。
2. 掌握血浆蛋白和无机盐的生理功能。
3. 掌握各种血细胞的生理功能。
4. 熟悉血液凝固过程。

一、体液和机体的内环境

（一）体液

动物机体内的水分和溶解于水中的物质总称为体液。体液占体重的60%～70%。其中，存在于细胞内的液体称为细胞内液，占体重的40%～45%；存在于细胞外的液体称为细胞外液，包括存在于心血管内的血浆、存在于组织间隙内的组织液、存在于淋巴管内的淋巴液，占体重的20%～25%；还有极少量的跨细胞液，包括脑脊液、关节液、眼房水、心包液、胸腔液和腹腔液等。各种体液彼此隔开而又相互联系，通过细胞膜和毛细血管壁进行物质交换（图15-1）。

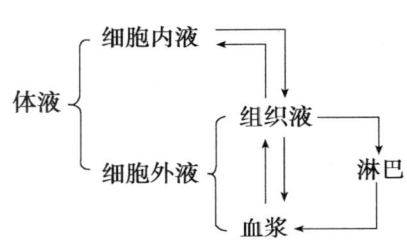

图15-1 细胞内液和外液之间的关系

（二）机体的内环境

动物从外界吸入的氧气和吸收的各种营养物质，首先进入血浆，然后由毛细血管扩散到组织液，再进入组织细胞以供给组织细胞代谢的需要。而组织细胞活动所产生的代谢产物又都先到组织液中，然后扩散到血浆而排出体外。由此可见，细胞外液即是细胞直接生存环境，也是细胞与外界环境进行物质交换的媒介。我们通常将细胞外液称为机体的内环境（internal environment）。内环境能为细胞提供营养物质和接受来自细胞代谢的终产物，并能保持其中各种成分、pH值、渗透压、各种离子的浓度和温度等理化特性的相对稳定，从而保证了细胞的各种代谢活动（各种酶促反应过程）和正常的生理功能。

二、血液组成

血液（blood）是一种液态的流动的结缔组织，由液态的血浆和混悬于其中的血细胞组成。血液的组成和主要成分所占百分比见图15-2。

血浆（plasma）相当细胞间质，血浆含有90%～92%的水、8%～10%的溶质，溶质包括无机物和有机物。

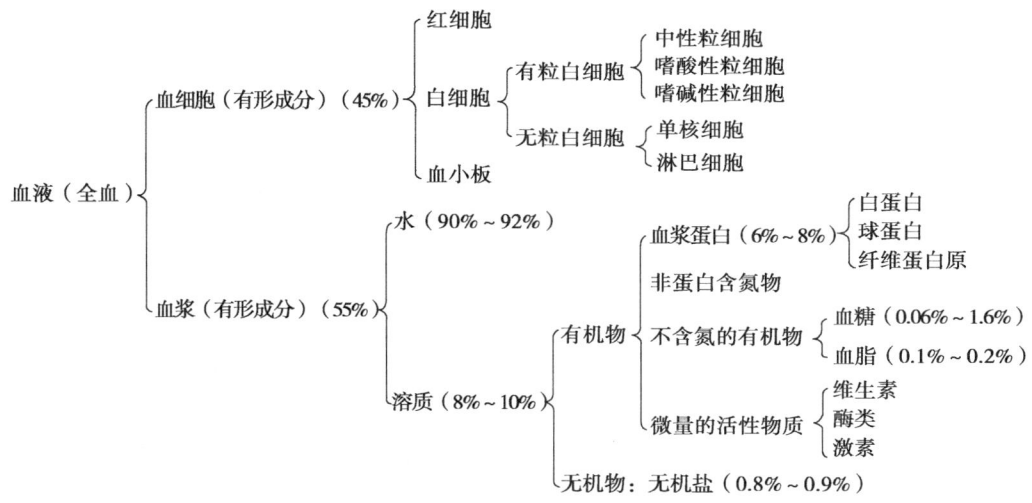

图15-2 血液基本成分

（一）无机物

血浆中的无机物是无机盐，占血浆的0.8%~0.9%，主要以离子形式存在，少数以分子或与蛋白质结合状态存在。主要的阳离子有Na^+、K^+、Ca^{2+}和Mg^{2+}；主要的阴离子有Cl^-、HCO_3^-和HPO_4^{2-}等。主要的微量元素有铜、锌、铁、锰、碘和钴等。

（二）有机物

血浆中的有机物包括血浆蛋白、非蛋白含氮物、不含氮的有机物和微量的活性物质。

1. **血浆蛋白** 是血浆中多种蛋白质的总称，占血浆的6%~8%。用盐析法可将血浆蛋白分为白蛋白、球蛋白和纤维蛋白原3类。各种血浆蛋白所占的比例，有较大的种别差异。其中，白蛋白含量最多，球蛋白次之，纤维蛋白原最少，纤维蛋白原的含量一般不超过血浆蛋白总量的10%。

2. **非蛋白含氮物** 通常称这类化合物所含的氮为非蛋白氮（NPN），主要是蛋白质代谢的中间产物，包括：尿素、尿酸、肌酐、氨基酸、胆红素和氨等。

3. **不含氮的有机物** 如葡萄糖、甘油三酯、磷酸、胆固醇和游离脂肪酸等，它们与糖代谢和脂类代谢有关。

4. **微量的活性物质** 主要包括酶类、激素和维生素等。

液体成分血浆和悬浮在血浆中血细胞构成全血。取一定量的血液与抗凝剂混匀后置于分血计中，经离心沉淀后，血细胞因比重较大而下沉并被压紧、分层，上层淡黄色液体为血浆，底层为红色的红细胞，红细胞层的表面有一薄层灰白色的白细胞和血小板。

压紧的血细胞在全血中所占的容积百分比，称为血细胞比容。白细胞和血小板在血细胞中所占的容积约1%，常被忽略不计，因而通常也将血细胞比容称为红细胞比容或红细胞压积（PCV）。

血液流出血管后如不经抗凝处理，很快会凝成血块，随着血块逐渐缩紧还会析出淡黄色的清亮液体，称为血清。由于血浆中的纤维蛋白原在血液凝固过程中已转变成为不溶性的纤维蛋白，并被留在血凝块中，因而血清与血浆的主要区别在于血清中没有纤维蛋白原。同时，血浆中参与凝血反应的一些成分也不会存在于血清之中。

三、血液的理化特性

（一）颜色和气味

血液呈红色，是因为红细胞内含有血红蛋白。动脉血中，血红蛋白含氧较多，呈鲜红色；静脉血中，血红蛋白含氧较少，呈暗红色。血浆因含有少量胆红素而呈淡黄色。血液中由于存在挥发性脂肪酸而有腥味，又因其中含有氯化钠而稍带咸味。

（二）相对密度

畜禽全血的相对密度一般在1.040～1.075的范围内变动。相对密度的大小主要取决于红细胞与血浆容积之比，比值升高，全血相对密度增大；反之则减小。红细胞的相对密度一般为1.070～1.090，它的大小取决于红细胞中所含的血红蛋白浓度，血红蛋白浓度越高，相对密度就越大。血浆的相对密度为1.024～1.031，它的大小主要取决于血浆蛋白的浓度。

（三）黏滞性

液体流动时，由于内部分子间摩擦而产生阻力，以致流动缓慢并表现出黏着的特性，称为黏滞性（即黏度）。全血的黏度比水大4.5～6.0倍，其大小主要取决于红细胞的数量及血浆蛋白的含量。血浆的黏度比水大1.5～2.5倍，其大小取决于血浆蛋白的浓度。血液黏滞性对血压和血流速度都有一定的影响。

（四）血浆渗透压

促使纯水或低浓度溶液中的水分子透过半透膜向高浓度溶液中渗透的力量，称为渗透压。血浆渗透压包括血浆晶体渗透压和血浆胶体渗透压两部分，其值约为771.0kPa（约7.6个大气压）。一部分是由血浆中的无机离子、尿素和葡萄糖等晶体物质构成的渗透压，称为血浆晶体渗透压。血浆晶体渗透压约占血浆总渗透压的99.5%。另一部分是由血浆中的蛋白质等胶体物质（主要是白蛋白）形成的渗透压，称为血浆胶体渗透压，约占血浆总渗透压的0.5%。

血浆中的蛋白质等胶体物质分子大，不易透过毛细血管，血浆胶体渗透压对于维持血浆和组织液之间的液体平衡极为重要；血浆中的晶体物质，因分子比较小，能透过毛细血管，与组织的晶体渗透压处于动态平衡，不调节血浆和组织液之间的液体平衡。血浆晶体渗透压在维持细胞内外水平衡、细胞内液与组织液的物质交换、消化道对水和营养物质的吸收、消化腺的分泌活动以及肾脏尿的生成等生理活动中，均起着重要的作用。

有机体细胞的渗透压与血浆的渗透压相等。与血浆渗透压相等的溶液叫做等渗溶液。常用的等渗溶液有0.9%的氯化钠和5%的葡萄糖溶液，0.9%的氯化钠溶液又称为生理盐水。渗透压高于血浆渗透压的溶液叫高渗溶液，渗透压低于血浆渗透压的溶液叫低渗溶液。

（五）血液的酸碱度

动物的血液呈弱碱性，pH值通常稳定在7.35～7.45。生命能够耐受的pH值极限在6.9～7.8，否则动物就会出现明显的酸中毒或碱中毒症状。

血液pH值能经常保持相对恒定，主要取决于血液中的缓冲物质，在血液中存在缓冲对，在血浆中有3个缓冲对，分别为：$NaHCO_3/H_2CO_3$、Na^-蛋白质/H^-蛋白质和$Na_2HPO_4/$

NaH_2PO_4；在红细胞内有4个缓冲对，分别为：$KHCO_3/H_2CO_3$、KHb/HHb、$KHbO_2/HHbO_2$ 和 K_2HPO_4/KH_2PO_4。每当血液中酸性物质增加时，碱性弱酸盐与之起反应，使其变为弱酸，于是酸性降低；而当血液中碱性物质增加时，则弱酸与之起作用，使其变为弱酸盐，缓解了碱性物质的冲击。其中缓冲对$NaHCO_3/H_2CO_3$起着非常重要的作用，通常把血液中$NaHCO_3$的含量称为碱贮。在一定范围内，碱贮增加表示机体对固定酸的缓冲能力增强。

四、血量

机体内的血液总量，是血浆和血细胞量的总和，简称血量。成年畜禽的血量为体重的5%~9%，牛、羊为体重的6%~7%，猪为体重的5%~6%，马为体重的8%~9%。畜禽幼年时，血量常可达到体重的10%以上。一般雄性动物比雌性动物稍高。

血液总量中，在循环系统中不断流动的部分，称为循环血量；另一部分常常滞留于肝、脾、肺和皮下的血窦、毛细血管网和静脉内，流动很慢，称为储备血量。把储备血所在的器官叫血库。循环血与储备血之间保持着频繁地交换，在剧烈运动和大量失血等情况下，储备血量可补充循环血量的不足，以适应机体的需要。

一次失血若不超过血量的10%，一般不会影响健康，因为这种失血所损失的水分和无机盐，在1~2h内就可从组织液中得到补充；血浆蛋白可由肝在1~2d内加速合成得到恢复；一次急性失血若达到血量的20%时，生命活动将受到明显影响。一次急性失血超过血量的30%时，则会危及生命。

五、血液各种成分的生理功能

（一）红细胞（RBC）

1. 红细胞的数量 是各种血细胞中数量最多的一种，以每升血液中含有多少10^{12}个（$10^{12}/L$）表示。不同种类的动物红细胞数量不同，见表15-1。红细胞的细胞质内充满大量血红蛋白（Hb），血红蛋白是一种含铁的特殊蛋白质，由珠蛋白和亚铁血红素组成，占红细胞内干物质的90%，占红细胞成分的30%~35%。常以每升血液中含有多少克数（g/L）表示。各种动物的血红蛋白量见表15-1。单位容积内红细胞数量与血红蛋白的含量同时减少，或其中之一明显减少，都可被视为贫血。

表15-1　各种动物红细胞数量和血红蛋白含量

动物种类	红细胞数量（$10^{12}/L$）	血红蛋白含量（g/L）
牛	7.0（5.0~10.0）	110（80~150）
猪	6.5（5.0~8.0）	130（100~160）
绵羊	12.0（8.0~12.0）	120（80~160）
山羊	13.0（8.0~18.0）	110（80~140）
马	7.5（5.0~10.0）	115（80~140）
犬	6.8（5.0~8.0）	150（120~180）
猫	7.5（5.0~10.0）	120（80~150）
鸡	3.5（3.0~3.8）	100（80~120）

2. 红细胞的生理特性 有细胞膜的通透性、悬浮稳定性和渗透脆性。

（1）细胞膜的通透性：红细胞膜的通透性有严格的选择性，水、O_2 和 CO_2 可自由通过；阴离子、葡萄糖、氨基酸和尿素较容易通过；阳离子很难通过；胶体物质不能通过。

（2）悬浮稳定性：红细胞能较稳定地悬浮于血浆中而不易下沉的特性，称为红细胞的悬浮稳定性。悬浮稳定性的大小通常用红细胞沉降率来表示，将抗凝血放入血沉管中垂直静置，红细胞由于密度较大而下沉。通常以红细胞在第一小时末下沉的距离表示红细胞的沉降速度，称为红细胞的沉降率（简称血沉）。动物种别不同血沉也不同，例如：牛的血沉很慢，1h红细胞仅沉降若干毫米；而马的血沉却很快，1h可下降几十毫米。动物患某些疾病时，血沉发生明显变化，血浆中白蛋白增多，血沉减慢；球蛋白、纤维蛋白原、胆固醇增多，血沉加快。因而临床上有一定诊断价值。

（3）渗透脆性：红细胞在低渗溶液中，水分会渗入胞内，膨胀成球形，细胞膜最终破裂并释放出血红蛋白，这一现象称为溶血。红细胞对低渗溶液有一定的抵抗力，红细胞在低渗溶液中抵抗破裂和溶血的特性称为红细胞渗透脆性。在某些病理状态下，红细胞脆性会显著增大或减小。

3. 红细胞的功能 主要功能是运输 O_2 和 CO_2，并对酸、碱物质有缓冲作用，这些功能的实现主要依赖于细胞内的血红蛋白。

（1）红细胞运输 O_2 的功能：在肺脏毛细血管内，氧分压（P_{O_2}）高的情况下，Hb 与 O_2 结合，形成氧合血红蛋白（HbO_2）；在全身毛细血管内，氧分压（P_{O_2}）低的情况下，HbO_2 形成脱氧（或还原）血红蛋白（HHb），释放出 O_2，供组织细胞代谢需要。

$$Hb + O_2 \underset{P_{O_2}\text{低时（组织）}}{\overset{P_{O_2}\text{高时（肺）}}{\rightleftharpoons}} HbO_2$$

（2）红细胞具有运输 CO_2 的功能：在全身毛细血管内，二氧化碳分压（P_{CO_2}）高的情况下，Hb 与 CO_2 结合，形成氨基甲酸血红蛋白（HbNHCOOH）；在肺脏毛细血管内，二氧化碳分压（P_{CO_2}）低的情况下，HbNHCOOH 形成脱氧血红蛋白（HHb），释放出 CO_2，经肺排出。

$$Hb-NH_2 + CO_2 \underset{P_{CO_2}\text{低时（肺）}}{\overset{P_{CO_2}\text{高时（组织）}}{\rightleftharpoons}} Hb-NHCOOH$$

Hb 与 O_2 和 CO_2 的结合是氧合并非氧化过程，HbO_2 和 HbNHCOOH 释放 O_2 和 CO_2 也不是还原过程，这是因为在氧合过程中血红素内的铁仍为二价铁，并没有电子的得失。但是，在某些情况下，例如由于药物（如乙酰苯胺、磺胺等）或亚硝酸盐的作用，它的亚铁离子可被氧化成三价的高铁血红蛋白。这时它与氧的结合非常牢固而不易分离，因而失去运氧能力。如果生成的高铁血红蛋白的量超过总量的2/3时，将导致组织缺氧，可因窒息而危及生命。菜蔬类叶、茎中硝酸盐含量较大，如果沤制加工或储放不当，可被硝酸菌作用而使其中硝酸盐转化为亚硝酸盐，如被动物采食，则可发生食物中毒，如猪的"白菜叶中毒"。

Hb 与 CO 的亲和力比氧大200多倍，空气中 CO 的浓度只要达到0.05%血液中就有

30%~40%的Hb与之结合，生成一氧化碳血红蛋白（HbCO），使Hb运输氧的能力大大降低，严重时动物可发生CO中毒死亡。如动物的煤气中毒。

（3）调节血液的酸碱度：在红细胞内有4个缓冲对，分别为：$KHCO_3/H_2CO_3$、KHb/HHb、$KHbO_2/HHbO_2$和K_2HPO_4/KH_2PO_4，对调节血液的酸碱度起重要作用。

4. 红细胞的生成及破坏　红细胞存活时间因畜种的不同而有很大差异。红细胞的平均寿命牛为135~162d，猪为75~97d，马为140~150d，而小鼠的红细胞仅存活20~30d。

（1）红细胞生成：红细胞由红骨髓的髓系多功能干细胞分化增殖而成。造血过程中除了骨髓造血机能必须处于正常以外，还要供应充足的造血原料和促进红细胞成熟的物质。蛋白质和铁是红细胞生成的主要原料；促进红细胞发育和成熟的物质主要是维生素B_{12}、叶酸和铜离子。

（2）红细胞的破坏：脾是破坏红细胞的主要场所。衰老的红细胞变形能力减退，脆性增大，容易在血流的冲击下破裂。但是，大部分衰老的红细胞是因为难以通过微小的孔隙，很容易停滞在脾中，随之被吞噬细胞所吞噬。红细胞在吞噬细胞内被破坏，释放出的血红蛋白被分解成珠蛋白、胆绿素和铁。铁和珠蛋白大部分可被重新代谢利用，胆绿素被还原成胆红素，被吞噬细胞释放进入血液，经肝随胆汁进入十二指肠，经粪和尿排出体外（胆红素排出受阻发生黄疸）。

（二）白细胞（WBC）

1. 白细胞的数量　白细胞数量以每升血液中有多少10^9个（$10^9/L$）表示。各种动物白细胞数量及各类白细胞所占的百分比见表15-2。

表15-2　各种动物白细胞数量及各类白细胞所占的百分比

动物种类	白细胞总数（$\times 10^9/L$）	各种白细胞所占百分比（%）					
		嗜碱性粒细胞	嗜酸性粒细胞	中性粒细胞		淋巴细胞	单核细胞
				杆型核	分叶核		
牛	7.62	0.5	4.0	3.5	33.0	57.0	2.0
猪	14.66	0.5	0.5	6.0	31.5	55.5	3.5
绵羊	8.25	0.5	5.0	2.0	32.5	59.0	2.0
山羊	9.70	0.1	6.0	1.0	34.0	57.5	1.5
马	8.77	0.5	4.5	4.5	53.0	34.5	3.5
骆驼	24.00	0.5	8.0	7.0	47.5	35.0	1.5
犬	11.50	1.0	6.0	3.0	60.0	25.0	5.0
猫	12.5	0.5	5.0	0.5	59.0	32.0	3.0

2. 白细胞的功能　白细胞通过渗出、趋化性和吞噬作用等特性，来实现对机体的保护功能。白细胞中除淋巴细胞外，能伸出伪足做变形运动，并得以穿过血管壁，称为血细胞渗出。白细胞具有向某些化学物质游走的特性，称为趋化性。

（1）中性粒细胞和单核细胞：它们都有很强的化学趋化性，并能通过变形运动，吞噬侵入的细菌或异物，还可吞噬和清除衰老的红细胞和抗原-抗体复合物等。细胞内含有大量的溶酶体酶，能将吞噬入细胞内的细菌和组织碎片分解。中性粒细胞只能吞噬较小的细菌或异物，单核细胞穿过血管进入组织或器官后，分化成巨噬细胞，能与组织中的巨噬细胞构成单核-巨噬细胞系统，在体内发挥防御作用。

在临床上白细胞增多和中性粒细胞百分率升高，往往表示机体可能有化脓性细菌感染。

（2）嗜酸性粒细胞：具有化学趋化性，能通过变形运动，有吞噬能力，却没有杀菌能力，因为细胞内不含溶菌酶。它的主要机能在于缓解过敏反应和限制炎症过程。当机体发生抗原-抗体相互作用而引起过敏反应时，大量嗜酸性粒细胞趋向局部，并吞噬抗原-抗体复合物，从而减轻过敏反应。

（3）嗜碱性粒细胞：具有化学趋化性，能通过变形运动，但无吞噬能力。细胞能释放组胺、肝素和5-羟色胺等生物活性物质，组胺对局部炎症区域的小血管有舒张作用，增加毛细血管的通透性；肝素对局部炎症部位起抗凝血作用。即嗜碱性粒细胞的功能是有利于其他白细胞的游走和吞噬活动。

（4）淋巴细胞：参与机体的免疫功能。B淋巴细胞在抗原的刺激下，大量繁殖，分化成浆细胞。浆细胞产生和分泌多种特异性抗体，参与机体的体液免疫。T淋巴细胞在抗原信息刺激后，转化增殖为致敏淋巴细胞，能产生淋巴毒素、干扰素，杀灭各种致病菌，杀伤或抑制肿瘤细胞和同种异体移植的细胞等，参与机体的细胞免疫。

3. **白细胞的生成和破坏**　白细胞的寿命比较难以准确判断。粒细胞和单核细胞主要在组织中发挥作用，在血液中，粒细胞的寿命不到1d，单核细胞为数小时到数天。进入组织后，单核细胞可存活数月。淋巴细胞往返于血液、组织液和淋巴之间，而且可以增殖分化，B淋巴细胞仅生存1~2d；T淋巴细胞寿命可长达数月或数年，有的可存活4~5年以上。

（1）白细胞的生成：各类白细胞的来源并不相同，3种粒细胞由骨髓的原始粒细胞发育成。淋巴细胞和单核细胞主要在脾脏、淋巴结、胸腺、消化道黏膜淋巴组织中发育成熟。白细胞的生长需要充足的营养供给，特别是蛋白质、叶酸、维生素B_{12}和维生素B_6等。

（2）白细胞的破坏：白细胞可因衰老死亡，大部分被肝、脾的巨噬细胞吞噬和分解，小部分经消化道和呼吸道黏膜排出。粒细胞在吞噬细菌的活动中可因释放过多的溶酶体酶而发生"自我溶解"，与被破坏的细菌和组织碎片共同构成脓液。

（三）血小板

1. **血小板的数量**　血小板数量以每升血液中有多少10^9个（10^9/L）表示。几种动物血液中血小板的数量见表15-3。

表15-3　几种动物血液中血小板的数量（10^9/L）

动物种类	牛	猪	绵羊	山羊
血小板的数量	200~710	130~450	170~980	310~1020

2. **血小板的功能**　血小板对机体具有重要的保护功能，主要包括生理性止血功能、凝血作用，纤维蛋白溶解作用和维持血管壁的完整性等。

（1）生理性止血：生理性止血指小血管损伤出血后，能在很短时间内自行停止出血的过程。在生理性止血过程中，血小板的作用有：释放缩血管物质（如5-羟色胺、儿茶酚胺等），促进受伤血管收缩，减少出血；在损伤的血管内皮处黏附、聚集，填塞损伤处以减少出血；释放参与血液凝固的物质，并通过血小板收缩蛋白使血凝块紧缩，形成坚实的血栓，堵塞在血管损伤处起到持久止血的作用（白血病血小板减少出血不止）。

（2）凝血作用：血小板内含有多种凝血因子，所以，血小板是凝血过程的重要参与者。

（3）参与纤维蛋白的溶解：血小板对纤维蛋白的溶解过程既有促进作用，又有抑制效应。在纤维蛋白形成前，血小板释放抗纤溶物质，可以抑制纤溶过程、促进止血。血栓形成晚期，随着血小板解体和释放反应增加，一方面释放纤溶酶原激活物，直接参与纤维蛋白溶解；另一方面释放5-羟色胺、组胺和儿茶酚胺等物质，刺激血管壁释放纤溶酶原激活物，间接参与纤维蛋白溶解，使血凝块重新溶解，血管血流重新畅通。

（4）维持血管内皮细胞的完整性：血小板可黏附在血管壁上、填补于内皮细胞间隙或脱落处，并可融入内皮细胞，起到修补和加固作用，从而维持血管内皮细胞的完整和降低血管壁的脆性。

3. **血小板的生成和破坏**　血小板进入血液后，平均寿命为10d左右，但只有在最初的2~3d具有正常的生理功能。

（1）血小板的生成：骨髓造血干细胞分化成巨核系祖细胞，再分化为形态上可识别的巨核细胞。血小板由成熟的巨核细胞裂解而成。

（2）血小板的破坏：衰老的血小板可在脾、肝和肺组织中被吞噬。血小板也会在发挥生理功能时被消耗。

（四）血浆

1. **血浆蛋白的生理功能**

（1）维持血浆胶体渗透压：形成血浆胶体渗透压，调节血浆和组织液之间水的平衡。

（2）调节血液的酸碱度：形成一个缓冲对Na^-蛋白质/H^+蛋白质，调节血液的酸碱度。

（3）白蛋白与某些物质结合对这些物质起运输功能：如营养物（包括钙、磷、铜、铁等）、激素、胆固醇、胆酸盐、胆红素和一些药物（如磺胺、链霉素、洋地黄毒甙）等。

（4）参与机体的免疫功能：球蛋白分为α球蛋白、β球蛋白和γ球蛋白，γ球蛋白则来自淋巴结、脾脏和骨髓的网状内皮系统。γ球蛋白几乎都是免疫性抗体。大多数新生动物血浆中几乎不存在γ球蛋白，所以，新生幼畜只有靠吸吮母畜初乳来获得被动免疫。

（5）参与血液凝固过程：纤维蛋白原由肝合成，是重要的凝血物质，血液凝固时血浆中的纤维蛋白原在凝血酶的作用下变成纤维蛋白。

2. **血糖**　血浆中所含的葡萄糖称为血糖。与糖代谢有关。它的浓度是相对恒定的，葡萄糖是机体活动时能量的主要来源。

3. **血脂**　血浆中所含的脂肪称为血脂。主要以中性脂肪的形式存在，与脂类代谢有关。

4. **无机盐**

（1）维持血浆晶体渗透压：形成血浆晶体渗透压，调节细胞内外水的平衡、对细胞内液与组织液的物质交换、消化道对水和营养物质的吸收、消化腺的分泌活动以及肾脏尿的生成等生理活动中，均起着重要的作用。

（2）调节血液的酸碱度：形成两个缓冲对 $NaHCO_3/H_2CO_3$ 和 Na_2HPO_4/NaH_2PO_4，调节血液的酸碱平衡。

（3）维持神经肌肉的正常兴奋性：如 Na^+、K^+ 和 Ca^{2+}。缺 Ca^{2+}、K^+ 神经肌肉的兴奋性增强。Na^+ 不足神经肌肉的兴奋性降低。

六、血液凝固

血液由流动的溶胶状态转变为不能流动的凝胶状态的过程，称为血液凝固或血凝（blood coagulation）。动物因受伤出血，血液凝固可避免机体失血过多，因此，血液凝固是机体的一种保护功能。

（一）凝血因子

血浆与组织中直接参与凝血的物质，统称为凝血因子（blood clotting factor）。国际上依照发现顺序用罗马数字命名的因子有12种，见表15-4。

表15-4 凝血因子

因子	同义名	合成部位	合成时是否需要维生素	凝血过程中的作用
I	纤维蛋白原	肝	否	变为纤维蛋白
II	凝血酶原	肝	需要	变为有活性的凝血酶
III	组织因子	各种组织	否	启动外源性凝血
IV	Ca^{2+}	—	—	参与凝血的多步过程
V	前加速素	肝	否	调节蛋白
VII	前转变素	肝	需要	参与外源性凝血
VIII	抗血友病因子	肝为主	否	调节蛋白
IX	血浆凝血激酶	肝	需要	变为有活性的IXa
X	Stuart-Prower因子	肝	需要	变为有活性的Xa
XI	血浆凝血激酶前质	肝	否	变为有活性的XIa
XII	接触因子	未明确	否	启动内源性凝血
XIII	纤维蛋白稳定因子	肝	否	不溶性纤维蛋白的形成

在凝血因子中，除因子IV与磷脂外，其他都是蛋白质。因子II、IX、X、XI、XII都是蛋白酶，因子II、IX、X、XI、XII都以酶原的形式存在于血浆中，通过有限水解后成为有活性的酶。因子II、VII、IX、X在肝合成还需维生素K的参与。

（二）血液凝固过程

血液凝固是一个复杂的连锁性生化反应过程，大体上经历3个步骤：第一步为凝血酶原激活物的形成；第二步为凝血酶原转变成凝血酶；第三步为纤维蛋白原转变成的纤维蛋白。

第一步：凝血酶原激活物的形成，通过内源性凝血和外源性凝血两个途径。

内源性途径：当血管内膜受损，暴露出胶原纤维，无活性的接触因子激活，这些因子进一步活化凝血因子，在 Ca^{2+} 的参与下，即可形成凝血酶原激活物。

外源性途径：是由组织受损伤，释放组织因子，这些因子进一步活化凝血因子，在Ca^{2+}的参与下，即可形成凝血酶原激活物。

第二步：凝血酶原转变成凝血酶。凝血酶原在凝血酶原激活物和Ca^{2+}的参与下，形成凝血酶。

第三步：纤维蛋白原转变成的纤维蛋白。纤维蛋白原在凝血酶和Ca^{2+}的参与下，形成纤维蛋白。纤维蛋白形成后交织成网，血细胞被网罗其中，形成血凝块。抗凝和促凝措施实际工作中，常采取一些措施促进凝血过程（如减少出血、提取血清）或防止凝血过程（如避免血栓形成、获取血浆）。

（三）抗凝或延缓凝血的常用方法

1. 抑制凝血因子的活化

（1）加肝素：肝素是非常有效的抗凝剂，可注射到体内防止血管内凝血和血栓的形成，也可用于体外抗凝。具有用量少、对血液影响小、易保存的优点。

（2）血液与光滑面接触：盛血容器内壁预先涂层石蜡，可因接触因子的活化延迟等原因而延缓血凝。

（3）双香豆素：牛或羊吃了发霉的苜蓿干草，15d后血液凝固能力减弱，导致内部出血，在30~50d内死亡。这种"苜蓿干草病"是由于饲草中的香豆素腐败后转成的双香豆素，具有在肝细胞内竞争性抑制维生素K的作用，阻碍了凝血因子Ⅱ、Ⅶ、Ⅸ、Ⅹ在肝内的合成，使血液凝固减慢。

2. 延缓酶促反应速度　凝血过程是一系列酶促反应，酶的活性明显受温度影响，低温可降低酶的活性。将盛血容器置入低温环境中，可以延缓凝血过程。

3. 除去纤维蛋白　又叫脱纤法，使用一小束细木条不断搅拌流入容器的血液，不久后木条上将黏附一团细丝状的纤维蛋白，即脱纤抗凝法。脱纤血不会凝固，但此方法不能保全血细胞。

4. 移钙法　将Ca^{2+}沉淀出来，凝血过程的3个主要阶段中均有Ca^{2+}参与，除去血浆中的Ca^{2+}可以达到抗凝的目的。常用的移钙法，也是制备抗凝血的常用方法：血液中加入适量柠檬酸钠可与Ca^{2+}结合成络合物——柠檬酸钠钙；加入适量草酸盐，如草酸钾、草酸铵，可与Ca^{2+}结合成不溶性草酸钙；用乙二胺四乙酸（EDTA）螯合钙等。

（四）促凝的常用方法

1. 促进凝血因子的活化　血液与接触粗糙面，可促进接触因子的活化，也可促进血小板聚集、解体并释放凝血因子。手术中用纱布压迫术部止血，纱布粗糙面及其带有负电荷也是促凝的因素。

2. 促进凝血因子的合成　使用维生素K，许多凝血因子合成过程需要维生素K参与。

3. 加快酶促反应速度　适当升高温度可增强酶的活性，来加快酶促反应速度。

复习思考题

1. 白细胞有哪些防御功能？
2. 血浆蛋白有哪些生理功能？
3. 实际工作中对血液有哪些抗凝和促凝措施？

第十六章 血液循环

知识目标
1. 了解心肌的生理特性。
2. 熟悉心脏的泵血功能。
3. 掌握心音是怎样产生的。
4. 掌握微循环的路径和组织液的生成及回流。

第一节 心脏生理

一、心肌生理特性

心肌是由普通的心肌细胞和特殊分化的心肌细胞构成，普通的心肌细胞称工作细胞，特殊分化的心肌细胞称为自律细胞；工作细胞构成心房和心室，自律细胞构成心脏的自动传导系统。工作细胞具有兴奋性、收缩性和传导性，自律细胞具有兴奋性、传导性和自动节律性。

（一）自动节律性

自动节律性（autorhymicity）心脏在没有外来刺激的条件下，能自发地产生节律性兴奋的特性，称自动节律性，简称自律性。心肌的自动节律性来源于心的特殊传导系统的自律细胞。心的传导系统的任何一部分都有自动节律性，正常情况下，窦房结的自律性最高，结间束、房室结、房室束、浦肯野氏纤维的自律性依次减弱。

（二）兴奋性

兴奋性（excitability）心肌细胞对适宜刺激发生反应的能力。心肌细胞在一次兴奋过程中其兴奋性发生相应的周期性变化。

1. 绝对不应期 绝对不应期（absolute refractort period）是指心肌细胞在受到刺激而出现一次兴奋后，有一段时间兴奋性极低降低到零，无论给予任何强度的刺激，均不发生反应，这一段时期称为绝对不应期，即心脏的收缩期。

2. 相对不应期 相对不应期（relative refractort period）是指在心肌开始舒张的一段时间内，给予较强的刺激，可引起心肌细胞兴奋，这一段时期称为相对不应期。此时心肌的兴奋性已经逐渐恢复，但仍然低于正常。

3. 超常期 超常期（supranormal period）是指在心肌舒张完毕之前的一段时间内，给予较弱的刺激，就可引起兴奋，这一段时期称为超常期。超常期过后，心肌细胞的兴奋性恢复至正常水平。

（三）收缩性

收缩性（contractility）是指心房肌和心室肌的工作细胞接受阈刺激后，具有产生收缩反应的能力。心肌细胞收缩性的特点表现为：不发生强直收缩；有期前收缩和代偿间歇，在心脏的相对不应期内，如果给予心脏一个较强的额外刺激，心脏会发生一次比正常心律提前的收缩，称为期前收缩。期前收缩后出现一个较长的间歇期，称为代偿间歇，恰好补偿期外收缩所缺的间歇时间（图16-1）。

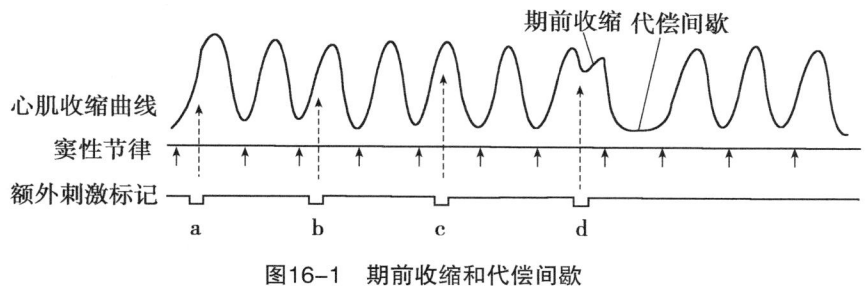

图16-1　期前收缩和代偿间歇

（四）传导性

传导性（conductivity）是指心肌细胞的兴奋沿着细胞膜向外传播的特性。正常情况下，由于窦房结的自律性最高，其冲动按一定顺序传播，依次传给心房肌、结间束，通过结间束传给房室结、房室束、浦肯野纤维，传给心室肌，产生与窦房结一致的节律性活动。窦房结是主导整个心兴奋和跳动的正常部位，故称之为起搏点。按窦房结的节律跳动的心律称为窦性节律。心脏的其他特殊传导组织在窦房结的控制下，自动节律性表现不出来，称其他特殊传导组织为潜在起搏点。心房、心室依窦房结以外的某个自律组织的节律进行跳动，称为异位节律。

二、心脏的泵血功能

（一）心动周期

心脏每收缩、舒张一次称为一个心动周期（cardiac cycle）（图16-2）。每一心腔的

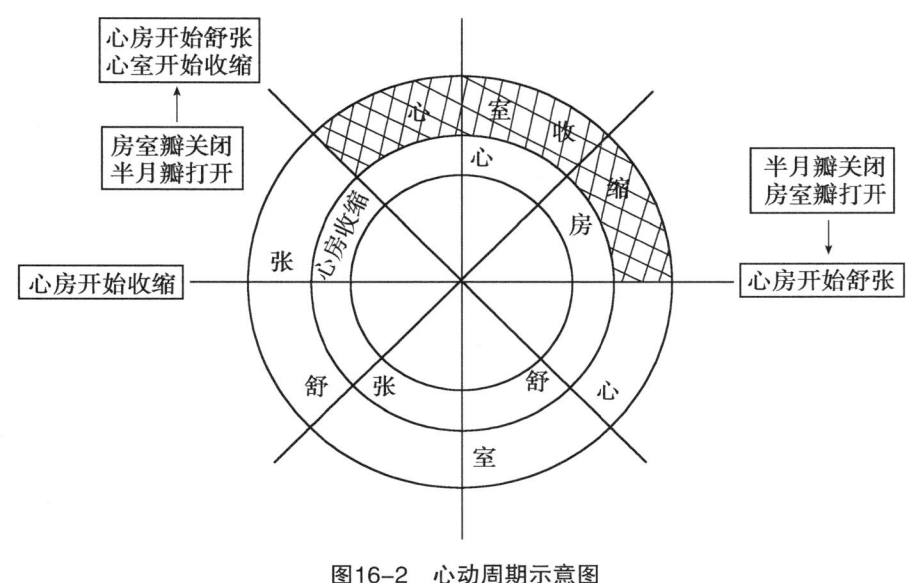

图16-2　心动周期示意图

心动周期均包括收缩期和舒张期,而左、右心房或左、右心室是同步收缩的,因此,一个心动周期包括4个过程:心房收缩、心房舒张、心室收缩和心室舒张。在一个心动周期中,包括3个时期:首先是左、右心房同时收缩称为心房收缩期。接着转为左、右心房舒张,心房开始舒张时左、右心室几乎同时开始收缩称为心室收缩期。心室收缩的持续时间比心房要长。当左、右心室收缩转为舒张时,心房仍处于舒张状态。即心房、心室均处于舒张,故称全心舒张期。至此一个心动周期完结。当心房开始下一次收缩时,就是另一个心动周期的开始。由于心室收缩时间长,力量大,是推动血液循环的主要力量,因此,所谓心缩期和心舒期一般就是指心室收缩期和心室舒张期。

(二)心率

单位时间的心动周期数,即为心率(cardiac rate)。所以,心动周期的持续时间与心率有关。各种动物心率的正常变动范围见表16-1,体形越小的动物心率越快。

表16-1　畜禽心率的正常变动范围

动物	心率(次/min)	动物	心率(次/min)
奶牛	60~80	骆驼	25~40
公牛	30~60	犬	80~130
山羊、绵羊	60~80	猫	110~130
猪	60~80	兔	120~150
马	28~42	鸡、火鸡	300~400

(三)心脏的泵血功能及机理

每次心动周期中,左、右心室舒张时血液流入心室,而左、右心室收缩时又有一定的血液射入主动脉及肺动脉,这就是心的泵血。心的泵血分为3个时期:心房收缩期与心室充盈、心室收缩期与射血和心室舒张与血液充盈。

1. **心房收缩期与心室充盈**　心房收缩前,心脏处于全心舒张状态,房内压<外周静脉压,故有静脉血回流入心房。当室内压力<房内压时,房室瓣开放,外周及心房内血液流入心室,心室开始充盈。

2. **心室收缩期与射血**　心房收缩结束转为舒张时,心室开始收缩。心室收缩引起房室瓣关闭,半月瓣开放,血液被射入动脉,即射血。根据心室收缩过程中,心室内压力、容积变化,瓣膜的启闭及血流状况,可以分为:等容收缩期、快速射血期和减慢射血期。

(1)等容收缩期:心室开始收缩,室内压迅速升高,室内压>房内压时,房室瓣关闭,但此时因室内压<动脉压,故半月瓣仍处于关闭状态,心室处于与心房、主动脉都不相通的封闭状态。由于血液是不可压缩的,所以心室的容积不能改变,而心室肌的收缩仍在进行,因此称为等容收缩期。

(2)快速射血期:等容收缩使室内压急剧上升,当室内压>动脉压,半月瓣被打开,血液快速流入动脉,称为快速射血期。快速射血期内,因心室肌仍在收缩,所以室内压仍在升高,心室容积则急剧缩小。快速射血历时较短,约占心缩期的1/3,但射血量却占整个收缩期射血量的70%左右。

（3）减慢射血期：快速射血期后，心肌收缩力量减弱，射血速度减慢，室内压也开始降低的时期称为减慢射血期。减慢射血期占心缩期的2/3，而射血量只占1/3左右。

3. 心室舒张与血液充盈 可分为等容舒张期、快速充盈期和减慢充盈期。

（1）等容舒张期：心室收缩结束转为舒张时，射血已经停止，室内压下降，当室内压<动脉内压时，半月瓣关闭，但此时室内压>房内压，房室瓣尚未开启，所以，心室又处于封闭状态，心室在继续舒张，称为等容舒张期。

（2）快速充盈期：等容舒张期使室内压急剧下降，当室内压<房内压时，房室瓣开放，心室开始充盈血液。房室瓣开放后，心室继续在舒张，室内压进一步下降，血液快速流入心室，故称为快速充盈期，其时程较短，约占心舒期的1/3。

（3）减慢充盈期：随着心室内血液的充盈，心室内压上升，与心房、静脉内压力差减小，致使血液充盈速度减慢，称为减慢充盈期。约占心舒期的2/3。

（四）心音

心音（heart sound）是由于心收缩舒张过程中瓣膜的关闭和血液撞击心室壁引起的振动而产生的。在每个心动周期中，通过直接听诊或借助听诊器，在胸壁的适当部位可听到"通—塔"两个声音，分别称为第一心音和第二心音。

1. 第一心音 发生于心收缩期的开始，又称心缩音。产生的原因主要包括心室肌的收缩、房室瓣的关闭以及射血开始引起的主动脉管壁的振动（二尖瓣和三尖瓣闭锁不全会出现心内杂音）。心缩音音调低、持续时间较长。

2. 第二心音 发生于心舒期的开始，又称心舒音，产生的主要原因包括半月瓣突然关闭、血液冲击瓣膜以及主动脉中血液减速等引起的振动。音调较高，持续时间较短。

（五）心输出量及其影响因素

心脏最主要的功能是泵血。心输出量是评定心的泵血功能的重要指标。

1. 心输出量 在一个心动周期中，从左、右心室射入动脉的血量是基本相等的。心输出量（cardiac output）有每搏输出量和每分输出量之分，每搏输出量是指一侧心室每收缩一次射入动脉的血量；每分输出量是指一侧心室每分钟射入动脉的血量。生理学一般所说的心输出量通常是指每分输出量，是循环系统机能情况的重要指标之一。每分输出量等于每搏输出量和心率的乘积：心输出量（L/min）=心率×每搏输出量。正常情况下，心输出量可随机体代谢的需要而增加。

2. 影响心输出量的主要因素 心输出量的大小取决于心率和每搏输出量，而每搏输出量的大小主要受静脉回流量和心室肌收缩力的影响。

（1）静脉回流量：心能自动地调节并平衡每搏出量和回心血量之间的关系。回心血量越多，心在舒张期充盈就越大，心肌受牵拉就越大，则心室的收缩力量就越强，每搏输出量就越多，心输出量也就越多。

（2）心室肌的收缩力：在静脉回流量和心舒末期容积不变的情况下，心肌可以在神经系统和各种体液因素的调节下，改变心肌的收缩力量。例如：动物在使役、运动和应激时，输出量成倍的增加，而此时心舒张期容量或动脉血压并不明显增大，即此时心脏收缩强度和速度的变化并不主要依赖于静脉回流量的改变，而是在交感—肾上腺素的调节下，心肌的收缩力量增强，使心舒末期的体积比正常时进一步缩小，减少心室的残余量，从而使输出量明显增加。

（3）心率：心输出量是每搏输出量与心率的乘积。在一定范围内，心率（在一定范围1.5~2倍）的增加可使每分输出量相应增加。但是心率过快，由于心过度消耗供能物质，会使心肌收缩力降低。另外，心率过快时，心动周期的时间缩短，心室缺乏足够的充盈时间，结果每搏输出量减少。

第二节 血管生理

一、血压

血压（blood pressure）是指血液在血管内流动对单位面积血管壁产生的侧压力，即压强。用千帕（kPa）表示，1kPa=7.5109mmHg；1mmHg=0.133 kPa。包括动脉血压、血毛细血管血压和静脉血压，动脉血压＞毛细血管血压＞V血压，通常所说的血压即为动脉血压。血压是相对恒定的，血压过低，不能保证有效的循环血液供应；血压过高，增加心脏和血管负担，甚至损伤血管引起出血。

（一）动脉血压

1. **动脉血压的形成** 动脉血压的形成除了循环系统内有足够的血液充盈和心的射血这两个基本因素外，外周阻力也是形成动脉血压的重要因素。

动脉血压在一个心周期的变化：先上升后下降。心收缩时，主动脉压急剧升高，在收缩期的中期达到最高值，此时的动脉血压称为收缩压。收缩压的大小反映心肌的收缩力。心室舒张时，主动脉压下降，在心舒末期降至最低，此时的动脉血压称为舒张压。舒张压大小反映外周阻力，外周阻力小动脉管径变小、血液黏滞度增高均造成外周阻力增大。把收缩压和舒张压的差定义为脉搏压，简称脉压，脉压大小反映血管壁的弹性。由于一个心动周期中，每一瞬间的动脉压都是变动的，因此把每一瞬间动脉血压的平均值，称为平均动脉压。由于心缩期和心舒期时程不同，故平均动脉压不等于（收缩压+舒张压）/2，其值约等于舒张压与1/3脉搏压之和。

2. **动脉血压的正常值** 动物血压在不同种动物之间有相当明显差别。正常条件下，同种动物的动脉血压相当恒定（表16-2）。

表16-2 各种成年动物颈动脉或股动脉的血压（kPa）

动物	收缩压	舒张压	脉搏压	平均动脉血压
牛	18.7	12.6	6.0	14.7
猪	18.7	10.6	8.0	13.3
绵羊	18.7	12.0	6.7	14.3
马	17.3	12.6	4.7	14.3
犬	16.0	9.3	5.3	11.6
鸡	23.3	19.3	4.0	20.7
兔	16.0	10.6	5.3	12.4

3. 影响动脉血压的因素 心的射血和外周阻力是形成血压的主要条件,因此,凡是能够影响心输出量和外周阻力的各种因素,都能影响动脉血压。

(1) 每搏输出量:在外周阻力和心率相对稳定的条件下,心肌的收缩力增强,每搏输出量增大,心缩期进入主动脉和大动脉的血量增多,收缩压升高。与此同时,管壁弹性扩张使舒张压也有所增大,但由于收缩压升高时血液流速加快,因此,舒张压升高不如收缩压升高那样明显。每搏输出量减少,收缩压降大。

(2) 外周阻力:心输出量和心率不变而外周阻力加大(血液黏稠或外周小的动脉血管收缩),则心舒期血液外流的速度减慢,心舒期末主动脉中存留的血量增多,舒张压升高。在心缩期心室射血动脉血压升高,使血流速度加快,因此,收缩压的升高不如舒张压的升高明显,故脉压就相应下降。当外周阻力减小时,舒张压与收缩压均下降,舒张压下降比收缩压更明显,故脉搏压加大。

(3) 心率:每搏输出量和外周阻力保持不变,而心率加快。由于心舒期缩短,心舒期内流至外周的血量减少,故心舒期末主动脉内存留的血液增多,舒张期血压就升高。动脉血压升高使心缩期血流速度加快,有较多的血液流至外周,故收缩压的升高不如舒张压显著,致使脉压比心率增加前下降。相反,心率减慢时,舒张压与收缩压均下降,但舒张压比收缩压降低的幅度大,故脉搏压增大。

(4) 主动脉弹性:动脉管壁弹性好,心缩中期膨胀大,收缩压低;动脉管壁弹性好,心舒末期回缩大,舒张压相对高;脉搏压低。当动脉管壁硬化,收缩压升高,舒张压降低,脉搏压高(图16-3)。

(5) 循环血量和血管系统容量比:血管系统的容量保持不变时,循环血量的增加,可使血压升高;循环血量减少(如失血),则动脉血压降低。

对上述影响动脉血压的各种因素的分析,都是在假设其他因素不变的前提下进行的。实际上,在不同的生理条件下,上述各种影响动脉血压的因素可同时发生改变。因此,在某种生理情况下动脉血压的变化,往往是各种因素相互作用的综合结果。

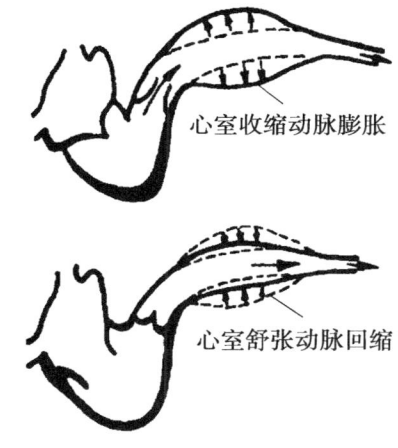

图16-3 动脉管壁弹性对血压的影响

(二) 动脉脉搏

动脉血压在每个心动周期中都发生着周期性的波动,收缩期动脉血压升高,血液冲击动脉壁而扩张;舒张期动脉血压降低,动脉管壁回缩。动脉管壁这种周期性的起伏过程称动脉脉搏。检查各种动物脉搏脉的位置:牛主要在尾中动脉,羊和犬主要在股动脉,马主要在颌外动脉。动脉脉搏与心率是一致的,检查动脉脉搏的速度、幅度、硬度以及频率,可以反映心脏的节律性、心肌收缩力和血管壁的机能状态。

(三) 静脉血压和静脉回流

1. 静脉血压 体循环血液经过动脉和毛细血管到达微静脉时,血压下降至约1.9kPa(14.25mmHg)。到全身血压最低的右心房,则接近于零。通常将右心房和胸腔内大静脉的血压称为中心静脉压,而各器官静脉的血压称为外周静脉压。

2. 静脉回流 动物躺卧时,全身各大静脉大都与心在同一水平,所以单靠静脉系统中各段的压差就可以推动血液回流心内。但在站立时,由于重力影响,大量血液沉积在心水平以下的腹腔和四肢的末梢静脉中,而使这些地方的静脉压升高,不利于静脉的回流,以至于影响心输出量。这时需要外力的影响来克服重力的作用,才能保证静脉正常回流。

(1)骨骼肌的挤压作用:肌肉收缩时肌肉内和肌肉间的静脉受挤压,使静脉血流加快。因静脉内有瓣膜,其游离缘只朝向心的方向开放,使血液只能向心的方向流动。因此,骨骼肌和静脉瓣膜一起成了推动静脉回流的"泵"。

(2)胸腔负压的抽吸作用:由于胸膜腔为负压,吸气时更低,使胸腔内的大静脉和右心房更加扩张,压力也进一步降低,因此,对于静脉血回流起抽吸作用。呼气时,胸膜腔负压值减小,由静脉回流入右心房的血量也相应减少。可见呼吸运动对静脉回流也起着"泵"的作用。

二、微循环

微动脉和微静脉之间的血液循环,称为微循环(microcirculation)。血液循环最主要的功能之一是在血液和组织液之间进行物质交换,这一功能就是通过微循环而实现的。

(一)微循环的组成

典型的微循环由微动脉、后微动脉、毛细血管前括约肌、前毛细血管、真毛细血管、通血毛细血管、动-静脉吻合支和微静脉等组成(图16-4)。微动脉管壁有环行的平滑肌,故其收缩和舒张控制着微血管的血流量。分支成更细的后微动脉。后微动脉通常呈直角方向分支出前毛细血管。在前毛细血管的起始端通常存在由1~2个平滑肌细胞形成的环,即毛细血管前括约肌。该括约肌的舒缩决定了进入真毛细血管的血流量。微静脉界于毛细血管和静脉之间。最细的微静脉管径不超过20~30μm,管壁没有平滑肌成分,在

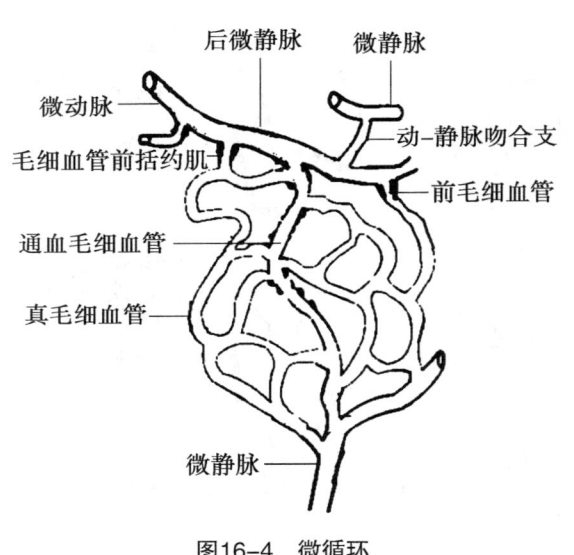

图16-4 微循环

功能上有交换血管的作用。较大的微静脉管壁有平滑肌,能收缩,属毛细血管后阻力血管。微静脉的舒缩可影响毛细血管血压,进而影响毛细血管处的液体交换和静脉回心血量。

(二)微循环的通路

在微循环系统中,血液从小动脉流到小静脉有3条不同的途径。

1. 营养通路 又称迂回通路,组成:微动脉→后微动脉→前毛细血管→真毛细血管→微静脉。特点是血流速度缓慢,血液流程长,与组织细胞接触广泛。功能是进行物质交换

的场所。

2. **直捷通路** 直捷通路（thoroughfare channel）组成：微动脉→后微动脉→前毛细血管→通血毛细血管→微静脉。特点是血流速度较快，血液流程短。功能是加速血液回流。

3. **动-静脉短路** 动-静脉短路（arteriovenous shunt）组成：微动脉→后微动脉→动-静脉吻合支→微静脉。特点是此类短路血管较多。功能是调节体温。当环境温度升高时，动-静脉吻合支开放增多，体表皮肤血流量增加，皮肤温度升高，有利于体热的发散。环境温度低时，动-静脉短路关闭，流至皮肤的血量减少，有利于体热的保存。

三、组织液生成和回流

绝大部分组织液呈胶冻状，存在于组织、细胞的间隙内，不能自由流动，因此，不会因重力作用而流至身体的低垂部分。组织液中有极小一部分呈液态，可自由流动。组织液中各种离子成分与血浆相同。组织液中也存在各种血浆蛋白质，但其浓度则明显低于血浆。

（一）组织液生成和回流

组织液是血浆经毛细血管壁滤过而形成的。液体通过毛细血管壁的滤过和重吸收，由4个因素共同完成，即毛细血管血压、组织液静水压、血浆胶体渗透压和组织液胶体渗透压。它们的作用：毛细血管血压和组织液胶体渗透压是促使液体由毛细血管内向血管外滤过（即生成组织液）的力量，而组织液静水压和血浆胶体渗透压是将液体从血管外重吸收入毛细血管内（即回流组织液）的力量。滤过的力量（毛细血管血压+组织液胶体渗透压）和重吸收的力量（组织液静水压和血浆胶体渗透压）之差，称为有效滤过压。

有效滤过压=滤过的力量-重吸收的力量
       =（毛细血管血压+组织液胶体渗透压）-（组织液静水压+血浆胶体渗透压）

有效滤过压大于零组织液生成，有效滤过压小于零组织液回流（图16-5）。如：毛细血

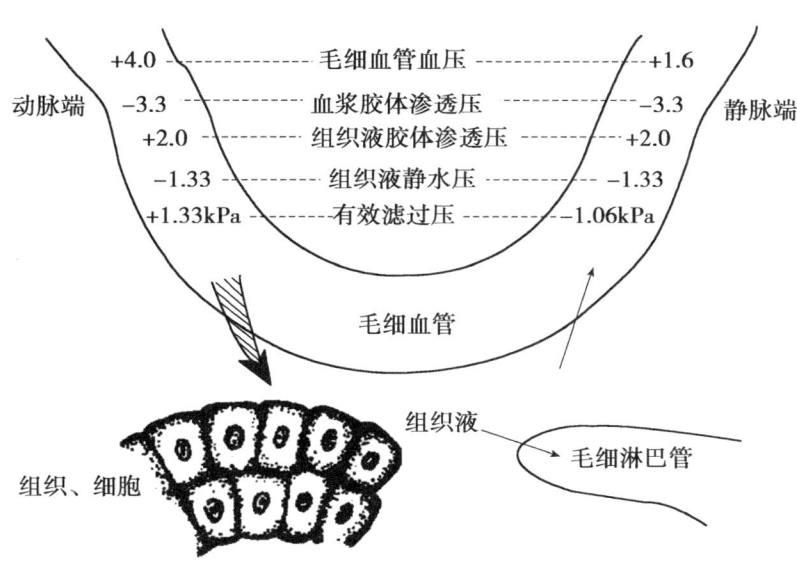

图16-5 组织液生成与回流因素示意图

管动脉端血压为4.0 kPa、毛细血管静脉端血压为1.6 kPa、血浆胶体渗透压为3.3 kPa和组织液胶体渗透压为2.0 kPa。可见在毛细血管动脉端的有效滤过压为1.3 kPa，组织液生成；而在毛细血管静脉端的有效滤过压为-1.06kPa，组织液回流。一般情况下，流经毛细血管的血浆，有0.5%～2%在毛细血管动脉端以滤过方式进入组织间隙，其中的90%左右在静脉端被重吸收回血液，未被重吸收的（包括过滤的蛋白分子）则进入毛细淋巴管，生成淋巴液。

（二）影响组织液生成和回流的因素

在正常情况下，组织液的生成和回流，处于动态平衡状态，故血量和组织液量能维持相对稳定。若这种动态平衡遭到破坏，如发生组织液生成过多或回流减少，组织间隙中就有过多的液体游留，形成组织水肿。一旦与有效滤过压有关的因素发生改变，或毛细血管壁的通透性发生变化，都将影响组织液的生成。

1. **毛细血管血压**　毛细血管血压升高，组织液生成增加；静脉压升高时，也可使组织液生成增多。

2. **血浆胶体渗透压**　当血浆蛋白生成减少（如慢性、消耗性疾病，肝病）或蛋白排出增加（如肾病）均可使血浆胶体渗透压、有效滤过压降低，从而使组织液生成增加，甚至发生水肿。

3. **淋巴回流**　因有少量的组织液是生成淋巴后经淋巴回流的，一旦淋巴回流受阻（丝虫病、肿瘤病等）可导致水肿。

4. **毛细血管通透性**　通透性大时血浆蛋白也可能漏出，使血浆胶体渗透压突然下降，而组织液胶体渗透压升高，有效滤过压上升，组织液生成增多。

复习思考题

1. 心脏泵血功能发生机制？
2. 微循环有哪些路径？每一路径有何特点和作用？
3. 组织液是如何生成和回流的？
4. 发生肝炎或肾炎时为什么出现水肿？

第十七章 呼吸生理

知识目标

1. 掌握胸膜腔负压的形成及生理意义。
2. 掌握肺通气、肺换气和组织换气原理，气体运输过程。
3. 熟悉肺牵张反射过程。
4. 掌握各种体液因素对呼吸运动的调节作用。

有机体在新陈代谢过程中，不断地从外界环境吸入O_2，同时，又不断呼出体内氧化过程中所产生的CO_2，机体与外界环境之间进行的这种气体交换的过程，称为呼吸（respirayion）。

第一节 呼吸的过程

由呼吸系统从外界吸入的O_2，由血液沿心血管系统运送到全身的组织细胞；组织细胞经过氧化产生CO_2，又通过血液经心血管系统运至呼吸系统排出体外，这样才能维持机体正常生命活动的进行。因此，高等动物完整的呼吸过程包括：外呼吸、气体运输和内呼吸三个环节（图17-1）。

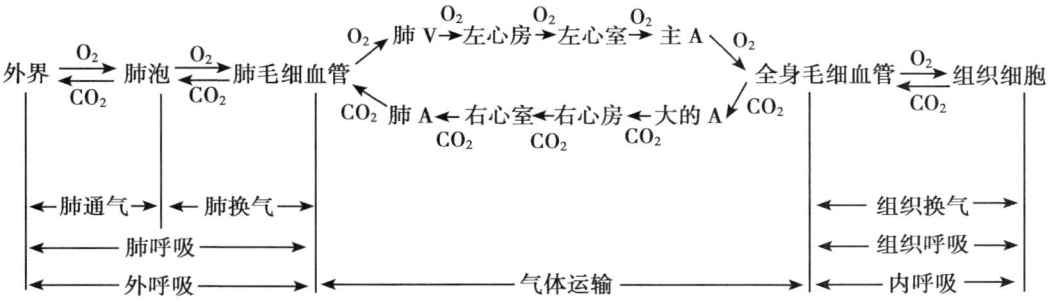

图17-1 呼吸的全过程

大的V包括：前腔V、后腔V和奇V

1. **外呼吸** 外呼吸（external respiration）又称肺呼吸，包括肺通气和肺换气。肺泡气与外界空气之间进行的气体交换过程称为肺通气，肺泡气与肺毛细血管之间进行的气体交换过程称为肺换气。

2. **气体运输** 通过血液循环，将从肺泡摄取的O_2由肺毛细血管运送到全身毛细血管，同时把组织细胞产生的CO_2由全身毛细血管运送到肺毛细血管，这个过程称为气体运输。

3. 内呼吸 内呼吸（internal respiration）又称组织呼吸，指细胞通过组织液与血液之间的气体交换过程，又叫组织换气。

第二节 肺通气

肺通气（pu1monary ventilation）是血液与肺泡之间进行气体交换的前提，大气和肺泡气之间的压力差是肺通气的直接动力，呼吸运动是肺通气的原动力。

一、呼吸运动

在呼吸过程中，呼吸肌收缩、舒张引起胸廓节律性的扩大和缩小，称为呼吸运动。可分为平静呼吸和用力呼吸两种类型。安静状态下的呼吸称为平静（平和）呼吸；用力而加深的呼吸称为用力呼吸。

（一）吸气运动

吸气运动（respiratory movement）是指平静吸气，由吸气肌的收缩而产生。膈肌收缩时，膈肌后移，使胸腔的前后径增大，胸腔容积增大；肋间外肌收缩，牵拉后一肋向前移，向外展，同时胸骨下沉，结果使胸腔的左右径和上下径都增大，胸腔容积增大（图17-2）。由于胸腔扩大，肺也随之被扩张，肺容积增大，肺内压低于大气压，空气即经呼吸道进入肺内，引起吸气动作。吸气是主动的。平静吸气时因膈肌收缩而增加的胸腔容积相当于总通气量的4/5，所以，膈肌的舒缩在肺通气中起重要作用。家畜在紧张、使役或患某些疾病时，可引起用力呼吸，除膈肌和肋间外肌收缩增强外，吸气上锯肌、斜角肌和提肋肌等也发生收缩活动。

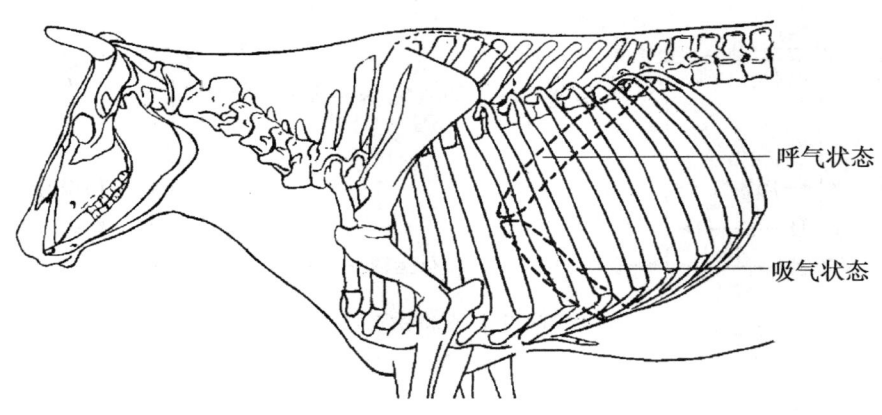

图17-2 膈在呼吸运动中的位置

（二）呼气运动

呼气运动是指平静呼气时，呼气运动不需呼气肌收缩，只要膈肌与肋间外肌舒张，膈肌和肋回位，恢复其吸气开始前的位置，产生呼气，呼气是被动的。在用力呼时，呼气肌才参与收缩，使胸廓进一步缩小。主要的呼气肌是肋间内肌和腹壁肌。肋间内肌收缩时使肋骨后移、内收和胸骨上移，使胸腔缩小，产生呼气。腹肌的收缩，压迫腹腔内器官，推动膈前移，使胸腔容积缩小，协助产生呼气。吸气和呼气都是主动过程。

二、呼吸类型

根据在呼吸过程中，呼吸肌活动的强度和胸腹部起伏变化的程度将呼吸分为3种类型。

（一）胸式呼吸

胸式呼吸（thoracic breathing）主要由肋间肌舒缩为主的呼吸运动，胸部起伏明显，腹部有病或妊娠末期出现胸式呼吸（如瘤胃鼓气，母畜妊娠后期）。

（二）腹式呼吸

腹式呼吸（abdominal breathing）主要由膈肌舒缩为主的呼吸运动，腹壁的起伏明显，胸部有病出现腹式呼吸（如患胸膜炎或肋骨骨折）。

（三）胸腹式呼吸

胸腹式呼吸是肋间外肌和膈肌都参与的呼吸运动，胸腹部都有明显起伏。健康家畜的呼吸多属于这一类型。

三、呼吸频率

动物每分钟的呼吸次数叫做呼吸频率。呼吸频率可因种别、年龄、外界温度、海拔高度、新陈代谢强度以及疾病等的影响而发生变化。如幼小家畜呼吸频率较成年同种家畜为高；高产乳牛呼吸频率高于低产牛；家畜患某些疾病，如肺水肿时，呼吸频率高于健康家畜的4～5倍；各种正常动物的呼吸频率见表17-1。

表17-1　各种正常动物的呼吸频率（次/min）

畜别	牛	水牛	猪	绵羊	山羊	马	骆驼	犬	猫
频率	10～30	9～18	15～24	12～24	10～20	8～16	5～12	10～30	50～60

四、呼吸音

呼吸运动时气体通过呼吸道及出入肺泡时，因摩擦产生的声音叫做呼吸音，在胸廓的表面或颈部气管附近，可以听到下列呼吸音。

（一）肺泡呼吸音

肺泡呼吸音类似"V"的延长音，由于空气进入肺泡，引起肺泡壁紧张所产生的。吸气时在胸廓的表面能够清楚地听到。

（二）支气管呼吸音

支气管呼吸音类似"Ch"的延长音，呼气时在喉和气管处能够清楚地听到。

临床工作中如炎症、肿胀、炎性分泌物渗出或管道狭窄、肺泡破裂等发生时，可以根据呼吸音的异常变化，提供诊断依据。

五、呼吸中肺内压和胸膜腔内压的变化

（一）肺内压

肺内压（intrapu1monary pressure）是指肺泡内的压力。呼吸过程中，肺内压是周期性

变化的，平静吸气之初，肺内压暂时下降，空气顺气压差进入肺泡。肺内压随之逐渐升高，至吸气末，肺内压等于大气压。平静呼气初，肺内压暂时比大气压要高，于是肺内气体顺气压差排出。至呼气末肺内压又下降至等于大气压。这种周期性的变化，造成肺内压与大气压之间的压力差，正是实现肺通气的直接动力。

（二）胸内压

胸内压是指胸膜腔内压，在呼吸运动过程中肺随胸廓的运动而运动。这是因为在肺和胸廓之间存在密闭的潜在胸膜腔和肺本身有可扩张性的缘故。两层胸膜之间仅有少量浆液，浆液一方面起润滑作用，以减小摩擦；另一方面使两层胸膜黏附在一起，不易分开。胸膜腔内的压力为胸膜腔内压，可用连有检压计的针头刺入胸膜腔内直接测定。测定结果表明，无论是吸气还是呼气过程，胸内压始终低于大气压，即为负压。

1. 胸内负压的形成原理　胸膜壁层的表面由于受坚固的胸腔和肌肉的保护，作用于胸壁的大气压影响不到胸膜腔，所以，胸膜内的压力是通过胸膜脏层作用于胸膜腔内。胸膜脏层表面的压力有两个：一是肺内压，使肺泡扩张；二是肺的回缩力，使肺泡缩小，其作用方向与肺内压相反。因此，胸膜腔内的压力实际上是这两种方向相反的力的代数和：

$$胸膜腔内压 = 肺内压 - 肺回缩力$$

2. 胸内压负压的生理意义

（1）使肺处于持续扩张状态，不致因回缩力而使肺完全塌陷，从而能保证持续性的气体交换。

（2）使胸腔内大的腔静脉血管、淋巴管处于持续扩张状态，可降低中心静脉压，有助于静脉血和淋巴的回流。尤其是在做深吸气时，胸内压更低，进一步吸收血液回心。

（3）使胸部食管处于持续扩张状态，有利于反刍动物反刍时的逆呕，也有利于呕吐反射。

如果胸膜腔破裂（如当肋间破裂），与大气相通，空气将立即进入胸膜腔，形成气胸，胸内负压消失，两层胸膜彼此分开，肺将因其本身的回缩力而塌陷，呼吸功能被破坏。这时，尽管呼吸运动仍在进行，肺却减小或失去了随胸廓运动而运动的能力，其程度视气胸的程度和类型而异。显然，气胸时，肺的通气功能受到妨害，胸腔大静脉和淋巴回流也将受阻，甚至因呼吸、循环功能严重障碍而危及生命。

第三节　气体交换

气体的交换包括肺换气和组织换气，气体分压差是交换的动力。

一、气体交换的原理

各种气体都有弥散性，从分压高处向分压低处产生净移动，称为气体扩散，是气体交换的原理。混合气体中，每种气体分子运动所产生的压力为该气体的分压。等于气体分压（P）等于混合气的总压力乘以该气体在总混合气体中所占的容积百分比。肺泡气、血液和组织细胞内氧的分压（P_{O_2}）和二氧化碳的分压（P_{CO_2}）各不相同（见表17-2），彼此间存在分压差，是驱使气体交换的动力。

表17-2　肺泡气、组织细胞和血液中的P_{O_2}和P_{CO_2}

分压	肺泡气（kPa）	静脉血（kPa）	动脉血（kPa）	组织液（kPa）
氧气分压（P_{O_2}）	13.6	5.33	13.3	3.99
二氧化碳分压（P_{CO_2}）	5.33	6.13	5.33	6.66

二、肺换气

肺交换是肺泡与肺毛细血管之间的气体交换，是通过呼吸膜完成的。

（一）呼吸膜

肺泡与肺毛细血管之间进行气体交换所通过的组织结构，称为呼吸膜。在电子显微镜下，呼吸膜有6层结构组成（图17-3）：肺泡表面活性物质、液体分子层、肺泡上皮细胞及其基膜、肺泡上皮和肺毛细血管之间的间隙、毛细血管基膜和毛细血管内皮。6层结构的总厚度仅为0.2~1μm，通透性大，O_2和CO_2分子极易扩散通过。肺泡上皮内表面分布有极薄的液体分子层，它与肺泡气体形成气-液界面，产生表面张力，因而使肺泡趋向回缩，防止肺泡过度膨胀。肺泡表面活性物质（二棕榈酰卵磷脂）是肺泡壁Ⅱ型细胞能合成并分泌的，它具有减弱肺泡表面张力的作用。

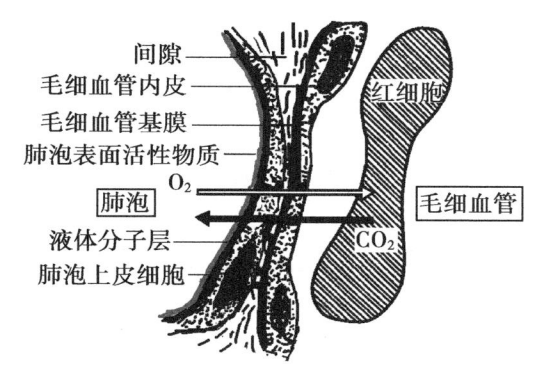

图17-3　呼吸膜结构

（二）肺换气过程

肺泡内的P_{O_2}高于肺泡毛细血管血液（含混合静脉血）的P_{O_2}，而肺泡内P_{CO_2}则低于含混合静脉血的P_{CO_2}。因此，O_2由肺泡内扩散到肺泡毛细血管，CO_2则由肺泡毛细血管向肺泡内扩散，从而使流经肺泡毛细血管的静脉血变为动脉血（图17-4）。

（三）影响肺换气因素

1. 呼吸膜的厚度　呼吸膜的厚度不仅影响气体扩散的距离，也影响膜的通透性。气体扩散速率与呼吸膜

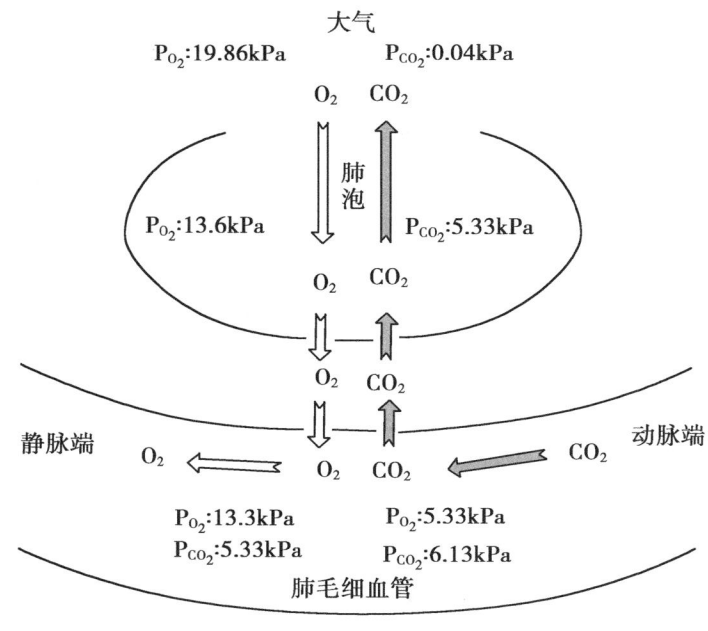

图17-4　肺换气示意图

的厚度成反比，呼吸膜愈厚，扩散速率就愈慢。在病理情况下，如肺纤维化、肺水肿等，使呼吸膜增厚，导致气体扩散减少，直接影响换气功能。

2. **呼吸膜的面积** 呼吸膜的面积越大，扩散的气体量就越多。病理情况下，如肺不张、肺水肿、肺毛细血管闭塞等，呼吸膜的面积大为缩小，气体扩散速率也随之降低。

3. **肺血流量** 体内O_2和CO_2靠血液循环运输，所以单位时间肺血流量增多，会影响呼吸膜两侧的P_{O_2}和P_{CO_2}，从而影响肺换气。

三、组织换气

组织换气也是通过呼吸膜完成的。

（一）呼吸膜

呼吸膜由四层结构组成：组织细胞膜、组织液、毛细血管的基膜和毛细血管内皮细胞。呼吸膜通透性大，O_2和CO_2分子极易扩散通过。

（二）组织换气过程

组织在代谢中不断消耗O_2，并源源不断产生CO_2，使组织中的P_{O_2}低于动脉血中P_{O_2}，而P_{CO_2}则高于动脉血中P_{CO_2}。于是，CO_2由组织细胞进入组织液，通过组织液扩散到组织毛细血管，O_2则由组织毛细血管扩散到组织液，然后进入组织细胞。结果，流经组织的动脉血因失去O_2和得到CO_2又变成了静脉血（图17-5）。

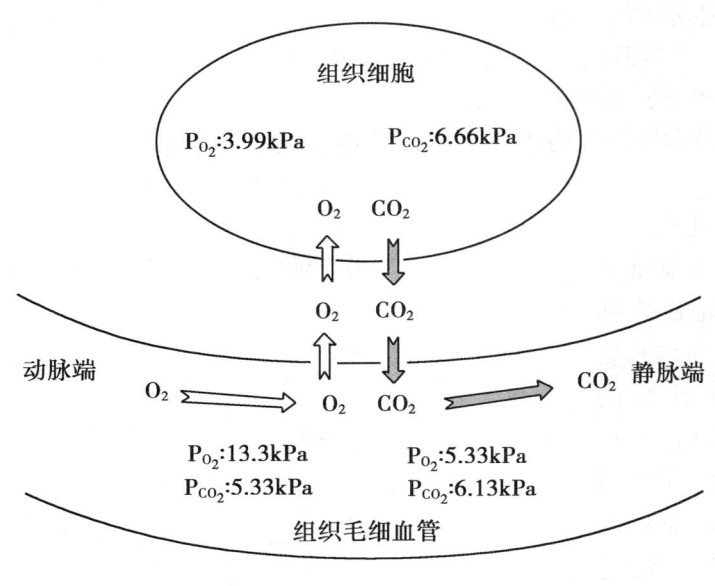

图17-5　组织换气示意图

（三）影响组织交换的因素

1. **呼吸膜的厚度** 正常情况下，组织换气呼吸膜很薄，具有很强的通透性，在病理情况下，如组织水肿，使呼吸膜增厚，通透性降低，组织换气导致减少。

2. **组织细胞代谢水平和组织血流量** 当血流量不变时，代谢增强，耗氧量大，组织液中的P_{CO_2}上升，P_{O_2}下降。如果代谢强度不变，血流量加大时，则P_{O_2}升高，P_{CO_2}降低。这些气体分压的变化将直接影响气体扩散速率和组织换气功能。当全身血液循环障碍，如心力衰竭、局部贫血和淤血等病理情况下，组织换气受影响，严重引起局部缺氧。

第四节　气体运输

血液运输气体有两种方式：一种是以物理溶解方式；另一种是以化学结合方式。

一、O_2的运输

（一）物理溶解形式的运输

O_2通过肺换气扩散到肺毛细血管，溶解在血浆中运输，约占血液中O_2总量的1.5%。

（二）化学结合形式的运输

O_2以氧合血红蛋白（HbO_2）的形式存在于红细胞内运输，约占血液中O_2总量的98.5%。

红细胞中的血红蛋白（Hb）是一个结合蛋白，由1个珠蛋白和4个亚铁血红素组成。Hb与O_2结合的特点是结合快、可逆，解离也快。当肺交换气体后，血液中P_{O_2}升高，Hb与O_2结合，生成氧合血红蛋白（HbO_2）；HbO_2由肺毛细血管经血液运输到全身毛细血管时，由于组织代谢耗氧，组织内P_{O_2}低，于是，HbO_2便解离为脱氧（还原）血红蛋白（HHb），释放出的O_2供组织代谢需要（图17-6）。这一过程可用下式表示：

$$HB+O_2 \underset{P_{O_2}\text{低时（组织）}}{\overset{P_{O_2}\text{高时（肺）}}{\rightleftharpoons}} HBO_2$$

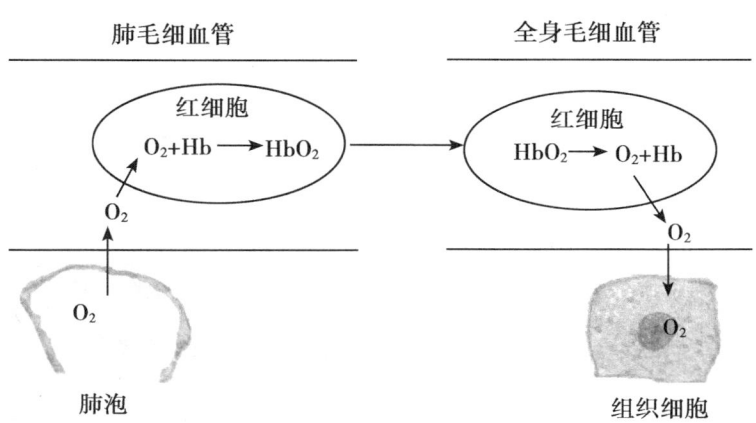

图17-6　氧以血红蛋白形式运输示意图

HbO_2呈鲜红色，多含于动脉血中；HHb呈暗红色，静脉血中含量大。因此，动脉血较静脉血鲜红。当皮肤或黏膜表层毛细血管中HHb含量增加到较高水平时，皮肤或黏膜会出现青紫色，称为紫绀。是缺氧的表现。另外，一氧化碳（CO）也能与Hb结合成HbCO，使Hb失去运输O_2的能力，而且CO的结合力比O_2大210倍。但由于HbCO呈樱桃红色，动物虽缺氧却不出现紫绀。

二、CO_2的运输

（一）物理溶解形式的运输

CO_2通过组织换气扩散到全身毛细血管，溶解在血浆中运输，约占血液中CO_2总量的5%。

（二）化学结合形式的运输

CO_2通过组织换气扩散到全身毛细血管，溶解在血浆中，绝大部分扩散进入红细胞内，以氨基甲酸血红蛋白形式（Hb-NHCOOH）和碳酸氢盐形式运输，约占血液中CO_2总量的95%。

1. 氨基甲酸血红蛋白形式运输 约占血液中CO_2总量的7%。一部分进入红细胞的CO_2，与Hb的氨基（—NH_2）相结合，形成Hb-$NHCOOH_2$这一反应迅速、可逆，无需酶参与，主要调节因素是氧合作用。

HHb结合CO_2的能力大于HbO_2。由于在全身毛细血管血红蛋白释放O_2，HHb生成多，结合CO_2的量增加，促使生成更多的Hb-NHCOOH；Hb-NHCOOH由全身毛细血管运输到肺毛细血管，在肺毛细血管，Hb与O_2结合生成HbO_2，因而可促使Hb-NHCOOH解离HHb，释放出CO_2，CO_2通过肺换气进入肺泡而排出体外（图17-7）。这一过程可用下式表示：

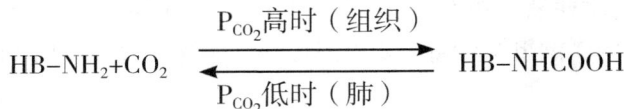

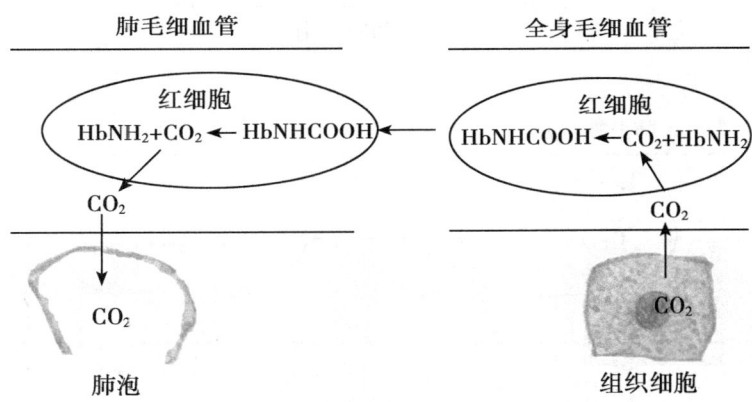

图17-7 二氧化碳以氨基甲酸血红蛋白形式运输示意图

这种形式运输CO_2的效率很高，虽然以Hb-NHCOOH形式运输的CO_2仅占总运输量的7%左右，但在肺部排出的CO_2总量中，却有17.5%左右由Hb-NHCOOH所释放。

2. 碳酸氢盐形式运输 以碳酸氢钾和碳酸氢钠的形式运输，约占血液中CO_2总量的88%。

大部分进入红细胞内的CO_2，在碳酸酐酶（CA）的催化下，很快与水反应生成碳酸，碳酸进一步解离生成碳酸氢根和氢离子。

$$CO_2 + H_2O \xrightarrow{\text{碳酸酐酶}} H_2CO_3 \longrightarrow H^+ + HCO_3^-$$

生成的HCO_3^-量超过血浆中的HCO_3^-含量时，可透过红细胞膜顺浓度差扩散入血浆。这时有等量的Cl^-由血浆扩散进入红细胞，以维持细胞内外正、负离子平衡，这一现象称为氯转移。这样，HCO_3^-不会在红细胞内积聚，使反应不断往右方进行，有利于组织产生的CO_2不断进入血液。所生成的HCO_3^-，在红细胞内与K^+结合，在血浆内则与Na^+结合，分别以$KHCO_3$和$NaHCO_3$形式存在。所生成的H^+大部分与Hb^-结合成为HHb。

在红细胞中：$HCO_3^- + K^+ \longrightarrow KHCO_3$，$H^+ + Hb^- \longrightarrow HHb$

在血浆中：$HCO_3^- + Na^+ \longrightarrow NaHCO_3$

血浆中的$NaHCO_3/H_2CO_3$，红细胞中的HHb/KHb是重要的缓冲对，因此，Hb^-和HCO_3^-在运输CO_2过程中，对机体的酸碱平衡起重要的缓冲作用。

$KHCO_3$和$NaHCO_3$由全身毛细血管运输到肺毛细血管，由于肺换气，肺毛细血管中的CO_2扩散到肺泡，肺毛细血管中PCO_2降低，上述反应向左方进行，血浆中溶解的CO_2首先扩散入肺泡。而红细胞内，在碳酸酐酶作用下，CO_2的水化反应逆向左方进行，生成CO_2和水。CO_2则由红细胞透出，补充血浆中溶解的CO_2。

在红细胞中：$KHCO_3 \longrightarrow HCO_3^- + K^+$，$HHb \longrightarrow H^+ + Hb^-$

$H^+ + HCO_3^- \xrightarrow{碳酸酐酶} H_2CO_3 \longrightarrow CO_2 + H_2O$

红细胞内H_2CO_3逐渐减少，促使血浆中$NaHCO_3$分解生成的HCO_3^-不断扩散进入红细胞，以补充消耗的HCO_3^-，同时发生反向的氯转移，维持红细胞内外正、负离子平衡。

在血浆中：$NaHCO_3 \longrightarrow HCO_3^- + Na^+$

这样，通过HCO_3^-形式运输的CO_2，不断由血液进入肺泡排出体外（图17-8）。

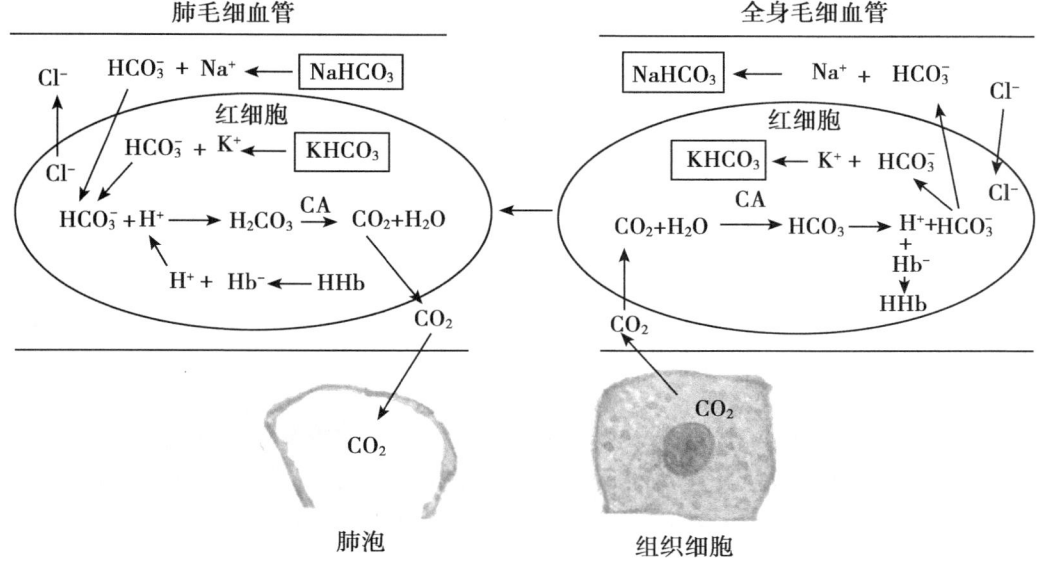

图17-8 二氧化碳以碳酸氢盐形式运输示意图

第五节 呼吸运动的调节

一、神经调节

（一）呼吸中枢

中枢神经系统内产生和调节呼吸运动的神经细胞群，称为呼吸中枢（respiratory center）。它们分布在大脑皮层、间脑、脑桥、延髓和脊髓等部位。

1. **脊髓** 在颈、胸段脊髓含有支配膈肌、肋间肌和腹壁等呼吸肌的运动神经元，是联系上位呼吸中枢和呼吸肌的中继站和整合某些呼吸反映的初级中枢。

2. **延髓** 有呼吸运动的基本中枢。分为吸气中枢和呼气中枢，吸气中枢兴奋时，呼气中枢抑制，引起吸气运动；呼气中枢兴奋时，吸气中枢抑制，引起呼气。

3. **脑桥** 有呼吸调整中枢，对维持呼吸运动的节律性和呼吸深度有一定意义。

4. **大脑皮质** 有呼吸高级中枢，可以随意控制呼吸。

（二）呼吸的反射性调节

呼吸节律虽然产生于中枢神经系统，然而呼吸活动可受机体内、外环境各种刺激的影响使呼吸发生反射性的改变，其中，最重要的是肺牵张反射。

肺牵张反射：由肺扩张或肺缩小引起的吸气抑制或兴奋的反射称为肺牵张反射。它包括肺扩张反射和肺缩小反射。

1. **肺扩张反射** 是肺扩张时引起抑制吸气的反射。感受器位于从气管到细支气管的平滑肌中。当肺扩张时，感受器兴奋，冲动经迷走神经传入延髓。通过一定的神经联系使呼气中枢兴奋，吸气中枢抑制，使肋间神经和膈神经抑制，引起肋间肌和膈肌舒张而引起呼气。肺扩张反射可加速吸气和呼气的交替，使呼吸频率增加。当切断迷走神经后，吸气延长、加深，呼吸变得深而慢。

2. **肺缩小反射** 是肺缩小时引起吸气的反射，感受器位于细支气管和肺泡内，阈值高，肺缩程度较大时才引起这一反射的出现。冲动沿迷走神经传入，兴奋吸气神经元。肺缩小反射在平静呼吸调节中意义不大，但对阻止呼气过深和肺不张等可能起一定作用。

二、化学因素对呼吸的调节

血液中化学成分的改变，特别是O_2、CO_2和H^+水平的变化，可刺激化学感受器，引起呼吸中枢活动的改变，从而调节呼吸的频率和深度，增加肺的通气量，维持着内环境这些因素的相对稳定。

（一）化学感受器

能感受血液中化学物质的感受器。分为外周化学感受器和中枢化学感受器。

1. **外周化学感受器** 外周化学感受器（peripheral chemoreceptor）位于颈动脉体和主动脉体，是调节呼吸和循环的重要外周化学感受器。颈动脉体主要调节呼吸，而主动脉体主要调节循环。

2. **中枢化学感受器** 中枢化学感受器（central chemoreceptor）位于延髓腹外侧浅表部位，左右对称。

（二）CO_2增多、H^+浓度升高和缺O_2对呼吸的影响

1. CO_2增多对呼吸的调节　当吸入CO_2浓度适度增加时，使血液中CO_2浓度的增加，呼吸加深加快，促进CO_2排出。当吸入的CO_2过量，导致血液浓度剧升，CO_2蓄积，则使呼吸中枢受到抑制，出现呼吸困难、昏迷等中枢征候。

CO_2刺激呼吸是通过两条途径实现的：一是通过刺激中枢化学感受器而兴奋呼吸中枢：CO_2能通过血脑屏障，进入脑脊液，在碳酸酐酶作用下 $CO_2+H_2O \rightarrow H_2CO_3 \rightarrow HCO_3^- + H^+$，$H^+$刺激中枢的化学感受器，呼吸中枢兴奋，呼吸加深加快；二是刺激外周化学感受器：CO_2刺激颈动脉体和主动脉体的化学感受器，冲动沿窦神经和迷走神经传入延髓呼吸有关核团，反射性地使呼吸加深、加快，增加肺通气。在两条途径中前者是主要的。

2. H^+浓度升高对呼吸的影响　H^+对呼吸的调节也是通过外周化学感受器和中枢化学感受器来实现的。动脉血中H^+浓度降低，呼吸受到抑制；H^+浓度增加，呼吸加深加快。中枢化学感受对H^+的敏感性较外周的高，约为外周的25倍。但H^+不易透过血脑屏障，不易进入脑脊液，在血液中，$HCO_3^- + H^+ \rightarrow H_2CO_3 \rightarrow CO_2 + H_2O$，$CO_2$进入脑脊液，在碳酸酐酶作用下$CO_2+H_2O \rightarrow H_2CO_3 \rightarrow HCO_3^- + H^+$，$H^+$刺激中枢的化学感受器，呼吸中枢兴奋，呼吸加深加快。限制了它对中枢化学感受器的作用。所以，H^+对呼吸的调节作用主要是通过外周化学感受器，特别是颈动脉体而发挥作用。

3. 缺O_2对呼吸的影响　吸入O_2降低时，在一定范围下降，可通过刺激外周化学感受器引起中枢兴奋，反射性地使呼吸加深、加快，肺通气增加。缺O_2对延髓呼吸中枢具有直接抑制反应。当严重缺O_2时，外周化学感受器的兴奋呼吸作用不足以克服低O_2对中枢的抑制效应，将导致呼吸障碍，甚至呼吸停止。在低氧时如吸入纯氧，由于解除了对外周化学感受器的低氧刺激，会引起呼吸暂停。临床上给氧治疗时应予以注意。

复习思考题

1. 胸膜腔内压负是如何形成的？胸膜腔压负有何生理意义？
2. 机体是如何进行肺换气将静脉血变成动脉血和如何进行组织换气将动脉血变成静脉血？
3. 叙述O_2和CO_2运输过程。
4. 叙述肺牵张反射过程。当血液中CO_2增多、H^+浓度升高和O_2不足时，对呼吸是如何进行调节的？

第十八章　消化和吸收

知识目标
1. 了解机械性消化。
2. 掌握化学性消化过程。
3. 掌握微生物性消化过程。
4. 熟悉各种营养物质吸收。

第一节　概　述

一、消化和吸收的概念

食物在消化管内由大分子的物质被分解成小分子可吸收状态的过程，称为消化（digestion）。被消化的产物、水分、无机盐和维生素透过消化管上皮进入血液和淋巴液的过程，称为吸收（absorption）。消化道吸收的营养物质被运输到机体各部位，供机体代谢利用。

二、消化方式

动物的消化方式有3种，分别为机械性消化、化学性消化和微生物消化。

（一）机械性消化

机械性消化是通过咀嚼、吞咽、反刍和胃肠的运动将饲料磨碎、与消化液充分混合、促进内容物的后移和营养物质的吸收，最后将残渣排出体外的过程。

消化管的运动是管壁肌肉来完成的。而胃肠的肌肉全部为平滑肌，具有兴奋性低、收缩缓慢、伸展性大、不易疲劳、有自动节律性等特性。这些特性保证了消化道可容纳比本身体积大好几倍的食物，并经常保持一定的压力，使内容物缓慢后移。

（二）化学性消化

食物在消化管内，在消化液的作用下，由大分子物质分解成小分子可吸收状态的过程，称为化学性消化。消化液有：口腔中唾液腺分泌唾液；胃中胃腺分泌胃液；小肠中胰外分泌部分泌胰液、肝分泌的胆汁和小肠腺分泌小肠液；大肠中有大肠腺分泌大肠液。

（三）微生物消化

微生物消化又称生物性消化，食物在反刍动物的前胃和大肠内，在微生物的作用下，由大分子物质分解成小分子物质的过程。这种消化方式是草食动物最主要的消化方式，反刍动物饲料中有70%~85%的干物质和约50%的粗纤维需要经过瘤胃微生物消化，瘤胃是微生物消化的主要部位。

第二节 口腔、咽和食管消化

一、机械性消化

口腔、咽和食管的机械性消化包括采食、咀嚼和吞咽。

（一）采食

各种动物食性不同，采食方式也不同，牛主要依靠长而灵活的舌伸到口外，将饲草卷入口内，牛放牧只能吃长的牧草；猪靠吻突掘取草根，靠齿、舌和头部的特殊运动采食；羊靠舌和切齿采食，能啃咬短的牧草。

（二）咀嚼

咀嚼（masticayion，chawing）是在齿、舌、颊、唇和各相关肌肉协同作用所引起的。咀嚼的作用：①粉碎饲料，破坏细胞的纤维膜，增大饲料与消化液的接触面积，有利于化学性消化。②使粉碎后的饲料与唾液混合，形成食团便于吞咽。③咀嚼能反射地引起消化腺的分泌和消化管的运动。

（三）吞咽

吞咽（swallowing）将食团从口腔送入胃的动作称为吞咽。是一种复杂的反射性动作，吞咽过程可分为3期。将食团由口腔送达咽部、由咽推进到食道前段和由食管前段到胃的口腔期、咽期和食管期。

1. **口腔期** 食物由口腔到咽。

食团聚积在舌的背侧，由于舌和颊的运动，使舌紧贴硬腭，压迫食团向后移送到咽部。

2. **咽期** 食物由咽到食管前段。

食团在咽部刺激咽部的感受器，通过传入神经（5、9、10对脑神经）传导吞咽中枢（延髓），通过传出神经（5、9、12对脑神经）到达效应器，结果使软腭上提，会厌软骨翻转，呼吸停止，咽肌收缩把食团送入食管。

3. **食管期** 食物由食管前段到胃。

食团在咽部刺激咽部的感受器，通过传入神经（5、9、10对脑神经）传导吞咽中枢（延髓），通过传出神经（迷走神经）到达效应器，结果使食管蠕动，食团进入胃。

食团在食管前部刺激食管壁的感受器，通过传入神经（迷走神经）传导吞咽中枢（延髓），通过传出神经（迷走神经）到达效应器，结果使食管蠕动，食团进入胃。

前者是原发性蠕动，后者是继发性蠕动。

二、化学性消化

化学性消化是唾液腺分泌的唾液的作用。

（一）唾液的性状

唾液为无色透明的黏性液体，呈弱碱性，反刍动物pH值为8.1，猪pH值为7.32，马pH值为7.56。

（二）唾液的成分

唾液由水分（占99%）及少量无机物和有机物组成。有机物主要有黏蛋白、唾液淀粉酶（猪）和溶菌酶。无机物有钾、钠、钙、镁的氯化物、磷酸盐和碳酸氢盐。

（三）唾液的生理功能

（1）唾液中水分能湿润和软化饲料，有利于咀嚼。

（2）唾液中水分可以清洗口腔中的细菌和食物残渣，对口腔起清洁保护作用。

（3）唾液中水分可以溶解饲料中可溶性物质，刺激舌的味觉感受器，引起食欲，促进各种消化腺分泌。

（4）唾液中黏蛋白使咀嚼后的食物形成食团，有利于吞咽。

（5）唾液中溶菌酶具有杀菌作用（如犬有舔舐伤口习惯）。

（6）唾液呈碱性，可中和瘤胃中的有机酸，有利于微生物的发酵。

（7）唾液淀粉酶：

$$淀粉 \xrightarrow{唾液淀粉酶} 糊精、麦芽糖$$

（8）水牛和犬等汗腺不发达的动物炎热夏天可分泌大量稀薄的唾液有利于散热。

第三节　胃的消化

一、单室胃的消化

（一）机械性消化

机械性消化靠胃运动来完成。运动形式有：容受性舒张、紧张性收缩和蠕动。

1. 容受性舒张　当咀嚼和吞咽时，食物刺激咽、食道等处感受器，反射性地通过迷走神经，引起胃底和胃体的前部肌肉舒张，使容量扩大，胃壁肌肉的这种活动称为容受性舒张（receptive relaxation）。作用是容纳大量食物。

2. 紧张性收缩　胃壁平滑肌经常保持一定程度的缓慢而持续的收缩状态，称之为紧张性收缩。作用是提高胃内压，促进胃液渗入食糜，有利于化学性消化。

3. 蠕动　胃内充满食物时，通常出现一种微弱的蠕动收缩波，称为混合波。这种波起始于胃壁中部，有节律地向幽门方向推进。在推进过程中，变得越来越强，进而引发强有力的蠕动，并形成驱动收缩环。作用使胃液与食物充分混合，磨碎食物，将食糜推进十二指肠。胃内食糜分批进入十二指肠的过程称胃的排空（emptying of stomach）。

（二）化学性消化

化学性消化是胃腺分泌的胃液的作用。

1. 胃液的性状　胃液为无色透明的带有黏丝性的液体，呈酸性，pH值为0.9~1.5（可造成胃溃疡，甚至胃穿孔）。

2. 胃液的成分　胃液成分由水分、无机物和有机物组成。有机物主要有黏蛋白、胃蛋白酶原、胃凝乳酶原（幼龄动物）和内因子。无机物有盐酸和钾、钠的氯化物。

3. 胃液的作用

（1）黏蛋白：保护胃黏膜的作用，防止免受机械性损伤和盐酸及胃蛋白酶的腐蚀。

（2）胃蛋白酶原：胃蛋白酶原在盐酸的作用下激活。

$$蛋白质 \xrightarrow{胃蛋白酶} 蛋白胨、蛋白䏡$$

（3）胃凝乳酶原：凝乳酶原在盐酸作用下激活，胃凝乳酶使乳汁中可溶性的酪蛋白原变成酪蛋白，酪蛋白与Ca^{2+}结合成酪蛋白钙，使乳汁凝固，延长乳汁在胃内的停留时间，有利于蛋白质的消化。即：

$$酪蛋白原 \xrightarrow{胃凝乳酶} 酪蛋白 + Ca^{2+} \longrightarrow 酪蛋白钙$$

（4）内因子：能与食物中维生素B_{12}结合成复合物，通过回肠黏膜受体将维生素B_{12}吸收。

（5）盐酸：一部分与黏液中的有机物结合称为结合酸，大部分未被结合的部分，称为游离酸。盐酸的作用有：

①激活胃蛋白酶原。

②为胃蛋白酶提供适宜的酸性环境，pH值为2的强酸条件下胃蛋白酶活性最强。

③使蛋白质膨胀变性，有利于蛋白质的消化。

④有一定的杀菌作用，因为盐酸具有腐蚀性。

⑤进入小肠后促进胰液、胆汁的分泌和胆囊的收缩。

⑥促进铁、钙的吸收。Fe^{3+}不好吸收，在盐酸作用下变成Fe^{2+}，Fe^{2+}好吸收；沉淀盐不吸收，沉淀盐在盐酸作用下变成可溶性盐才能吸收。

二、多室胃的消化

多室胃的消化是反刍动物重要生理特点，皱胃的消化同单室胃，主要讲述前胃的消化。

（一）机械性消化

前胃的机械性消化包括前胃运动和反刍。

1. **前胃运动** 前胃在运动上相互配合，相互制约（如前胃运动缓慢，可造成瘤胃鼓气、瘤胃积食）。前胃运动起始于网胃的双相收缩，在内容物的刺激下，网胃发生两次不同类型的收缩，第1次先收缩一半就舒张，接着进行第2次完全收缩，随着网胃的收缩，一部分食糜分别进入瘤胃前庭和瓣胃，由此引发瘤胃和瓣胃收缩。第2次强有力收缩，如牛采食铁钉等坚硬的异物，可造成创伤性网胃炎，严重时造成创伤性网胃心包炎。

瘤胃运动有两种收缩形式。一种是在网胃第1次收缩以后即开始，一直持续到网胃第2次收缩之后的运动，这是一种与网胃收缩直接有关的联合收缩，这种收缩波称为A波。A波从瘤胃前庭开始，向上并沿背囊向后向下转至腹囊，而后再经腹囊向前并向上回到前庭，食物随运动方向移动并混合。此时，网胃又舒张，一部分经过瘤胃消化的内容物进入网胃，再次刺激网胃壁引起又一轮收缩。另一种收缩波称B波，它的产生与网胃收缩无直接关系，而是瘤胃运动的附加波，其作用与嗳气密切相关。B波的运动方向与A波相反，开始于后腹盲囊，向上经后背盲囊，前背盲囊，最后到达主腹囊。

瓣胃运动也起始于网胃收缩。瓣胃的运动比较缓慢，但强有力。

2. 反刍 反刍动物采食时不经充分咀嚼就吞咽进入瘤胃，经过瘤胃液浸泡和软化一段时间后，食物经逆呕重新返回口腔，经过再咀嚼，再次混入唾液并再吞咽进入瘤胃，这一过程称为反刍（rumination）。反刍可分为4个阶段，即逆呕、再咀嚼、再混唾液和再吞咽（反刍是健康标志，反刍减少，甚至停止都是发病症状）。

反刍动物一般饲喂后0.5~1h出现反刍，每一个反刍周期大约持续40~50min，休息一段时间后再开始第2期反刍，如此周期性进行。一昼夜约进行6~8个反刍周期。

（二）微生物消化

微生物消化是草食动物最主要的消化方式，反刍动物饲料中有70%~85%的干物质和约50%的粗纤维需要经过瘤胃微生物分解。

1. 瘤胃内环境 瘤胃适合微生物的生存和繁殖。瘤胃中有充足的营养和水分；渗透压维持于接近血浆渗透压；pH值适中，一般变动在5.5~7.5之间；温度适宜，大约维持在39~41℃左右；高度的厌氧环境。为微生物提供了适宜的营养条件和环境条件。

2. 瘤胃内微生物 瘤胃微生物种类繁多，主要包括细菌、原虫和真菌。细菌是瘤胃微生物中最为重要的部分，不仅数量大，种类也多。原虫主要是纤毛虫和鞭毛虫，后者数量较少。1ml瘤胃内容物纤毛虫数量可达10^6个，细菌为10^{10}个。

3. 瘤胃中营养物质的消化和代谢

（1）糖类的消化和代谢：反刍动物饲料中的糖包括：纤维素、半纤维素、淀粉、果胶和可溶性糖等。尽管它们在瘤胃中的分解过程并不相同，但都可被大量降解，并进一步发酵产生挥发性脂肪酸（VFA）、CO_2、CH_4等代谢终产物。它们的消化、代谢过程可归纳为图18-1。发酵速度可溶性糖最快，淀粉次之，纤维素和半纤维素最慢。

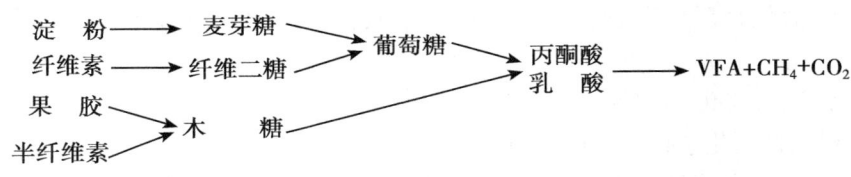

图18-1 瘤胃糖代谢

瘤胃中糖发酵的终产物中，VFA主要是乙酸（C_2）、丙酸（C_3）和丁酸（C_4），其比例大体为70：20：10。但随饲料种类而发生显著变化。瘤胃VFA是反刍动物最主要的能量来源，牛瘤胃一昼夜所产生的VFA可占机体所需能量的60%~70%。

VFA约有88%通过盐类形式吸收。正常情况下，乙酸、丁酸通过三羧酸循环而代谢，彻底氧化供给机体能量，不增加糖原的储备。在泌乳期乙酸、丁酸是合成乳脂肪的原料。丙酸在血液中合成葡萄糖，占血糖的50%~60%。

瘤胃微生物在发酵糖类的同时，瘤胃微生物吸收糖发酵产生的单糖和双糖合成自身的多糖，并储存体内。待微生物随食物进入皱胃时，被盐酸杀死释放出多糖，多糖随食糜进入小肠后，经化学性消化分解为单糖，被小肠吸收，成为反刍动物机体葡萄糖来源之一。泌乳的牛吸收的葡萄糖约60%用于合成牛乳。

（2）蛋白质的消化和代谢：分为蛋白质的降解和氨的形成、微生物蛋白的合成、尿素再循环3个过程。

蛋白质降解和氨的形成：进入瘤胃的饲料中50%~70%蛋白质，被微生物分解为氨。

$$酪蛋白 \xrightarrow{胃凝乳酶} 氨基酸 \xrightarrow{脱氨基酶} NH_3 + CO_2 + 有机酸$$

饲料中的一些非蛋白氮物如铵盐、尿素以及酰胺等，被微生物分解后也产生氨。

微生物蛋白的合成：瘤胃微生物直接利用氨基酸合成自身的蛋白质，或利用氨合成氨基酸再合成蛋白质，并储存体内。待微生物随食物进入皱胃时，被盐酸杀死释放出蛋白质，经化学性消化分解为氨基酸，被小肠吸收。微生物利用氨合成氨基酸还需要一定数量的碳链和能量，糖、VFA和CO_2是蛋白质合成的主要碳链来源。

尿素再循环：瘤胃中的氨，除了被微生物用来合成蛋白以外，还有相当一部分经瘤胃壁和后段胃肠道吸收。被吸收的氨经门静脉进入肝脏，通过鸟氨酸循环转变成尿素。肝脏内形成的尿素，一部分经唾液重新进入瘤胃，一部分则经瘤胃壁扩散进入瘤胃，其余则经尿排出。进入瘤胃的尿素，经微生物脲酶作用，被降解成氨，再次被微生物利用，这一过程称为尿素再循环。因此，在低蛋白质日粮条件下，反刍动物可通过尿素再循环作用节约氮的消耗，维持瘤胃内适宜的氮浓度，以利于微生物蛋白的合成。

在畜牧业生产中，可利用尿素来代替日粮种约30%的蛋白质。但因其在脲酶的作用下，尿素产生氨的速度约为微生物利用氨的速度的4倍，故必须通过抑制脲酶活性，制成胶凝淀粉尿素或尿素衍生物使其释放氨的速度延缓，并在日粮中供给易消化糖类，使微生物合成蛋白质时能获得充分能量，才能提高它的利用率和安全性。

（3）脂类的消化和代谢：饲料中的甘油三酯和磷脂被瘤胃微生物水解，生成甘油和脂肪酸，其中，甘油多半转变成丙酸，而脂肪酸的最大变化是在不饱和脂肪酸在微生物作用下加水氢化转变成饱和脂肪酸。丙酸和饱和脂肪酸是体脂和乳脂的主要原料。

（4）维生素的合成：瘤胃微生物能合成多种维生素，主要包括：B族的硫胺素、核黄素、尼克酸、泛酸、吡哆酸，生物素以及维生素K。所以一般情况下，即使日粮中缺乏这些维生素，也不影响反刍动物的健康。然而瘤胃微生物不能合成维生素A、维生素D、维生素E，故必须由日粮补充。

（5）嗳气：喂后牛瘤胃产气量可达25~35L/h，瘤胃中最主要的气体是CO_2和CH_4，分别约占总量的70%和30%。此外，还有微量N_2、O_2、H_2S等。主要通过嗳气排出。

嗳气（eructation）是反刍动物特有的生理现象。指瘤胃微生物发酵产生的气体刺激瘤胃机械感受器，反射性经食管、口腔向外排出的过程。17~20次/h，如嗳气停止，则会引起瘤胃臌气。

第四节 小肠的消化

一、机械性消化

小肠的机械性消化靠小肠运动来完成的。小肠的运动可分为下列3种基本类型。

（一）分节运动

分节运动（segmentation）是以环形肌为主的节律性收缩和舒张运动。当一段肠管充满食糜时，间隔一定距离的环行肌同时收缩、而邻近的环形肌则舒张。将食糜分成许多节段，随后原收缩处舒张，原舒张处收缩，使原来的节段分成两半，相邻两半则合成新的节段，如此反复进行。作用：促进食糜与消化液充分混合，有利于化学性消化；还可使食糜与肠壁紧密接触，为吸收创造良好条件；能挤压肠壁，有利于静脉血和淋巴液回流。

（二）钟摆运动

钟摆运动是以纵形肌为主的节律性收缩和舒张运动。当一段肠管充满食糜时，这一段肠管的纵行肌一侧发生节律性舒张和收缩，对侧发生节律性收缩和舒张，使肠段时而向左、时而向右摆动。作用：同分节运动，在草食动物表现较为明显。

（三）蠕动和逆蠕动

蠕动（peristalsis）和逆蠕动是肠壁环形肌和纵行肌协同作用的结果。食糜前面的纵行肌收缩，环行肌舒张，而食糜后面的环行肌则收缩，纵行肌舒张，从而将食糜向后一段消化道推进。小肠蠕动的速度较慢，一般情况下，约为1~2cm/s。此外，小肠还有一种蠕动形式，不但速度快（2~25cm/s）而且传送远，它可把食糜从小肠起始端，一直推送到小肠末端，甚至大肠，这称为蠕动冲。在十二指肠和回肠末端还出现逆蠕动，有利于食糜的充分消化吸收。

二、化学性消化

化学性消化是胰液、胆汁和小肠液的作用。

（一）胰液

胰液（pancreatic juice）是胰的外分泌部（胰岛）分泌的，通过胰管分泌到十二指肠内。

1. **胰液的性状**　是无色透明的碱性液体，pH=7.8~8.4，渗透压与血液大体相等。

2. **胰液的成分**　胰液成分由水分、无机物和有机物组成。有机物含多种消化酶，包括胰蛋白分解酶类（胰蛋白酶原，糜蛋白酶原和羧肽酶原）、胰脂肪酶原、胰淀粉酶原和少量的胰双糖酶，还有胰核酸酶（包括核糖核酸酶和脱氧核糖核酸酶）。无机物为无机盐类，阳离子主要是Na^+和K^+，此外，还含有Ca^{2+}和Mg^{2+}；主要阴离子是碳酸氢根离子（HCO_3^-）和Cl^-。

3. **胰液的作用**

（1）胰蛋白分解酶类：胰蛋白酶原在肠激酶或自身催化的作用下激活，糜蛋白酶原、羧肽酶原在胰蛋白酶的作用下激活。

$$\text{蛋白质} \xrightarrow[\text{糜蛋白酶}]{\text{胰蛋白酶}} \text{多肽} \xrightarrow{\text{羧肽酶}} \text{氨基酸}$$

（2）胰脂肪酶原：胰脂肪酶原在盐酸的作用下激活。

$$\text{脂肪} \xrightarrow{\text{胰脂肪酶}} \text{甘油+脂肪酸}$$

（3）胰淀粉酶原和胰双糖酶：胰淀粉酶原在氯离子和其他离子的作用下激活。

$$\text{淀粉} \xrightarrow{\text{胰淀粉酶}} \text{双糖} \xrightarrow{\text{胰双糖酶}} \text{单糖}$$

（4）胰核酸酶：核糖核酸酶和脱氧核糖核酸酶。

核糖核酸 —核糖核酸酶→ 单核苷酸　脱氧核糖核酸 —脱氧核糖核酸酶→ 单核苷酸

（5）碳酸氢盐：主要作用中和进入小肠的胃酸，使肠黏膜免受强酸的腐蚀，为多种消化酶提供最适宜的弱碱性环境，pH值为7~8的弱碱性条件下小肠内各种消化酶的活性最强。

（二）胆汁

胆汁（bile）由肝细胞分泌，经胆总管（或肝管）进入十二指肠。

1. **胆汁的性状**　胆汁是一种黏稠具有苦味黄绿色弱碱性液体，pH值为6.8~7.8，胆汁的颜色有明显的种别特点，主要取决于胆色素的种类和浓度。人和食肉动物，以胆红素为主，一般呈红褐色，草食动物则以胆绿素为主，一般呈暗绿色，猪一般呈橙黄色。

2. **胆汁的成分**　由水分、无机物和有机物组成。有机物主要包括胆酸及其盐类、胆固醇、胆色素、卵磷脂和脂肪酸。胆酸及其盐类称胆汁酸。无机物为无机盐类。

3. **胆汁的生理功能**　主要是通过胆汁酸实现的。

（1）促进脂肪的消化、吸收：胆汁酸是胰脂肪酶的激活剂，能增强胰脂肪酶的活性；胆汁中的胆汁酸、胆固醇以及卵磷脂都是脂肪的高效乳化剂。使脂肪乳化成微滴，增大与脂肪酶的接触面，有利于脂肪的消化；脂肪的分解产物脂肪酸与胆汁酸结合可形成水溶性复合物，促进脂肪酸的吸收（胆囊炎影响脂肪消化）。

（2）进脂溶性维生素（A、D、E、K）的吸收。

（3）中和进入十二指肠中的部分胃酸。

（4）刺激小肠的运动。

（5）参与某些代谢产物的排泄，如一些药物，胆红素等都可经胆汁排出。

（6）调节胆固醇代谢：胆汁酸参与胆固醇的合成，排泄及胆汁酸形成等过程的调节。

当胆汁中的胆酸盐降低，胆固醇析出，与胆色素、Ca^{2+}等电解质一起沉积在胆囊和胆管中形成胆结石（牛黄）。

（三）小肠液

小肠内有十二指肠腺和小肠液，小肠液是各种腺体的混合分泌物。

1. **小肠液的性状**　小肠液是一种无色或灰黄色的混浊弱碱性液体，pH值为7.6。

2. **小肠液的成分**　由水分、无机物和有机物组成。有机物主要包括黏蛋白和各种消化酶，有肠激酶、肠肽酶、肠脂肪酶和肠双糖酶。无机物为Na^+、K^+的碳酸氢盐和氯化物。此外，还有脱落的上皮细胞。

3. **小肠液的作用**

（1）黏蛋白：保护胃黏膜的作用。①润滑食物，免受机械性损伤。②防止盐酸和各种消化酶的侵蚀。

（2）肠激酶：激活胰蛋白酶原。

（3）肠肽酶：

多肽 —肠肽酶→ 氨基酸

（4）肠脂肪酶：

$$脂肪 \xrightarrow{肠脂肪酶} 甘油+脂肪酸$$

（5）肠双糖酶：

$$双糖 \xrightarrow{肠双糖酶} 单糖$$

（6）碳酸氢盐：主要作用中和进入小肠的胃酸，使肠黏膜免受强酸的腐蚀，为多种消化酶提供最适宜的弱碱性环境。

第五节 大肠的消化

一、机械性消化

机械性消化靠大肠运动完成。大肠运动与小肠运动大体相似，但速度较慢，强度较弱。

（一）盲肠

盲肠的收缩有两种形式，以马为例，盲肠最常见的收缩是将盲肠体的食糜转送至底部然后到尖部，接着与底部分离，随后的收缩使部分食糜进入结肠。另一种收缩则与气体转运有关。

（二）结肠

结肠收缩主要有3种形式。第1种是固定的结肠袋收缩，由环行肌的不规则收缩引起，这种运动使肠腔内容物不断混合，但不向前推进。第2种是蠕动，速度较缓慢，但推动食糜前进、通常还可看到逆蠕动。二者相互配合，推动食糜在一定肠管内来回移动，使食糜得以充分混合，并使之在大肠内停留较长时间。第3种是集团蠕动，这是一种进行很快，且推进很远的蠕动。

二、微生物消化

（一）草食动物大肠的微生物消化

草食动物大肠的微生物消化特别重要，尤其是马属动物，食糜在大肠中的停留时间可达12h，食糜中40%～50%的纤维素，39%蛋白质，24%糖在大肠进行微生物消化。牛有15%～20%纤维素需在大肠进行微生物消化。大肠微生物还可合成蛋白质和维生素B族和维生素K。

（二）杂食动物大肠的微生物消化

猪大肠内具备草食动物相似的微生物繁殖条件。猪饲喂植物性饲料的条件下，微生物的作用就很重要。

第六节 吸 收

一、吸收部位

消化道的不同部位，对物质的吸收程度是不同的。主要取决于该部位消化管的组织结构、食物的消化程度及食物在该部位停留的时间。口腔和食管不能吸收；单室胃只吸收少量水和醇类；小肠可吸收大量营养物质和水；大肠吸收水、无机盐和大量挥发性脂肪酸。反刍动物前胃吸收大量挥发性脂肪酸，皱胃与单室胃相同。小肠是吸收的主要部位：①小肠具有吸收的结构：小肠肠管长、黏膜形成许多皱褶，有大量小肠绒毛，黏膜上皮细胞表面有微绒毛，扩大吸收面积。②食物在小肠内大部分被消化成可吸收状态。③食物在小肠内停留时间长，为3~8h。

二、吸收途径

吸收途径包括跨膜途径和旁细胞途径。

（一）跨膜途径

营养物质通过微绒毛的腔面膜进入胞内，而后经细胞底膜和侧膜进入血液、淋巴。

（二）旁细胞途径

营养物质和水通过细胞间的紧密连接，经细胞间隙进入血液、淋巴。

三、吸收机制

吸收的主要机制可分为被动转运和主动转运两大类。

（一）被动转运

主要包括滤过作用、弥散作用和渗透作用。

1. **滤过作用** 滤过作用依赖于薄膜两侧的流体压力差，胃肠黏膜的上皮细胞可看作是滤过器，当肠腔内压大于毛细血管和淋巴管内压时，水或其他物质就可以滤入血液或淋巴液。

2. **弥散作用** 当肠腔内压等于毛细血管和淋巴管内压时，肠腔内溶质浓度高于毛细血管和淋巴管浓度，该溶质弥散到毛细血管和淋巴管内。

3. **渗透作用** 是一种特殊的弥散作用，如果薄膜是一层半透膜，对水分和一部分溶质易于透过，而对于其他一部分溶质则很难透过，于是半透膜两侧就产生不等的渗透压，当肠腔内渗透压小于毛细血管和淋巴管内渗透压时，水分被吸收。

（二）主动转运

胃肠黏膜上皮对各种营养物质的吸收具有明显的选择性，某种物质在细胞膜上特异性载体的帮助，消耗能量，由低浓度一侧向高浓度一侧转运的过程。

四、各种物质的吸收

（一）糖的吸收

糖类被分解成单糖（葡萄糖、果糖和半乳糖），吸收部位在小肠，吸收方式是主动转运。大部分吸收进入血液，经门静脉进入肝，小部分进入淋巴液。

（二）挥发性脂肪酸的吸收

VFA在瘤胃和大肠吸收，吸收方式是简单扩散。瘤胃中VFA以未解离的分子状态和离子状态两种形式存在，分子状态的VFA吸收速度较离子状态的快，而且分子量越小吸收速度越慢，即乙酸<丙酸<丁酸。吸收后进入血液。

（三）蛋白质的吸收

大部分以二肽、三肽吸收，少数以氨基酸吸收，吸收部位在小肠，吸收方式是主动转运。二肽、三肽在上皮细胞内分解成氨基酸，氨基酸几乎全部进入血液，经门静脉进入肝。

（四）脂肪的吸收

脂肪被分解成甘油、脂肪酸和甘油一酯，吸收部位在小肠。甘油和中、短链脂肪酸通过简单扩散进入血液。长链脂肪酸、甘油一酯与胆盐结合形成水溶性复合物，聚合成混合微胶粒，到达绒毛表面，脂肪酸、甘油一酯释放出来，经微绒毛简单扩散进入细胞。脂肪酸、甘油一酯在滑面内质网中合成甘油三酯，并于载脂蛋白结合形成乳糜微粒，经高尔基复合体包装成分泌颗粒，从基底膜通过出泡进入淋巴管。

（五）水的吸收

吸收部位牛和猪在小肠，马在大肠。吸收方式通过渗透、滤过作用。

（六）无机盐的吸收

吸收的主要部位在小肠。阳离子吸收的主要是主动转运，阴离子吸收的主要是被动转运。单价盐容易吸收，吸收数量多；二价盐吸收慢，吸收数量少；与 Ca^{2+} 结合生成沉淀的盐，不吸收。

（七）维生素的吸收

吸收的主要部位在小肠。

1. 脂溶性维生素的吸收 脂溶性维生素包括维生素A、维生素D、维生素E和维生素K等，维生素A是主动转运。而维生素D、维生素E和维生素K则通过被动扩散吸收。

2. 水溶性维生素的吸收 水溶性维生素包括维生素C和维生素B族。维生素C、硫胺素（维生素B_1）、核黄素（维生素B_2）、尼克酸、生物素等的吸收是主动转运，吡哆辛（维生素B_6）的吸收则是一种单纯扩散过程。

五、粪便的形成和排粪

经过消化吸收后的食物残渣一般在大肠内停留10h以上，其中，大部分水分被吸收，其余则经细菌发酵和腐败作用后形成粪便。

排便是一种反射动作，直肠壁内存在许多感受器，当直肠充满粪便后，随着感受器的兴奋，冲动沿盆神经和腹下神经，传至脊髓腰荐段的初级排便中枢，并上传至大脑皮层，信号经整合后，冲动传出，使盆神经兴奋，结肠后段、直肠收缩；腹下N兴奋，肛门内括约肌舒张；阴部N抑制，肛门外括约肌舒张。排出粪便。大脑皮层对排便活动有抑制或促进作用，排粪条件不允许时，抑制排粪（当腰荐部脊髓受损伤造成粪便蓄积；腰荐部以上脊髓受损伤造成排粪失禁）。

复习思考题

1. 猪对三大营养物质是如何进行化学性消化的？
2. 瘤胃是如何进行微生物消化的？
3. 结合生产实践说明反刍动物瘤胃对蛋白质和非蛋白含氮物的利用过程。
4. 根据牛胃的位置、形态及生理功能说明牛为什么易发生创伤性网胃心包炎？

第十九章 体 温

知识目标

1. 熟悉牛、猪和马正常的体温及变动范围。
2. 掌握皮肤的散热方式。
3. 熟悉体温升高和降低是体温的调节过程。

一、家畜的体温及其正常变动

畜禽都属于恒温动物，在正常情况下，畜体体温是相对恒定的。体温的相对恒定是保证畜体新陈代谢和各种功能活动正常进行的一个重要条件。因为代谢过程中都需要酶的参与，而最适宜酶的温度是37~40℃。过高或过低的温度都会影响酶的活性，或使其活性丧失，致使机体的各种代谢发生紊乱，甚至危及生命。体温的变化对中枢神经系统的影响特别显著，如发高烧时，中枢神经的功能就会发生紊乱。所以，在兽医临床上，体温往往作为畜体健康状况的一个重要标志。

机体各部分的温度并不相同，可分为体表温度和体核温度。体表温度是指体表及体表下结构的温度。由于易受环境温度或机体散热的影响，体表温度波动幅度较大。体核温度是机体深部的温度，比体表温度高，且相对稳定。由于代谢水平不同，各内脏器官的温度也有差异，肝和瘤胃内温度最高，比直肠温度高1~2℃，直肠温度比体表温度高1~5℃。

生理学所说的体温是指身体深部的平均温度。通常用直肠温度来代表动物体温（表19-1）。

表19-1 各种畜禽的直肠温度

动物	平均（℃）	范围（℃）
乳牛	38.6	38.0~39.3
黄牛、牦牛、肉牛	38.3	36.7~39.7
水牛	37.8	36.1~38.5
猪	39.2	38.7~39.8
绵羊	39.1	38.3~39.9
山羊	39.1	38.5~39.7
马	37.6	37.2~38.1
驴	37.4	36.4~38.4
狗	38.9	37.9~39.9
猫	38.6	38.1~39.2
兔	39.5	38.6~40.1

动物种别、年龄、生理状况和生活环境不同，体温可有所不同。幼畜的体温比成年家畜略高；公畜较母畜略高；母畜在发情期和妊娠期的体温较平时稍高，排卵时则有体温降低现象；肌肉活动时代谢增强，产热增多也可使体温升高；动物采食后体温可升高0.2～1℃，并持续2～5h之久；长期饥饿后体温降低；大量饮水后也能使体温下降。

体温在一昼夜之间常作周期性波动：清晨2～6时体温最低，午后1～6时最高。这种昼夜周期性波动称为昼夜节律。研究结果表明，体温的昼夜节律是由内在的生物节律所决定的，而同肌肉活动状态以及耗氧量等并没有因果关系。

二、机体的产热与散热

畜禽正常体温的维持，有赖于体内产热和散热两个生理过程之间的动态平衡。如产热多于散热，可见体温升高，而散热超过产热则引起体温下降。

（一）产热

1. **主要产热器官** 体内热量是由三大营养物质在各组织器官中进行分解代谢时产生的。体内的一切组织细胞活动时都产生热，由于新陈代谢水平的差异，各组织器官的产热量并不相同。肌肉、肝和腺体产热最多。肝代谢最旺盛，产热量最大。而运动和劳役时，骨骼肌代谢明显增加。草食家畜的饲料在瘤胃发酵，产生大量热能，也是体热的重要来源。

2. **机体的产热形式** 动物在寒冷环境中，散热量明显增加，机体要维持体温的相对稳定，可通过战栗产热和非战栗产热两种形式来增加产热量。

（1）战栗产热：是骨骼肌发生不随意的节律性收缩，特点是屈肌和伸肌同时收缩，所以不做外功，但产热量很高。发生战栗时，代谢率可增加4～5倍。通常机体在寒冷环境中，在发生战栗之前先出现寒冷性肌紧张（又称战栗前肌紧张），此时代谢率就有所增加。随着寒冷刺激的继续作用，便在此基础上出现战栗，产热量大大增加。

（2）非战栗产热：又称代谢产热，指机体处于寒冷环境中时，除战栗产热外，体内还会发生广泛的代谢产热增加的现象。这一过程在增加的代谢产热中，以褐色脂肪组织的产热量为最大，可占非战栗产热总量的70%。

（二）散热

1. **主要散热途径** 动物的主要散热部位是皮肤。皮肤经这一途径散发的热量约占全部散热量的75%～85%。其他散热途径还有呼吸、消化和排尿等。

2. **皮肤的散热方式** 通过辐射、传导、对流和蒸发等方式向外界发散热量。

（1）辐射（radiation）：机体以热射线（红外线）的形式向外界发散体热的方式称为辐射散热。在常温和安静状态下辐射散热是机体最主要的散热方式，大约占总散热量的60%。辐射散热量的多少主要与皮肤和周围环境之间的温度差、有效辐射面积等因素有关。如皮肤温度高于环境温度，其差值越大，散热量越多；反之，如果环境温度高于皮肤温度，则机体不仅不能散热反而会吸收周围的热量（如在高温环境中使役）；动物舒展肢体可增加有效辐射面积，增加散热量，而身体蜷曲时，有效辐射面积减少从而可减少散热。

（2）传导（conduction）：是指机体的热量直接传递给同它接触的较冷物体的一种散

热方式。传导散热量的多少与接触面积、温度差和物体的导热性能有关。水的导热性能比空气好,湿冷的物体传导散热快。生产中在冬季要力求保持畜舍地面干燥以防止散热,而在夏季水牛要下水,常以冷水淋浴促进散热,可以有效地防止奶牛中暑。

(3)对流(convection):是指机体通过与周围的流动空气来交换热量的一种散热方式,是传导散热的一种特殊形式。风是典型的对流散热方式。机体周围总有一薄层被体热加温了的空气,由于空气不断流动,热空气被带走,冷空气则填补其位置,体热便不断散发到空间。对流散热与空气对流速度有关。风速越大散热越多。在畜牧生产上,夏季加强通风可增加散热,冬季则尤其要注意防风以减少散热,这些措施均有利于畜禽体温的维持。

(4)蒸发(evaporation):蒸发散热是机体通过体表水分的蒸发来发散体热的一种方式。当环境温度等于或高于皮肤温度时,机体已不能用辐射、传导和对流等方式进行散热,蒸发散热便成了唯一有效的散热方式。据测定,在常温下,蒸发1g水可使机体散发2.43kJ的热量。

蒸发散热有不显汗蒸发和显汗蒸发两种形式。①不显汗蒸发:是指机体中水分直接渗透到皮肤和黏膜表面,在未聚集成明显汗滴前即被蒸发掉。这种蒸发持续不断地进行,即使在低温环境中也同样存在,与汗腺的活动无关。②显汗蒸发:通过汗腺主动分泌汗液,由汗液蒸发有效地带走热量的方式。当环境温度达30℃以上或动物在劳役、运动时,汗腺便分泌汗液。值得注意的是,汗液必须在皮肤表面蒸发,才能吸收体内的热量,达到散热效果。如果汗液被擦掉,就不能起到散热的作用。

三、体温调节

体温恒定是在神经和内分泌体温调节机制的控制下实现的。体温调节由温度感受器、体温调节中枢、效应器共同完成。

(一)温度感受器

温度感受器按其感受的刺激可分为冷感受器和热感受器;按其分布的部位又可分为外周温度感受器和中枢温度感受器。

1. **外周温度感受器** 广泛分布于皮肤、黏膜和内脏中,包括冷感受器和热感受器,它们都是游离神经末梢。

2. **中枢温度感受器** 分布于脊髓、延髓、脑干网状结构以及下丘脑等处对温度变化敏感的神经元。根据它们对温度的不同反应,可分为两类神经元。在局部组织温度升高时冲动发放频率增加的神经元,称为热敏神经元,主要分布在视前区-下丘脑前部(PO/AH)中;在局部组织温度降低时冲动的发放频率增加的神经元,称为冷敏神经元,主要分布在脑干网状结构和下丘脑的弓状核中。

(二)体温调节中枢

调节体温的中枢结构存在于从脊髓到大脑皮层的整个中枢神经系统内,但是体温调节的基本中枢位于下丘脑。

(三)体温调定点学说

体温调定点学说认为,热敏神经元起着体温调定点的作用。当中枢温度升高超出某界限时,热敏神经元冲动发放的频率增加;反之,当中枢温度降低时并低于某一界限时,则冲动发放减少。这些神经元对温度的感受界限即阈值,就是体温稳定的调定点。当中枢的温度超过调定点时,散热过程增强而产热过程受到抑制,体温因而不至于过高。如果中枢的温度低于调定点时,产热增强而散热过程受到抑制,因此,体温不至于过低。

在正常情况下,调定点虽然可以上下移动,但范围很窄。某些中枢神经递质,如5-羟色胺、乙酰胆碱、去甲肾上腺素和一些多肽类活性物质,可对调定点产生影响。当细菌感染后,由于致热原的作用,敏神经元的反应阈值升高,而冷敏神经元的阈值则下降,调定点因而上移。因此,先出现恶寒战栗等产热反应,直到体温升高到新的调定点水平以上时才出现散热反应。

复习思考题

1. 夏天穿短袖衣服,躺凉席睡觉,开窗开门,用凉水洗澡分别属于哪种散热方式?
2. 当短时间、长时间寒冷刺激时,机体是如何进行体温调节的?

第二十章 泌 尿

知识目标
1. 掌握尿是怎样生成的。
2. 掌握影响尿生成的因素。

一、尿的生成

尿的生成过程包括两个环节：①肾小球的滤过作用，生成原尿；②肾小管和集合管的重吸收、再分泌和排泄作用，生成终尿。

（一）肾小球的滤过作用

循环血液流经肾小球毛细血管时，除了血细胞和大分子蛋白质外，血浆中的水和小分子溶质，包括少量分子量较小的血浆蛋白，都可通过滤过膜滤入肾小囊而形成原尿。肾小球的滤过作用取决于两个因素：滤过膜的通透性是原尿生成的前提条件；有效滤过压是原尿生成的动力。

1. 滤过膜的通透性 滤过膜由毛细血管内皮细胞、毛细血管基膜和肾小囊脏层组成，三层膜上均存在小孔或裂隙，是肾小球滤过作用的结构屏障，具有较大的通透性。滤过膜内还含有许多带负电荷的物质。因此能限制带负电荷的血浆蛋白滤过，形成肾小球滤过的电学屏障。

2. 有效滤过压（effective filtration pressure） 推动血浆从肾小球滤过的力量有肾小球毛细血管压和囊内液胶体渗透压，合称为毛细管滤过压。对抗滤过的力量有血浆胶体渗透压和囊内压，合称为回流压（图20-1）。通常肾小囊内的滤过液中蛋白质浓度很低，其胶体渗透压可忽略不计。故可用以下公式表示：有效滤过压＝肾小球毛细血管压－（肾小囊内压＋血浆胶体渗透压）。

肾小球毛细血管血压较高，其主要原因是入球小动脉粗而短，出球小动脉细而长。相应地提高了血压，这是保证有效滤过的主要动力。

直接测定肾小体内各段压力的结果表明，入球小动脉和出球小动脉的血压几乎相等，平均为 6.0 kPa；肾小囊内压平均为1.3 kPa；至于血浆胶体渗透压，由于从入球小动脉端开始，

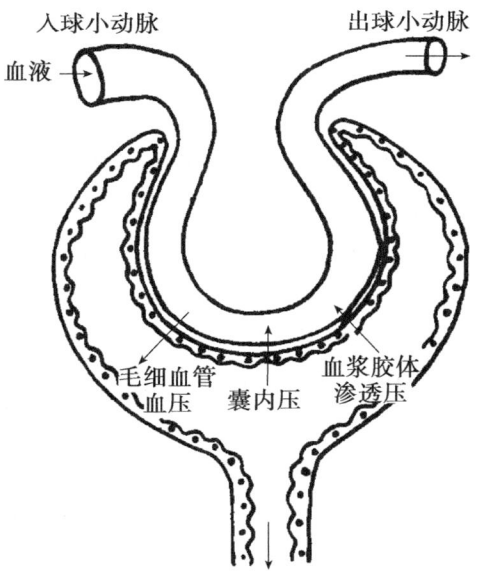

图20-1 有效滤过压示意图

不断发生滤过作用,因而不同部位的胶体渗透压不同;入球小动脉端的胶体渗透压为2.7 kPa,出球小动脉端则增至4.7 kPa。由以上公式可计算:

入球小动脉端有效滤过压=6-(1.3+2.7)=2.0 kPa

出球小动脉端有效滤过压=6-(1.3+4.7)=0 kPa

上述结果说明,并不是毛细血管全程都有滤过作用,只有有效滤过压为正值的血管段,才发生滤过作用。生理条件下,肾小球毛细血管内的血浆胶体渗透压随着滤过液不断生成而升高,因此,有效滤过压也逐渐下降,当有效滤过压下降至零时,即达到了滤过平衡时,滤过作用停止。

(二)肾小管和集合管的重吸收、再分泌和排泄作用

1. 肾小管和集合管的重吸收作用 是指肾小管和集合管上皮细胞将物质从肾小管液转运到血液中的过程。

(1)重吸收的方式:肾小管和集合管的重吸收方式,可概括为两类,即主动转运和被动转运。转运的途径分为跨细胞途径和旁细胞途径。

(2)重吸收功能的特点:具有选择性和有限性。

选择性:原尿生成后进入肾小管被称为小管液。肾小管和集合管对小管液中不同物质的吸收程度不同,称为选择性重吸收。凡是对机体有用的物质,如葡萄糖、氨基酸、钠、氯、钙、重碳酸根等,几乎可全部或大部分被重吸收;对机体无用的或用处不大的物质,如尿素、尿酸、肌酐、硫酸根、碳酸根等,则只有少许被重吸收或完全不被重吸收。选择性有利于肾排泄代谢废物,维持内环境的稳定。

有限性:肾小管和集合管的重吸收功能有一定限度,当血浆中某些物质浓度过高时,滤液中该物质含量过高,且超过肾小管和集合管重吸收限度时,尿中便出现该物质。

2. 肾小管和集合管的再分泌作用 是指肾小管和集合管的上皮细胞将自身代谢产生的物质转运到肾小管液内的过程。肾小管和集合管的上皮细胞能向小管液中分泌H^+、K^+和NH_3,即排H^+保Na^+、排K^+保Na^+、排NH_3保Na^+过程,从而增加血液中的碱储。

3. 肾小管和集合管的排泄作用 是指肾小管和集合管的上皮细胞将血液中某些外来物质(如进入体内的青霉素、酚红以及大部分利尿药,因和血浆蛋白结合在一起,而不能透过肾小球滤过)排泄进入到小管液内的过程。

(三)影响尿生成因素

1. 影响原尿生成因素

(1)滤过膜通透性和有效滤过面积的改变。

①肾小球滤过膜的通透性。通常是稳定的。但在病理条件下才会有较大的变动,例如:炎症、缺氧时通透性都显著增加,原来不能滤过的血浆蛋白,也能进入囊腔,甚至体积较大的血细胞都进入滤液,最后生成蛋白尿或血尿。

②肾小球有效滤过面积。肾小球有效滤过面积与滤过率也有密切关系。滤过面积减少时,肾小球的滤过率也下降。一般情况下,有效滤过面积比较稳定。在病理条件下,如因肾炎引起毛细血管堵塞或管腔变小,以致有效滤过面积缩小,肾小球滤过率降低。

(2)有效滤过压的改变。

①肾小球毛细血管血压改变。由于肾血流量具有自身调节机制,只要动脉血压在

10.7～24.1 kPa (80～180 mmHg)范围内变动，肾小球毛细血管血压就能维持相对稳定。但当大量失血时，动脉血压降到10.7 kPa (80 mmHg)以下时，肾小球毛细血管血压下降，于是有效滤过压降低，原尿生成减少；当大量静脉注射生理盐水时，循环血量增多，动脉血压升高到24.1 kPa (180 mmHg)以上时，肾小球毛细血管血压升高，于是有效滤过压升高，原尿生成增多。

②肾小囊内压的改变。在正常情况下，因肾小管与集合小管系、输尿管相通，肾小囊内压是比较稳定的。若出现肾盂或输尿管结石、肿瘤压迫或其他原因引起的输尿管阻塞，尿液积聚时，肾球囊内压升高，有效滤过压随之降低，原尿生成减少。

③血浆胶体渗透压的改变。在正常情况下，血浆胶体渗透压是相对稳定的。如当大量静脉注射生理盐水时，可因血浆胶体渗透压降低，而引起有效滤过压升高，原尿生成增多；当机体严重脱水时，血浆胶体渗透压升高，引起有效滤过压降低，原尿生成减少。

（3）肾血浆流量的改变：肾血浆流量主要影响滤过平衡的位置。当肾血浆流量增多时，血浆胶体渗透压上升速度减慢，滤过平衡位置靠近出球小动脉端，有效滤过压和滤过面积增加，原尿生成增多。反之，则出现相反的效应，如激烈活动时，肾血流量减少，原尿生成减少。

2. 影响终尿生成因素

（1）小管液中溶质的浓度：当原尿中溶质的浓度增加，并超过肾小管和集合管上皮细胞对溶质的重吸收限度时，小管液的渗透压升高，渗透压升高必将妨碍肾小管和集合管上皮细胞对水的重吸收，于是尿量增多。故在临床上静脉注射20%的甘露醇溶液，利用它来提高小管液中溶质的浓度，从而阻碍水的重吸收，借此达到利尿和消除水肿的目的。

（2）肾小管和集合管上皮细胞的机能状态：当肾小管和集合管上皮细胞因某种原因而被损害时，往往会影响它的正常吸收机能，从而使尿量和尿的质量发生改变（如鸡肾形传染性支气管炎排出大量含尿酸盐的尿液）。

（3）激素的作用。

抗利尿素：增加远端小管对水的重吸收，从而使终尿生成减少。

醛固酮：促进远端小管的主细胞对Na^+的重吸收，同时促进对K^+的排出，即排K^+保Na^+作用。

二、尿的排放

终尿在肾生成后，先经肾盏或集收管进入肾盂，然后借输尿管蠕动，流入膀胱储存。尿液生成是连续不断的，而生成的尿液进入膀胱后要积存达到一定量时，才间歇性地引起排尿反射动作，将尿液经尿道排放出体外。

（一）膀胱与尿道的神经支配

1. 盆神经 是泌尿神经，自腰荐部脊髓发出。盆神经中含副交感神经纤维，它的兴奋可使逼尿肌收缩、膀胱内括约肌松弛，而促进排尿。

2. 腹下神经 是充盈神经，自胸腰部脊髓侧角发出到达膀胱。腹下神经含交感神经纤维，当其兴奋可使逼尿肌舒张、尿道内括约肌收缩，抑制排尿，有助储尿。

3. 阴部神经 是躯体神经，自腰荐部脊髓发出，其活动受意识的控制，兴奋时可使外括约肌收缩。当阴部神经受反射性抑制时,外括约肌的松弛,利于排尿。

（二）排尿反射

膀胱中的尿液储集到一定容量时,膀胱壁的牵张感受器受到刺激而兴奋。冲动沿盆神经传入,到达腰荐部脊髓排尿反射的初级中枢。同时,冲动也上传到脑干和大脑皮层的排尿反射高位中枢,产生尿意。如果当时条件不适于排尿,低级排尿中枢可被大脑皮层抑制,使膀胱壁进一步松弛,继续储存尿液,直至有排尿的条件或膀胱内压过高时,低级排尿中枢的抑制才被解除。这时排尿反射的传出冲动沿盆神经传到膀胱,引起逼尿肌收缩、内括约肌松弛,于是尿液进入尿道。这时进入尿道的尿液刺激尿道的感受器,冲动沿阴部神经也传到脊髓排尿中枢,进一步加强其活动,使外括约肌开放,于是尿液被排出（图20-2）。逼尿肌的收缩又可刺激膀胱壁的牵张感受器,它的兴奋又进一步反射性地引起膀胱收缩;尿液对尿道的刺激可进一步反射性地加强排尿中枢活动。这是一种正反馈,它使排尿反射一再加强,直至尿液排完为止。在排尿末期,由于尿道海绵体肌肉收缩,可将残留于尿道的尿液排出体外。临床上常见的排尿异常有尿频（膀胱炎症）,尿潴留（腰荐部脊髓损伤）和尿失禁（腰荐部以上脊髓受损）。

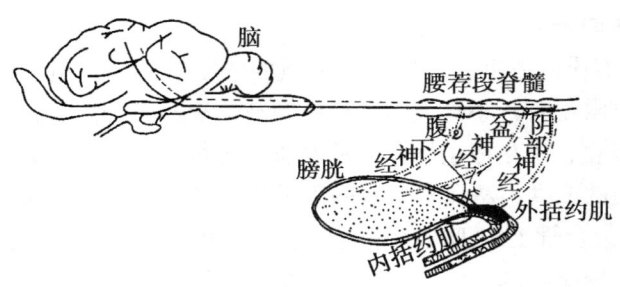

图20-2 排尿反射

复习思考题

1. 叙述尿是怎样生成的?
2. 给家兔大量静脉注射生理盐水、50%的葡萄糖和大量饮水,尿量有何变化?说明原因。
3. 大量出汗后,尿量有何变化?说明原因。
4. 机体出现少尿、多尿、蛋白尿和血尿的原因有哪些?说明发生原理。

第二十一章　神经生理

知识目标
1. 掌握神经纤维传导和突触传递的特征。
2. 熟悉感觉传导路和大脑皮层对运动传导路。
3. 掌握条件反射与非条件反射区别、建立条件、影响因素和意义。

神经系统的功能复杂多样，归纳起来包括：感觉功能、对躯体运动和内脏活动的调节以及脑的高级功能。

一、组成神经系统的基本元件

（一）神经元与神经纤维

1. 神经元的功能　神经元（neuron）具有接受、整合和传递信息的功能。神经元胞体及树突是接受信息并进行整合的部位；神经元胞体是产生神经冲动（即动作电位）的部位；神经元轴突是传导兴奋的部位；神经元末梢是释放递质的部位。

2. 神经纤维的兴奋传导　神经纤维（nervefiber）的主要功能是传导兴奋或冲动。

（1）神经纤维传导兴奋的一般特征。

①完整性。必须保证神经纤维结构和功能上的完整性。如神经纤维损伤或麻醉药，丧失了结构和功能的完整性，均可使冲动传导受阻。

②绝缘性。一条神经干有许多条神经纤维组成，但在各条纤维上传导的冲动，只沿自身传导不波及其他纤维。绝缘性保证了神经传导的精确性。

③双向性。神经纤维任何一点受到刺激，产生的冲动可沿神经纤维同时向两侧传导。

④不衰减性。神经纤维传导冲动时，其幅度、传导速度不会因传导距离长短而改变。

⑤相对不疲劳性。在实验条件下，连续电刺激神经纤维9~12h，神经纤维仍然保持其传导兴奋的能力。

（2）神经纤维的传导速度：神经纤维的传导速度不同，与下列因素有关。

①纤维的直径。直径越大，传导速度越快。这是因为直径较大时，神经纤维的内阻较小，局部电流的强度和空间跨度较大。此外，不同直径的神经纤维膜上Na^+通道密度不同，纤维粗的密度高，Na^+通道开放时进入膜内的Na^+电流大，动作电位的形成与传导也快。

②髓鞘。有髓神经纤维比无髓神经纤维的传导速度快得多，这是因为在无髓神经纤维，兴奋是以局部电流方式顺序传导，而在有髓鞘的神经纤维中，郎飞节间段轴突外面包裹着很厚的髓鞘，具有高电阻、低电容的特性，髓鞘下面的轴突膜几乎不存在Na^+通道；

而在郎飞节处，髓鞘很薄、电阻最小，其轴突膜上又存在着高密度的电压门控Na^+通道，故其兴奋传导只能从一个郎飞节向下一个郎飞节作跳跃式传导。

③温度。温度在一定范围内升高可使传导速度加快，如恒温动物有髓纤维的传导速度比变温动物同类纤维传导速度快；相反，温度降低则传导速度减慢，当温度降至0℃以下时，神经传导发生阻滞，这是临床上局部低温麻醉的机制。

（二）神经胶质细胞

神经胶质细胞对神经元形态、功能的完整性和维持神经系统微环境的稳定性等都起着重要的作用。

二、神经元之间的功能联系

（一）两个神经元之间的信号传递——突触传递

一个神经元（突触前神经元）的轴突末梢与其他神经元（突触后神经元）的胞体或突起相接触处所形成的特殊结构，称为突触（synapse）。神经冲动由一个神经元通过突触传递到另一个神经元的过程，称突触传递。此外兴奋也能从一个神经元传递给产生效应的细胞，如肌细胞或腺细胞，神经元与效应细胞相接触而形成的特殊结构也是一种特化的突触。生理学上将这种特化的突触称为接头（junction）。如神经-肌肉接头。

1. 突触的结构 由突触前膜、突触间隙和突触后膜构成。突触前神经元的轴突末梢分出许多小支，每个小支的末梢失去髓鞘并膨大成球状，形成突触小体。它贴附在下一个神经元的表面，构成突触。突触小体的末梢膜，称为突触前膜；与之相对的突触后神经元的胞体膜或突起膜，称为突触后膜；突触前膜与突触后膜均较一般神经元细胞膜稍厚，两膜之间的缝隙为突触间隙。在突触小体内有大量聚集的小泡称突触小泡。突触小泡内含有神经递质。在突触后膜上，有丰富的特异性受体或离子通道。

2. 突触的分类 通常根据接触的部位与功能特点对突触进行分类。按接触部位分，常见的有轴突-胞体、轴突-树突和轴突-轴突3种类型。按突触的功能，则可分为兴奋性突触与抑制性突触两种。

3. 突触传递机理 化学性突触的传递过程主要包括如下几个步骤：①突触前神经元兴奋、动作电位抵达神经末梢，引起突触前膜去极化；②去极化使前膜结构中电压门控式Ca^{2+}通道开放，产生Ca^{2+}内流；③突触小泡前移与前膜接触、融合；④小泡内递质以胞裂外排方式释放入突触间隙。⑤递质从间隙扩散到达突触后膜，作用于后膜的特异性受体或化学门控式通道；⑥突触后膜离子通道开放或关闭，引起跨膜离子活动；⑦突触后膜电位发生变化，引起突触后神经元兴奋性的改变；⑧递质与受体作用之后立即被分解或移除。

（1）兴奋性突触传递：在兴奋性突触兴奋时，突触前膜释放某种兴奋性递质，作用于突触后膜上的特异受体，提高了后膜对Na^+和K^+的通透性，特别是对Na^+通透的化学门控离子通道开放，引起Na^+内流，使突触后膜发生局部去极化，突触后神经元的兴奋性提高，故称为兴奋性突触后电位。

（2）抑制性突触传递：在抑制性突触中，突触前神经末梢兴奋，突触前膜释放的递质是抑制性递质，与突触后膜受体结合后，可提高后膜对Cl^-和K^+的通透性，尤其是对Cl^-通透的化学门控离子通道开放；由于Cl^-的内流与K^+的外流，突触后膜发生局部超极化。

这种在递质作用下出现在突触后膜的超极化，能降低突触后神经元的兴奋性，故称之为抑制性突触后电位。

4. 突触传递的特征　与冲动在神经纤维上的传导相比，突触的传递具有明显不同的特征。主要表现为：

①单向传递。因为只有突触前神经元的轴突末梢的突触前膜能释放神经递质，这就决定了突触传递只能从突触前神经元的轴突传递到突触后神经元。

②突触延搁。由于突触传递过程比较复杂，包括突触前膜释放递质、递质扩散到达后膜与受体结合发挥作用等多个环节，因此，兴奋通过突触耗费的时间较长。

③总和作用。突触传递过程中，突触后神经元发生兴奋需要有多个兴奋突触后电位，才能使膜电位的变化达到阈电位水平时，从而爆发动作电位。总和作用包括空间性总和时间性总和。空间性总和是指许多传入纤维的神经冲动同时传至同一神经元；时间性总和是指同一突触前神经末梢连续传来一系列冲动。

④对内环境变化的敏感和易疲劳。突触部位很容易受内环境理化因素变化的影响，如P_{O_2}下降、P_{CO_2}上升、麻醉剂和离子浓度变化均可改变突触传递能力。因为突触间隙与细胞外液相沟通，细胞外液中许多物质到达突触间隙而影响突触传递。此外，突触部位是反射弧中最易发生疲劳的环节。

（二）多个神经元之间的功能联系——反射

神经系统中神经元的数量巨大、突触联系错综复杂，递质、受体系统多种多样。然而，神经活动的进行是遵循一定的规律的，反射则是实现神经系统功能的最基本方式。

1. 反射（reflex）　是指在中枢神经系统的参与下，机体对内、外环境变化所作出的规律性应答。

2. 反射弧（reflex arc）　反射的结构基础和基本单位是反射弧。反射弧包括感受器、传入神经、反射中枢、传出神经和效应器。感受器一般是神经末梢的特殊结构，是一种换能装置，可将所感受到的各种刺激的信息转变为神经冲动。反射中枢通常是指中枢神经系统内调节某一特定生理功能的神经元群。传入神经由传入神经元的突起（包括周围突和中枢突）所构成，这些神经元的胞体位于背根神经节或脑神经节内，它们的周围突与感受器相连，感受器接受刺激转变为神经冲动，冲动沿周围突传向胞体，再沿其中枢突传向中枢。传出神经是指中枢传出神经元的轴突构成的神经纤维。效应器是指产生效应的器官，如骨骼肌、平滑肌、心肌和腺体等。

3. 反射的基本过程　感受器感受一定的刺激后发生兴奋；兴奋以神经冲动的形式经传入神经传向中枢；通过中枢的分析和综合活动，中枢产生兴奋过程；中枢的兴奋经一定的传出神经到达效应器，最后效应器发生某种活动改变。如果中枢发生抑制，则中枢原有的传出冲动减弱或停止。在自然条件下，反射活动需要反射弧的结构和功能保持完整，如果反射弧中任何一个环节中断，反射都将不能进行。

三、神经系统的感觉功能

神经系统反映机体内外环境变化的特殊功能称为感觉。感觉的产生首先是由体内外的感受器或感觉器官感受刺激，并将各种各样的刺激能量转换成在传入神经上传导的动作电位，并通过各自的神经通路传向中枢，经中枢神经分析综合后，到达大脑皮层的特定区域形成感觉。因此，感觉是由感受器、传入系统和大脑皮层感觉中枢3部分共同活动而产生的。

（一）感受器分类

根据感受器（receptor）的分布位置和所接受刺激的来源，可分为外感受器和内感受器。外感受器分布于皮肤和体表，接受来自外界环境的刺激；内感受器分布于内脏和躯体深部，接受来自机体内部的刺激。外感受器又可分为距离（如视觉、听觉和嗅觉）和接触感受器（如触觉、压觉、味觉和温度觉等），内感受器又可分为本体感受器（位于肌肉、肌腱、关节和迷路等处的感受器）和内脏感受器（位于内脏和血管上的感受器等）。若根据感受器所接受的刺激的性质，可分为机械感受器、温度感受器、光感受器和化学感受器等。

（二）脊髓的感觉传导通路

来自各感受器的神经冲动，除通过脑神经传入中枢的以外，大部分经脊神经背根进入脊髓，然后分别经由各自的前行传导路径传至丘脑，再经换元抵达大脑皮层感觉区。由脊髓前传到大脑皮层的感觉传导路径可分为两大类：

1. 浅感觉传导路径　传导痛、温觉与轻触觉。其传入纤维由背根进入脊髓，在背角更换神经元后，再发出纤维在中央管前交叉到对侧，分别经脊髓-丘脑侧束（传导痛、温觉）和脊髓-丘脑腹束（传导轻触觉）前行抵达丘脑。

2. 深感觉传导路径　传导肌肉本体感觉和深部压觉。其传入纤维由背根内侧部进入脊髓后，即在同侧背索前行，抵达延髓下部薄束核与楔束核更换神经元，换元后其纤维交叉到对侧，经内侧丘系至丘脑。

（三）丘脑感觉投射系统

丘脑的感觉投射系统可分为两类，即特异投射系统与非特异投射系统。

1. 特异投射系统（specific projection system）　是指丘脑感觉接替核发出的纤维投射到大脑皮层特定区域，具有点对点投射关系的感觉投射系统。一般认为，经典的感觉传导通路是由三级神经元的接替完成的。第一级神经元位于脊神经节或有关脑神经感觉神经节内，第二级神经元位于脊髓背角或脑干有关的神经核内，第三级神经元就在丘脑感觉接替核内。所以，一般经典感觉传导通路就是通过丘脑的特异投射系统而后作用于大脑皮层的。其功能是引起各种特定感觉，并激发大脑皮层发出传出神经冲动。

2. 非特异投射系统（non-specific projection system）　是指由丘脑的髓板内核群弥散地投射到大脑皮层广泛区域的，非专一性感觉投射系统。上述经典感觉传导通路中第二级神经元的轴突在经过脑干时，发出侧支与脑干网状结构的神经元发生突触联系，在网状结构内反复换元前行，抵达丘脑髓板内核群，然后进一步弥散地投射到大脑皮层广泛区域（图21-1）。因此，这一感觉投射系统失去了专一的特异性感觉传导功能，是各种不同感觉共同前行的通路。提高大脑皮层的兴奋性，维持觉醒状态。

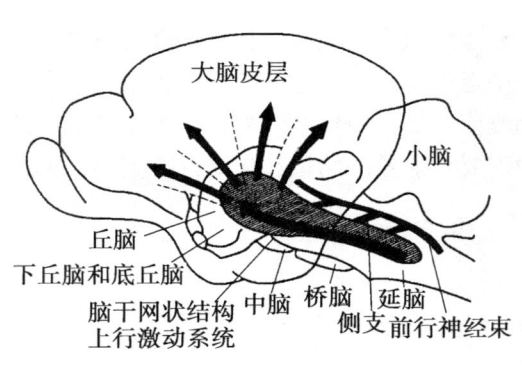

图21-1　非特异投射系统示意图

（四）皮层的感觉分析功能

各种感觉传入冲动最后到达大脑皮层，通过精细的分析、综合而产生相应的感觉。因此，大脑皮层是感觉分析的最高级中枢。皮层的不同区域在感觉功能上具有不同的分工，不同的感觉在大脑皮层有不同的代表区：①躯体感觉区位于大脑皮层的顶叶，产生触觉、压觉、温觉和痛觉以及本体感觉；②视觉感觉区在枕叶距梨状裂的两侧；③听觉感觉区在颞叶外侧；④嗅觉感觉区在边缘叶的前梨状区和大脑基底的杏仁核；⑤味觉感觉区在颞叶外侧裂附近；⑥内脏感觉区在边缘叶的内侧面和皮层下的杏仁核等部。

四、神经系统对躯体运动的调节

躯体运动是动物对外界环境变化产生的应答反应的主要方式。任何形式的躯体运动，都以骨骼肌的活动为基础，来进行姿势和位置的改变。而且必须在神经系统各个部位的调节下才能完成。

（一）脊髓对躯体运动的调节

脊髓是躯干和四肢骨骼肌反射的低级中枢所在，通过脊髓可以完成一些较简单的反射活动。包括牵张反射、屈反射和交叉伸肌反射等。

1. 牵张反射（stret chreflex） 是指有神经支配的骨骼肌在受到外力牵拉而伸长时，能引起受牵拉的肌肉收缩的反射活动。牵张反射有两种类型，即腱反射和肌紧张。

（1）腱反射：又称位相性牵张反射，是在快速牵拉肌腱时发生的牵张反射，表现为被牵拉肌肉迅速而明显的缩短。例如，快速叩击股四头肌肌腱，可使股四头肌受到牵拉而发生一次快速收缩，引起膝关节伸直，称膝反射。临床上常通过检查腱反射来了解神经系统的功能状态。

（2）肌紧张：又称紧张性牵张反射，是指缓慢而持续地牵拉肌腱所引起的牵张反射，表现为受牵拉肌肉发生紧张性收缩，致使肌肉经常处于轻度的收缩状态。肌紧张是维持躯体姿势最基本的反射活动。

2. 屈反射与交叉伸肌反射 肢体皮肤受到伤害刺激时，一般常引起受刺激侧肢体的屈肌收缩、伸肌舒张，使肢体屈曲，称为屈反射。如火烫、针刺皮肤时，该侧肢体立即缩回，其目的在于避开有害刺激，对机体有保护意义。屈反射是一种多突触反射，其反射弧的传出部分可支配多个关节的肌肉活动。该反射的强弱与刺激强度有关，其反射的范围可随刺激强度的增加而扩大。如趾部受到较弱的刺激时，只引起跗关节屈曲，随着刺激的增强，膝关节和髋关节也可以发生屈曲。当刺激加大达一定强度时，则对侧肢体的伸肌也开始激活，可在同侧肢体发生屈反射的基础上，出现对侧肢体伸直的反射活动，称为交叉伸肌反射。该反射是一种姿势反射，当一侧肢体屈曲造成身体平衡失调时，对侧肢体伸直以支持体重，从而维持身体的姿势平衡。

（二）脑干对肌紧张的调节

脑干除了有神经核以及与它相联系的前行和后行神经传导束外，还有纵贯脑干中心的网状结构。脑干网状结构是中枢神经系统中最重要的皮层下整合调节机构（图21-2）。

1. 脑干网状结构易化区与抑制区

（1）脑干网状结构易化区（facilitatory area）：脑干网状结构中加强肌紧张和肌肉运

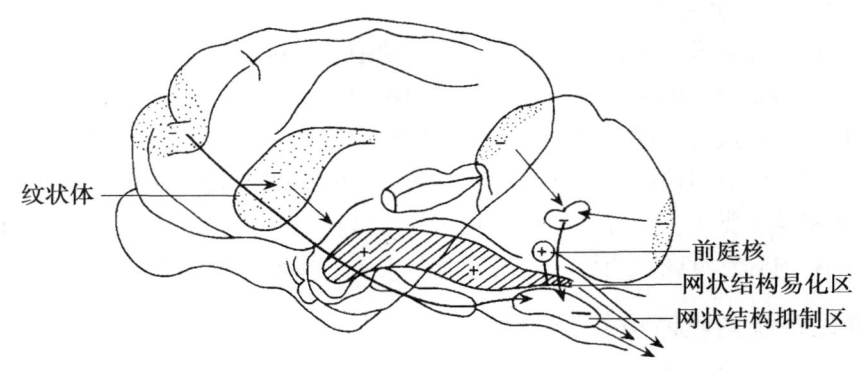

图21-2 脑干网状结构下行易化和抑制系统示意图

动的区域,称为易化区,易化区较大,包括延髓网状结构的背外侧部分、脑桥被盖、中脑的中央灰质与被盖等脑干中央区域。易化肌紧张的中枢部位除网状易化区外,还有脑干外神经结构,如前庭核、小脑前叶两侧部等部位,它们共同组成易化系统。脑干外神经结构的易化功能是通过网状结构易化区的活动来完成的。网状结构易化区一般具有持续的自发放电活动,这可能是由前行感觉传入冲动的激动作用所引起的。

(2)脑干网状结构抑制区(inhibitor area):脑干网状结构中还有抑制肌紧张和肌肉运动的区域,称为抑制区。该区较小,位于延髓网状结构的腹内侧部分。抑制肌紧张的中枢部位除网状结构抑制区外,大脑皮层运动区、纹状体与小脑前叶蚓部等脑干外神经结构,也参与抑制系统的组成。这些脑干外神经结构不仅可通过网状结构抑制区的活动抑制肌紧张,而且能控制网状结构易化区的活动,使其受到抑制。一般说来,网状结构抑制区本身无自发活动,它在接受上述各高位中枢传入的始动作用时,才能发挥后行抑制作用。否则,抑制区就不能维持其对脊髓反射的抑制作用。

在正常情况下,易化与抑制肌紧张的中枢部位,两者活动相互拮抗而取得相对平衡,以维持正常肌紧张。但从活动的强度来看,易化区的活动较抑制区强,因此,在肌紧张的平衡调节中,易化区略占优势。

2. **去大脑僵直**(decerebrate rigidity) 在中脑上、下丘之间横断脑干的去大脑动物,会立即出现全身肌紧张、特别是伸肌肌紧张过度亢进,表现为四肢伸直、头尾昂起、脊柱挺硬的角弓反张现象,称为去大脑僵直(图21-3)。

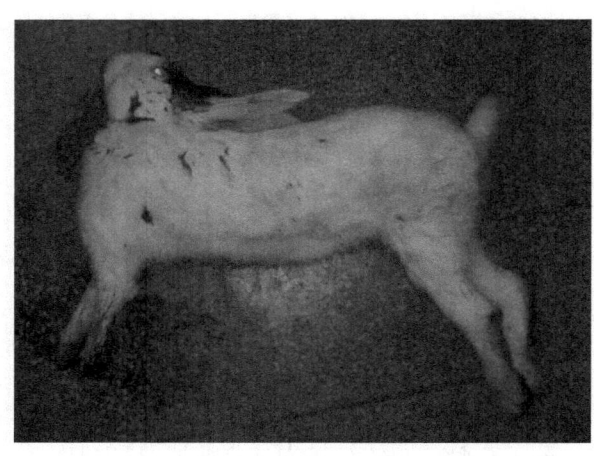

图21-3 兔的去大脑僵直

在去大脑动物中,由于切断了大脑皮层运动区和纹状体等神经结构与脑干网状结构的功能联系,使抑制区失去了高位中枢的始动作用,削弱了抑制区的活动;而与网状结构易化区有功能联系的神经结构虽也有部分被切除，但因易化区本身存在自发活动，而且前庭核的易化作用依然保留，所以易化区的活动仍继续存在。因此，易化系统与抑制系统的活动失去平衡，使易化系统的活动占有显著优势。由于这些易化作用主要影响抗重力肌的作用，故主要导致伸肌肌紧张加强，而出现去大脑僵直现象（如兔瘟）。

（三）小脑对躯体运动的调节

小脑是躯体运动调节的重要中枢。它通过3条途径与脑的其他部分联系，从而发挥对躯体运动的调节作用。①通过与前庭系统的联系，维持身体平衡；②通过与中脑红核等部位的联系，调节全身的肌紧张；③通过与丘脑和大脑皮层的联系，协调与控制躯体的随意运动。

破坏动物的小脑，导致肌肉软弱无力，肌紧张降低，平衡失调，站立不稳，四肢分开，步态蹒跚，体躯摇摆，容易跌倒。

（四）基底神经节对躨体运动的调节

大脑皮层下一些主要在运动调节中起重要作用的神经核群，称为基底神经节。主要包括尾核、壳核和苍白球，三者合称纹状体。基底神经节的主要作用是调节肌紧张，稳定或协调躯体的随意运动。在人类，基底神经节损伤可引起一系列运动功能障碍，其临床表现主要分两大类：一类是运动过少，肌紧张亢进，肌肉僵直或震颤等；另一类是运动过多，肌紧张低下的综合症，如舞蹈病和肢体徐动症等。

（五）大脑皮层对躯体运动的调节

大脑皮层是中枢神经系统控制和调节躯体运动的最高级中枢，它通过锥体系统和锥体外系统这两条运动传导通路实现的。

1. **锥体系**（pyramidal system） 大脑皮层运动区内存在着许多大锥体细胞这些细胞发出粗大的下行纤维组成锥体系统。包括皮层脊髓束（锥体束）与皮层脑干束。锥体束一般是指由皮层发出、经内囊和延髓锥体交叉到对侧下行到达脊髓腹角的传导束；皮层脑干束由皮层发出、经内囊抵达脑干内各脑神经运动神经元，虽不通过锥体，但在功能上与皮层脊髓束相同，所以，也包括在锥体系的概念之中。皮层脊髓束通过脊髓腹角运动神经元支配四肢和躯干的肌肉，皮层脑干束则通过脑神经运动神经元支配头面部的肌肉。

2. **锥体外系**（extrapyramidal system） 除了大脑皮层运动区外，其他皮层运动区也能引起对侧或同侧躯体某部分的肌肉收缩。这部分和皮质下神经结构发出的下行纤维，大部分组成锥体外系统。该系统调节肌肉群活动，主要是调节肌紧张，使躯体各部分协调一致。如家畜前进时，四肢运动能协调配合。

锥体系的主要功能是产生随意运动，控制小组肌肉群的精细运动。锥体外系的主要功能是调节肌紧张，维持身体姿势，协调大组肌肉群的运动。实际上，大脑皮层的运动功能都是通过锥体系与锥体外系的协同活动实现的，在锥体外系保持肢体稳定、适宜的肌张力和姿势协调的情况下，锥体系执行精细的运动。

五、神经系统对内脏活动的调节

内脏活动受植物性神经支配，包括交感神经和副交感神经。

（一）植物性神经对效应器的支配特点

1. **对同一效应器的双重支配** 除少数器官外，一般组织器官都接受交感神经和副交感神经的双重支配，而交感神经和副交感神经的作用往往又是相互拮抗的。例如：迷走神经对心活动具有抑制作用，交感神经则具有兴奋作用。这样使神经系统能从正反两方面灵敏地调节内脏的活动，以适应机体当时的需要。有时交感神经和副交感神经也表现为协同的作用。例如：支配唾液腺的交感神经和副交感神经对唾液分泌均有促进作用，但也有差别，前者引起的唾液分泌量少而黏稠，而后者引起的唾液分泌多而稀薄。

2. **紧张性作用** 在静息状态下植物性神经常发放低频的神经冲动支配效应器的活动，这种作用称为紧张性作用。例如：切断支配心脏的迷走神经后心率即加快，说明迷走神经对心脏的紧张性作用是抑制性的，而切断心交感神经时心率即减慢；说明交感神经对心的紧张性作用是兴奋性的；说明交感神经和副交感神经对心脏的支配都具有紧张性作用。

3. **效应器所处功能状态的影响** 植物性神经的外周性作用与效应器本身的功能状态有关。例如，刺激交感神经可引起未孕动物子宫的运动受到抑制，却可加强已孕子宫的运动（作用的受体不同）。又如：刺激迷走神经，可使处于收缩状态的胃幽门舒张，而舒张状态的则收缩。

4. **对整体生理功能调节的意义** 当动物遇到各种紧急情况，例如，剧烈运动、失血、紧张、窒息、恐惧和寒冷时，交感神经系统的活动明显增强（同时肾上腺髓质分泌也增加），表现为一系列交感-肾上腺髓质系统活动亢进的现象。例如，心率增快，心缩力增强，皮肤与腹腔内脏血管收缩，血液储存库排出血液以增加循环血量，使动脉血压升高。此外，还可出现肝糖元分解加速、血糖浓度升高、肾上腺素分泌增加等反应。其主要作用是动员体内许多器官的潜在能力，帮助机体度过紧急情况，以提高机体对环境急变的适应能力。

相比之下，副交感神经系统活动的范围比较局限，往往在安静时活动较强。它的活动常伴有胰岛素的分泌，故称之为迷走-胰岛素系统。这个系统的作用主要是保护机体、休整恢复、促进消化、积聚能量以及加强排泄和生殖等方面的功能。例如：机体在安静时副交感神经活动加强，此时心脏活动抑制、瞳孔缩小、消化机能增强以促进营养物质吸收和能量补充等。

（二）植物性功能的中枢性调节

1. **脊髓对内脏活动的调节** 交感神经和部分副交感神经发源于脊髓灰质侧角或相当于侧角的部位，说明脊髓是内脏反射活动的初级中枢。它整合着简单的植物性反射，主要是局部的阶段性反射活动。常见的反射中枢有排粪反射中枢、排尿反射中枢、性反射中枢、出汗与竖毛肌反射中枢等。

2. **脑干对内脏活动的调节** 由延髓发出的副交感神经传出纤维，支配头面部所有的腺体、心脏、支气管、喉头、食管、胃、胰腺、肝和小肠等；同时脑干网状结构中也存在许多与内脏活动有关的生命活动中枢，如呼吸中枢、心血管活动中枢、咳嗽中枢、呕吐中枢、吞咽中枢和唾液分泌中枢等。

3. **下丘脑对内脏活动的调节** 下丘脑有较高级的调节内脏活动的中枢。它能把内脏活动和其他生理活动联系起来，调节体温、营养摄取、水平衡、内分泌、情绪反应和生物节律等生理过程。

4. 大脑皮层对内脏活动的调节 大脑皮质边缘叶是调节内脏活动的高级中枢，能调节许多低级中枢的活动，其调节作用复杂而多变。

六、条件反射

反射活动是中枢神经系统的基本活动形式。反射活动分为条件反射和非条件反射。

（一）条件反射和非条件反射的区别

1. 非条件反射 非条件反射是通过遗传获得的先天性反射活动，它能保证机体各种基本的生命活动的正常进行。它是神经系统反射活动的低级形式，是动物在种族进化中固定下来的，而且也是外界刺激与机体反应间的联系。它有固定的反射弧，不受客观条件影响而改变。其反射中枢多数在皮层下部位，切除大脑皮层后，这种反射还存在。

能引起非条件反射的刺激称为非条件刺激。如食物接触动物口腔，就会引起唾液分泌。食物是非条件刺激，唾液分泌是非条件反射。非条件反射的数量有限的。

2. 条件反射 条件反射是后天建立起来的反射。它是神经系统反射活动的高级形式，是动物在个体生活过程中获得的外界刺激与机体反应间的暂时联系。它没有固定的反射弧，易受客观条件影响而改变。其反射中枢在大脑皮层下，切除大脑皮层后，条件反射消失。条件反射的数量是无限的。

能引起条件反射的刺激称为条件刺激。条件刺激在条件反射形成之前，对这个反射还是一个无关刺激，只有条件反射建立之后，才能称为条件刺激。

（二）建立经典条件反射的基本条件

条件反射的建立要求无关刺激与非条件刺激在时间上的多次结合，一般无关刺激要先于非条件刺激而出现。条件反射的建立与动物机体的状态和周围的环境有密切的关系。动物要健康、清醒、食欲旺盛，环境要避免嘈杂干扰。处于饱食状态的动物很难建立食物性条件反射，动物处于困倦状态时也很难建立条件反射。

（三）条件反射的泛化、分化和消退

当一种条件反射建立后，若给予和条件刺激相近似的刺激，也可获得条件刺激效果，引起同样条件反射，这种现象称为条件反射的泛化。它是由于条件刺激引起大脑皮层兴奋向周围扩散所致。如果这种近似刺激得不到非条件刺激的强化，该近似刺激就不再引起条件反射，这种现象称为条件反射的分化。而条件反射的消退是指在条件反射建立以后，如果仅使用条件刺激，而得不到非条件刺激的强化，条件反射的效应就会逐渐减弱，直至最后完全消退。

（四）影响条件反射形成的因素

1. 条件刺激必须在非条件刺激之前出现或同时出现；条件刺激必须和非条件刺激多次反复紧密结合；刺激强度要适宜，已建立起的条件反射要经常用非条件刺激来强化和巩固，否则条件反射就会逐渐消失。

2. 要求动物必须健康、清醒。昏睡或病态的动物是不易形成条件反射的。此外，应避免周围环境其他刺激对动物的干扰。

（五）条件反射的生物学意义

1. 动物在后天生活中建立了大量的条件反射，可大大扩充机体的反射活动范围，增强动物活动的预见性和灵活性，从而更加提高机体对环境变化的适应能力。

2. 条件反射的数量无限，并具有可塑性，既可强化，有可消退。人类可以利用这种可塑性，使动物按人们的意志建立大量条件反射，便于科学饲养管理和合理使用，以提高动物的生产性能。

复习思考题

1. 神经纤维传导和突触传递的特征有哪些区别？
2. 条件反射与非条件反射区别如何？犬能做一些动作，说明此反射建立的过程。

第二十二章　内分泌生理

知识目标
1. 了解激素的分类。
2. 熟悉激素分泌方式和激素作用机制。
3. 掌握垂体、肾上腺、甲状腺、甲状旁腺和胰岛分泌的激素。

第一节　概　述

内分泌系统由内分泌腺、内分泌组织和内分泌细胞构成。内分泌腺（glandulae endocrinae）是分泌物无导管排出，而直接进入血液或淋巴，又称无管腺，如垂体、松果体、肾上腺、甲状腺和甲状旁腺。内分泌组织指散在于其他器官之内的内分泌细胞团块，如胰中的胰岛、睾丸内的间质细胞、肾小球旁器、卵巢内的卵泡细胞和黄体。内分泌细胞指具有内分泌功能单个存在于许多器官中，如胃肠内分泌细胞，神经内分泌细胞。内分泌系统的分泌物为激素（hormone）。

一、激素概念及其分类

（一）激素概念

激素指内分泌系统分泌的传递调节信息的生物活性物质，这类物质经组织液或血液进行传递，诱导靶器官或靶细胞产生特殊的生理效应。

（二）激素的分类

按照化学结构的不同，激素可以分为两大类。

1. 含氮激素

（1）蛋白质激素：主要有腺垂体激素、胰岛素和甲状旁腺激素等。

（2）肽类激素：包括下丘脑调节肽、神经垂体激素、降钙素和消化道激素等。

（3）胺类激素：包括去甲肾上腺素、肾上腺素和甲状腺激素等。

2. 类固醇（甾体）激素　主要有由肾上腺皮质和性腺分泌的激素，胆固醇的衍生物——1,25-二羟维生素D_3[1,25$(OH)_2D_3$]也属类固醇激素。

二、激素作用的一般特性

（1）激素本身不是营养物质，也不能被氧化分解提供能量，它的作用只是促进或抑制靶器官或靶细胞原有的功能，使其加速或减慢。

（2）激素是一种高效能的生物活性物质，在体内含量很少，在血液中的浓度一般在百分之几微克以下，但对机体的生长发育、新陈代谢都有着非常重要的调节作用。如0.1μm肾上腺素就能使血压升高。

(3)各种激素的作用都有一定的特异性,即某一激素只能对特定的细胞或器官产生调节作用。但一般没有种间的特异性。

(4)激素的分泌速度和发挥作用的快慢均不一致:肾上腺髓质激素在数秒钟就能发生效应;胰岛素较慢,需数小时;甲状腺素则更慢,需几天。

(5)激素在体内通过水解、氧化、还原或结合等代谢过程,逐渐失去活性,不断从体内消失。

三、激素传递方式

(一)远距分泌

激素由血液运输到距分泌部位较远的靶组织发挥作用的方式,称为远距分泌,如腺垂体激素等。

(二)旁分泌

有些内分泌细胞分泌的激素,可以不经血液运输,仅通过组织液扩散直接作用于邻近的细胞,这种方式称为旁分泌,如胃肠激素等。

(三)自分泌

激素被分泌到细胞外以后,又返转作用于分泌该种激素的细胞自身,发挥自我反馈调节作用,这种方式称为自分泌,如前列腺素等。

(四)神经分泌

一些形态和功能都具有神经元特征的神经内分泌细胞,其轴突末梢向细胞间液分泌神经激素传递信息的方式称为神经分泌或神经内分泌,如下丘脑神经肽等。

四、激素的作用机制

激素作用的第一步是与靶细胞受体结合,受体都为大分子蛋白质,根据受体存在形式将靶细胞激素受体分为3种:①膜受体:分布于细胞膜表面或细胞膜中,大部分含氮激素的受体属于此类。②胞浆受体:分布于胞浆内,甾体激素类受体属于此类。③核受体:分布于细胞核,有的还直接与一个或数个染色体结合,如甲状腺激素受体。

(一)含氮类激素的作用机制(第二信使学说)

第二信使学说是1965年由Sutherland学派提出的,该学说认为,含氮激素是第一信使,含氮类激素分子比较大,不能进入靶细胞,可与靶细胞膜上具有立体构型的专一性受体结合,形成激素膜受体复合物,来激活膜上的腺苷酸环化酶(AC)系统。在Mg^{2+}存在的条件下,AC催化三磷酸腺苷(ATP)→二磷酸腺苷(ADP)→一磷酸腺苷(AMP)→环磷酸腺苷(cAMP)。cAMP可激活细胞质中蛋白激酶A(PKA),继而激活磷酸化酶并催化细胞内磷酸化反应,引起靶细胞特定的生理效应:腺细胞分泌、肌细胞收缩与舒张、神经细胞膜电位变化、细胞通透性改变、细胞分裂与分化以及各种酶促反应等(图22-1)。PKA也可进入细胞核,激活某些转录因子,调控DNA的转录过程。由于许多含氮激素与膜受体结合后均在细胞内生成cAMP,进而引发靶细胞的生物学效应。因此,称cAMP为第二信使。

后来的研究证明,除了cAMP以外,cGMP、三磷酸肌醇(IP_3)、二酰甘油(DG)

及Ca^{2+}等均可作为第二信使。研究也证明，细胞内的蛋白激酶除PKA外，还有蛋白激酶C（PKC）和蛋白激酶G（PKG）等。

（二）类固醇激素作用机制（基因表达学说）

类固醇激素分子比较小，呈脂溶性，能进入靶细胞，与胞浆受体结合，形成激素-胞浆受体复合物，使受体蛋白构型发生变化，获得透过核膜的能力而移至核内，胞浆受体复合物与核受体结合，形成激素-核受体复合物，启动DNA的转录过程，生成新的mRNA，诱导新蛋白质合成，引起相应的生理效应（图22-2）。

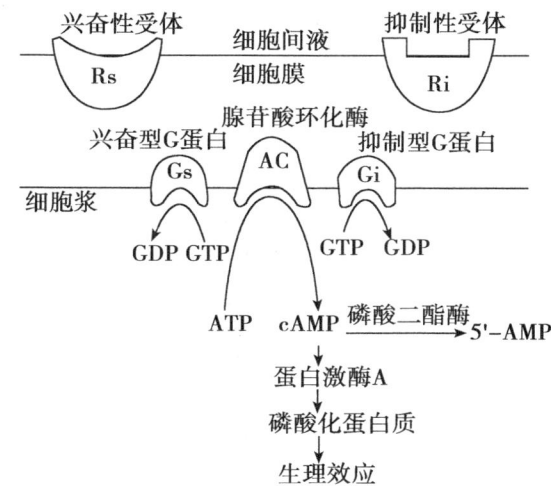

图22-1 含氮类激素作用机制

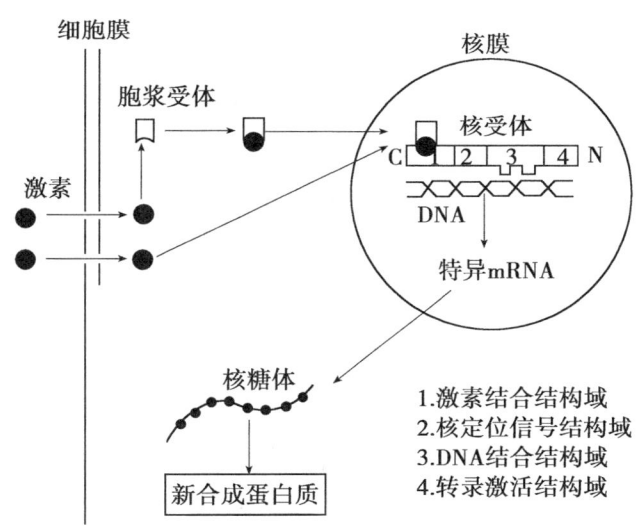

图22-2 类固醇激素作用机制

第二节 内分泌腺

一、下丘脑

（一）下丘脑的神经内分泌细胞

下丘脑许多核团的神经元具有内分泌细胞结构特点，称为下丘脑的神经内分泌细胞，它们能分泌肽类激素或神经肽，统称为肽能神经元。下丘脑肽能神经元分为小细胞肽能神经分泌系统（神经内分泌小细胞）和大细胞肽能神经分泌系统（神经内分泌大细胞）两

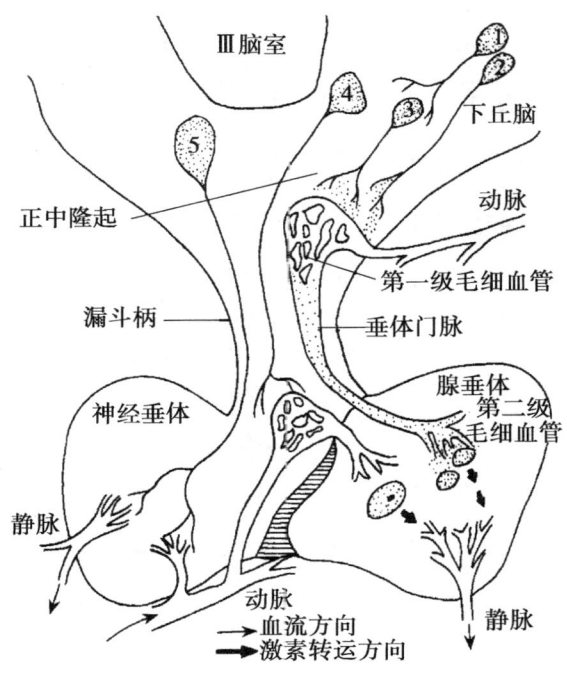

图22-3 下丘脑-垂体功能单位

大系统。小细胞肽能神经元，它们的轴突末梢终止于正中隆起处垂体门脉系统的第一级毛细血管网。分泌的激素经垂体门脉系统运送至腺垂体，调节腺垂体的分泌活动。大细胞神经元，细胞体积大，轴突末梢终止于神经垂体，激素经轴突运送至神经垂体储存，由垂体释放入血（图22-3）。

（二）下丘脑的神经内分泌激素

下丘脑神经内分泌细胞分泌的激素包括：促甲状腺激素释放激素、促肾上腺皮质激素释放激素、促性腺激素释放激素、生长激素释放激素和生长抑素、催乳素释放因子和催乳素释放抑制因子、促黑激素释放因子和促黑激素释放抑制因子。其作用见表22-1。

表22-1 下丘脑的神经内分泌激素的主要作用

激素种类	英文缩写	主要作用
1. 促甲状腺激素释放激素	TRH	促进腺垂体合成和释放促甲状腺激素
2. 促肾上腺皮质激素释放激素	CRH	促进腺垂体合成和释放促肾上腺皮质激素
3. 促性腺激素释放激素	GnRH	促进腺垂体合成和释放促性腺激素
4. 生长激素释放激素和生长素（生长激素释放抑制激素）	GHRH和SS（GHRIH）	①GHRH促进腺垂体合成和释放生长激素；②SS抑制腺垂体合成和释放生长激素
5. 催乳素释放因子和催乳素释放抑制因子	PRF和MIF	①PRF促进腺垂体催乳素的合成和释放；②MIF抑制腺垂体催乳素的合成和释放，通常以抑制作用为主
6. 促黑激素释放因子和促黑激素释放抑制因子	MRF和MIF	①MRF促进腺垂体促黑激素的合成和释放；②MIF抑制腺垂体促黑激素的合成和释放

二、垂体

（一）腺垂体

腺垂体的远侧部和结节部的腺组织分泌含氮激素，主要有：生长激素、催乳素、促性腺激素（卵泡刺激素或促卵泡激素和黄体生成素）、促甲状腺激素、促肾上腺皮质激素和促黑（素细胞）激素。其作用见表22-2。生长激素分泌不足生长受阻为侏儒症，促黑素分泌不足出现白化病。

表22-2 腺垂体激素的主要作用

激素种类	英文缩写	主要作用
1. 生长激素	GH	①促进生长：促进骨、软骨、肌肉及其他组织细胞分裂增殖，促进蛋白质合成； ②促进代谢：GH可通过生长介素促进氨基酸进入细胞，加快DNA、RNA的合成进而促进蛋白质合成；促进脂肪分解，增强脂肪酸氧化，提供能量；GH抑制外周组织摄取和利用葡萄糖，减少葡萄糖消耗，提高血糖水平
2. 催乳素	PRL	①对乳腺的作用：促进乳腺的发育，发动并维持泌乳； ②对性腺的作用：少量PRL可促进黄体的生成并维持分泌孕激素，而大量的PRL则引起相反的抑制作用
3. 促性腺激素（卵泡刺激素促卵泡激素和黄体生成素）	FSH和LH	①FSH在LH和性激素协同作用下，可促进雌性动物卵巢卵泡细胞增殖和卵泡生长发育并分泌卵泡液；作用于雄性动物睾丸，促进生精上皮的发育、精子的生成和成熟； ②LH与FSH协同作用可促进卵巢合成雌激素、卵泡发育成熟并排卵、以及排卵后的卵泡转变成黄体。LH促进睾丸间质细胞增殖并合成雄激素，因而在雄性动物又称为间质细胞刺激素（ICSH）
4. 促甲状腺激素	TSH	①促进甲状腺的生长； ②促进甲状腺激素的合成和释放
5. 促肾上腺皮质激素	ACTH	①促进肾上腺皮质的生长发育； ②促进肾上腺皮质激素的合成与释放
6. 促黑（素细胞）激素	MSH	①促使黑素细胞生成黑色素； ②使皮肤和被毛颜色加深

（二）神经垂体

由下丘脑视上核和室旁核神经元分泌的，激素经轴突运送至神经垂体储存，由垂体释放入血。神经垂体激素包括抗利尿激素和催产素。其作用见表22-3。

表22-3 神经垂体激素的主要作用

激素种类	英文缩写	主要作用
1. 抗利尿激素（血管升压素）	ADH（VP）	①抗利尿作用：促进肾远曲小管和集合管对水重吸收，使尿量减少； ②升高血压作用：使除脑、肾以外的全身小动脉强烈收缩，因而血压升高。生理状态下，血中VP浓度很低，不能引起血管收缩、血压升高。在机体脱水或失血时，VP释放增多，对血压的升高和维持起一定的调节作用
2. 催产素	OXT	①对乳腺的作用：促使肌上皮和乳腺导管平滑肌收缩，引起排乳； ②促进子宫收缩：分娩时促进子宫强烈收缩，有利于分娩。排卵期有助于精子向输卵管移动

三、甲状腺

甲状腺分泌甲状腺激素和降钙素。

（一）甲状腺激素

甲状腺激素是酪氨酸碘化物，主要有两种：一种是甲状腺素，又称四碘甲腺原氨酸（T_4），另一种是三碘甲腺原氨酸（T_3）。合成甲状腺激素的主要原料是碘和甲状腺球蛋白。碘主要从食物摄取，甲状腺球蛋白由腺泡上皮细胞分泌，其中的酪氨酸经过碘化后合成甲状腺激素。甲状腺激素在腺泡腔内以胶质的形式储存。当甲状腺受到TSH刺激后，腺泡细胞通过入胞将含有T_4、T_3及其他碘化酪氨酸残基的甲状腺球蛋白胶质小滴，吞饮进入腺细胞内，随即与溶酶体融合而形成吞噬体，并被溶酶体蛋白水解酶水解，生成T_4、T_3及MIT和DIT。水解后的甲状腺球蛋白因分子较大，一般不易进入血液循环；而MIT和DIT虽然分子较小，但在脱碘酶作用下很快脱碘，脱下的碘大部分储存在甲状腺内并可重新利用，小部分进入血液；T_4和T_3则不受脱碘酶作用，通过出胞迅速进入血液。甲状腺激素的作用如下。

1. **对代谢影响**

（1）产热效应：可提高基础代谢率，有明显的增加产热作用，可使体内绝大多数组织的耗氧量和产热量增加。

（2）对蛋白质代谢影响：正常分泌促进蛋白质合成和各种酶的生成。分泌过多时，加速蛋白质特别是骨骼肌蛋白质的分解，还促进骨的蛋白质分解。

（3）对糖代谢影响：能够促进小肠黏膜对糖的吸收，增强肝糖原分解，抑制糖原合成，并可加强肾上腺素、胰高血糖素、皮质醇和生长激素的升糖作用，升高血糖浓度；也可加强外周组织对糖的利用，故有降低血糖的作用。

（4）对脂肪代谢影响：促进脂肪酸氧化，增强儿茶酚胺和胰高血糖素对脂肪的分解作用；对胆固醇的作用有双重性，一般分解作用要强于合成作用。

（5）对水和电解质的影响：对毛细血管正常通透性的维持和细胞内液的更新有调节作用。甲状腺功能低下时，毛细血管通透性明显增大，可见组织特别是皮下组织发生水盐潴留，同时有大量黏蛋白沉积而表现黏液性水肿，补充甲状腺素后水肿可消除。

2. **对生长发育的影响** 是机体生长、发育和成熟的重要因素，特别是对脑和骨的发育尤为重要。生长发育期，甲状腺功能低下，脑发育受阻，智力低下；同时骨骼发育受阻，身材矮小，称为呆小症。蝌蚪的甲状腺如被破坏则停止发育，不能变态成蛙。

3. **对中枢神经系统的发育以及功能的影响** 甲状腺功能亢进时，表现中枢神经系统兴奋性增高的症状，如不安、过敏、易激动、失眠多梦及肌肉颤动等；功能低下时中枢神经系统兴奋性降低，表现记忆力减退、行动迟缓、嗜睡等症状。

4. **对心血管系统活动的影响** 可使心率加快、心肌收缩力增强、心输出量增加。

5. **对生殖系统发育的影响** 分泌不足，影响生殖器官发育，精子和卵子生成，雌性发情、排卵、受孕和泌乳等生理活动。母畜发情紊乱、不孕、流产、死胎和产弱仔。

（二）降钙素

甲状腺腺泡之间和腺泡上皮之间还有一种分泌细胞叫甲状腺C细胞，又称滤泡旁细胞分泌。

四、甲状旁腺

甲状旁腺分泌甲状旁腺激素,与降钙素和1,25-二羟维生素D_3共同调节血钙和血磷的代谢。其作用见表22-4。体内的维生素D_3主要来源于皮肤,在阳光紫外线的作用下,皮肤中的7-脱氢胆固醇可转化成维生素D_3,维生素D_3也可从动物性饲料中获取。

表22-4 甲状旁腺激素、降钙素和1,25-二羟维生素D_3的作用

激素种类	英文缩写	主要作用
1.甲状旁腺激素	PTH	使血钙升高 ①对骨的作用:促进骨钙溶解进入血液,使血钙浓度升高; ②对肾的作用:促进肾小管的对钙的重吸收,使尿钙减少,血钙升高;抑制肾小管对磷的重吸收,尿中磷酸盐增加,血磷降低; ③促进1,25-二羟维生素D_3合成:从而促进小肠对钙和磷的吸收
2.降钙素	CT	使血钙降低 ①对骨的作用:抑制破骨细胞的活动,增强成骨过程,骨中钙和磷沉积增多,血钙和血磷降低; ②对肾的作用:抑制肾小管对钙、磷、钠和氯的重吸收,使这些离子经尿排出量增多,血中钙和磷降低
3.1,25-二羟维生素D_3	VD_3	使血钙升高 ①对骨的作用:正常情况下促进骨中钙、磷沉积,使血钙和血磷降低;当血钙降低时,又促进骨钙溶解进入血液,使血钙浓度升高; ②对肾脏的作用:促进肾小管对钙和磷的重吸收,减少尿中钙和磷的排出量。血钙和血磷升高; ③对小肠的作用:促进小肠对钙和磷的吸收,血钙和血磷升高

五、肾上腺

肾上腺皮质部分泌的激素称为肾上腺皮质激素,球状带分泌的激素以醛固酮为主,主要参与体内水盐代谢的调节,称盐皮质激素。束状带分泌的激素以皮质醇为主,最初发现它有生糖作用而命名为糖皮质激素,实际上具有广泛的生理作用。网状带分泌少量的脱氢表雄酮和微量的雌二醇性激素等。肾上腺髓质部分泌的激素称为肾上腺髓质激素,肾上腺髓质的嗜铬细胞主要分泌肾上腺素、去甲肾上腺素和多巴胺。

(一)肾上腺皮质激素

1. 糖皮质激素 主要是皮质醇,皮质酮的含量为皮质醇的1/20~1/10,生物活性仅为皮质醇的35%。

对物质代谢的作用

①对糖代谢的作用。糖皮质激素是调节体内糖代谢的重要激素之一,有显著的升血糖作用。这是由于皮质醇可促进蛋白质分解、抑制外周组织对氨基酸的利用,而异生成肝糖原,使糖原储存增加;同时,通过抗胰岛素作用,降低肌肉、脂肪等组织对胰岛素的反应性,使外周组织对葡萄糖的利用减少,导致血糖升高。

②对蛋白质代谢的作用。糖皮质激素有促进蛋白分解、抑制其合成的作用。肝外组

织，特别是肌蛋白分解生成的氨基酸进入肝脏，可成为糖原异生的原料。皮质醇分泌过多常引起生长停滞、肌肉消瘦、皮肤变薄和骨质疏松等现象。

③对脂肪代谢的作用。糖皮质激素促进脂肪分解和脂肪酸在肝内的氧化，抑制外周组织对葡萄糖的利用，利于糖原异生。

④对水盐代谢的作用。糖皮质激素可增加肾小球血流量，使肾小球滤过率增加，促进水的排出。糖皮质激素分泌不足时，机体排水功能低下，严重时可导致水中毒、全身肿胀，补充糖皮质激素后可使症状缓解。

⑤在应激反应中的作用。当动物受到一系列非特异性刺激（如创伤、手术、饥饿、疼痛、缺氧、寒冷以及惊恐等）时，血液中促肾上腺皮质激素和糖皮质激素含量立即升高。一般将此类刺激统称为应激刺激。因应激刺激引起的机体与适应性及耐受性有关的反应称为应激，因此，应激属非特异性反应。意义在于从多方面调整整体对应激刺激的适应性和抵御能力，从而保护自身。参与应激反应的有多种激素，主要是ACTH和糖皮质激素。所以切除肾上腺皮质的动物应激能力很差。

⑥对组织器官的作用

血细胞：糖皮质激素可增加血液中中性粒细胞、血小板、单核细胞和红细胞的数量，而使淋巴细胞和嗜酸性粒细胞数量减少。

血管系统：糖皮质激素通过增强血管平滑肌对儿茶酚胺的敏感性（即糖皮质激素的允许作用）来保持血管的紧张性和维持血压。糖皮质激素还可降低毛细血管壁的通透性，利于血容量的维持。

神经系统：糖皮质激素可提高中枢神经系统的兴奋性。肾上腺皮质功能低下、糖皮质激素分泌不足时，动物表现精神萎顿。

消化系统：糖皮质激素促进多种消化液和消化酶的分泌。胃消化活动中，糖皮质激素能增加胃酸及胃蛋白酶原的分泌，还能提高胃腺细胞对迷走神经和胃泌素的反应性。

此外，糖皮质激素还有增强骨骼肌收缩力、抑制骨的形成、促进胎儿肺表面活性物质的合成等作用。

2. 盐皮质激素 主要包括醛固酮、11-去氧皮质酮（DOC），其中，醛固酮的生物活性最高，DOC是醛固酮合成反应的中间产物，它对水盐代谢的作用仅为醛固酮的1/30。

盐皮质激素是调节机体水盐代谢的重要激素，对肾有保钠、保水和排钾作用，进而影响细胞外液和循环血量的相对稳定。

（二）肾上腺髓质激素

肾上腺髓质受交感神经节前纤维支配，两者关系密切，组成了交感-肾上腺髓质系统。当机体遭遇特殊紧急情况时，因交感-肾上腺髓质系统功能紧急动员引起的适应性反应，称为应急反应。应急反应与应激反应有着类似的刺激因子，如畏惧、焦虑、剧痛、失血、脱水、缺氧、寒冷、创伤和剧烈运动等。应激反应主要是加强机体对伤害刺激的基础耐受能力，而应急反应更偏重于提高机体的警觉性和应变能力。受到外界的刺激时，两种反应往往同时发生，共同维持机体的适应能力。

肾上腺素、去甲肾上腺素分泌大大增加，作用于中枢神经系统，提高其兴奋性，使机体进入警觉状态，反应变灵敏。呼吸加强、加快；心跳加快、心收缩力增强、心输出量增加、血压升高、血液循环加快、心脏血管收缩、骨骼肌血管舒张，同时血流量增多，全身血液重新分配，以利于应急时重要器官得到更多的血液供给；肝糖原分解增强，血糖升高，脂肪分解加速，血中游离脂肪酸增多，葡萄糖与脂肪酸氧化过程增强，以适应在应急情况下对能量的需要。

六、胰岛

胰岛（insulac pamcreaticae）是散在于胰腺腺泡之间的细胞群，胰岛细胞可分为：A细胞（占20%），分泌胰高血糖素；B细胞（占60%~70%），分泌胰岛素；D细胞（占5%），分泌生长抑素；D_1细胞，可能分泌血管活性肠肽；PP细胞（F细胞），数量很少，分泌胰多肽。其作用见表22-5。

表22-5　胰岛激素的作用

激素种类	英文缩写	主要作用
1. 胰岛素		①对糖代谢的作用：有降低血糖浓度的作用。促进全身组织，特别是肝、肌肉和脂肪组织对葡萄糖的摄取和利用，促进肝糖原和肌糖原的合成，并能够抑制糖原分解和糖的异生； ②对脂肪代谢的作用：促进脂肪的合成与储存。它使血中游离脂肪酸减少，同时抑制脂肪的分解氧化； ③对蛋白质代谢的作用：胰岛素既促进蛋白质合成，又抑制蛋白质分解。它促进细胞对氨基酸的摄取；加速细胞核DNA和RNA的生成、加快核糖体的翻译过程促进蛋白质的合成；抑制蛋白质分解和糖原异生，利于生长
2. 胰高血糖素		①对糖代谢的作用：促进糖原分解和葡萄糖异生，有显著升高血糖的效应； ②对脂肪代谢的作用：促进脂肪的分解和脂肪酸的氧化，使血液酮体增多； ③对蛋白质代谢的作用：促进蛋白质分解和抑制合成的作用
3. 生长抑素	SS	通过旁分泌方式抑制胰岛A细胞、B细胞和PP细胞的分泌活动，参与胰岛激素分泌的调节
4. 胰多肽	PP	在人类有减慢食物吸收的作用，但其确切的生理作用尚不清楚

胰岛素有降低血糖浓度的作用，分泌不足可引起血糖浓度升高，如超过肾糖阈，糖从尿中排出，引起糖尿病；胰岛素促进脂肪的合成与储存，缺乏时因糖利用受阻而由脂肪分解供能，使血液游离脂肪酸增多，生成大量酮体，引起酮血症与酸中毒；同时，脂肪代谢紊乱使血脂增加，可引起动脉硬化，导致心、脑血管系统疾病。

七、性腺

性腺包括雄性性腺睾丸和雌性性腺卵巢。睾丸间质细胞分泌雄激素（睾酮、双氢睾酮和雄烯二酮），支持细胞分泌抑制素。卵巢卵泡的膜细胞分泌雄激素，在颗粒细胞内转化为雌激素，卵巢的妊娠黄体（corpus lateum）分泌孕激素和松弛素。性激素的作用见表22-6。

表22-6　性激素的化学性质和作用

激素种类	英文缩写	主要作用
1.雄激素（睾酮）	T	①促进雄性生殖器官的发育，促进和维持第二性征； ②促进精子生成； ③刺激公畜产生性欲和发生性行为； ④促进蛋白质合成，特别是肌肉和生殖器官的蛋白质合成； ⑤促红细胞生成素的生成，从而促进红细胞的生成； ⑥促进公畜皮脂腺的分泌
2.雌激素	E_2	①促进雌性生殖器官的发育。促进和维持第二性征。刺激乳腺导管和结缔组织增生，促进乳腺发育； ②促进卵子的生成和排卵； ③刺激母畜产生性欲和性兴奋； ④促进母畜发情； ⑤促进蛋白质合成，特别是生殖器官的蛋白质合成。加速骨的生长，促进骨骺愈合
3.孕激素	P	①刺激子宫内膜增厚、腺体分泌，利于受精卵附着、发育。降低子宫平滑肌的兴奋性，抑制子宫肌收缩，利于妊娠、保胎； ②促使宫颈黏液分泌减少、变稠，黏蛋白分子交织成网，不利于精子通过； ③在雌激素作用基础上，对乳腺腺泡发育起重要促进作用
4.松弛素		①松弛荐髂关节，骨盆联合，加宽硬产道； ②扩张子宫颈，放松软产道； ③在雌激素和孕激素协同，促进乳腺生长

复习思考题

1. 当发生伤害性刺激时，哪些激素分泌增多，作用如何？
2. 调节血钙的激素有哪些，各自的作用如何？
3. 患糖尿病时为什么能引起尿糖升高？

第二十三章　生殖和泌乳

知识目标

1. 熟悉性成熟、体成熟和性季节概念及对于生产实践的意义。
2. 掌握初乳和常乳的区别和排乳反射过程。

第一节　生　殖

生殖过程包括：生殖细胞生成、交配和受精、妊娠和分娩及哺乳等重要环节。

一、概述

（一）性成熟和体成熟

1. 性成熟（sexual maturity）　当动物生长发育到一定时期，生殖器官已基本发育完全，开始具有生殖能力，通常把这个时期称为性成熟。性成熟家畜生理功能有两个明显的特点：①雌、雄个体开始生成成熟的生殖细胞（精子或卵子）；②具有明显的性行为和性功能，表现为强烈的性欲，能够进行交配、受精和妊娠等。性成熟是一个发展过程，它的开始阶段称为初情期。雄性动物的初情期，一般以开始出现阴茎勃起、爬跨异性、交配等各种性行为为标志。雌性动物的初情期主要表现是出现发情，但发情无规律。从初情期到具有正常生殖能力的性成熟往往需要一段较长时间，一般情况下，性成熟小动物比大动物早，雄性动物比雌性动物早。

2. 体成熟　动物性成熟后，其生长发育仍在继续进行，直到具有成年动物正常体貌结构特征，称为体成熟。各种家畜性成熟和体成熟的年龄见表23-1。性成熟后不能马上配种，必须达到体成熟才能配种。

表23-1　各种动物性熟与体成熟的年龄

动物种类	性成熟	体成熟
牛	10~18个月	2~3周岁
绵羊	5~8个月	12~15个月
山羊	5~8个月	12~15个月
猪	3~6个月	9~12个月
马	18~24个月	3~4周岁
狗	4~8个月	品种多，差异大

（二）性季节

在一年之中，除在妊娠期外，都能周期性出现发情，叫终年多次发情，如猪、牛和家兔；只在一个季节里，表现多次发情，叫季节性多次发情，如羊和马；在一个性季节里，只表现一次发情，叫季节性单次发情，如犬。雌性动物在发情季节之间要经过一段无发情表现时期，叫乏情期，而雄性动物一般不受季节的限制。

二、发情周期

雌性动物在性成熟后，随着每次排卵，其行为其生殖系统的形态、功能以及性行为均发生一系列的改变，且这些变化随着排卵的到来呈周期性再现，从这一次排卵到下一次排卵的间隔时间叫发情周期。发情周期一般可分为4个期：

（一）发情前期

发情前期（proeyrus）是发情周期的开始阶段，卵巢中有新的卵泡发育。此时，雌激素分泌增加，腺体活动开始加强，分泌增多，生殖道轻微充血、肿胀，但动物一般无交配欲。

（二）发情期

发情期（estrus period）是发情症状集中表现的阶段。动物有强烈的性欲和性兴奋，能够接受公畜交配。此时卵泡也进入新的发育阶段，卵泡迅速成熟并排卵，外阴部充血，肿胀，子宫黏膜增生，腺体分泌增多，子宫颈开张，并有黏液从阴道流出，子宫和输卵管出现蠕动现象。

（三）发情后期

发情结束后，黄体形成和维持的时期称发情后期（metesyrus）。行为上不表现性兴奋和交配欲，生殖系统的亢进逐渐消退，卵巢内形成黄体并分泌孕酮。

（四）间情期

间情期是转入下一个发情前期的过渡时期，也称休情期（diestrus）。在此期间动物行为正常，无交配欲。生殖系统处于相对静止阶段，卵巢中黄体退化。一旦黄体完全消失，新的卵泡开始生长发育，就进入下一个发情周期。

三、交配

交配（copulation）是性成熟的雄性和雌性动物共同完成的一种性行为，通过交配，精液从雄性生殖道排出并被射入雌性生殖道内，这是生殖过程的一个重要环节。

（一）交配行为

交配是复杂的性行为，包括一系列按一定顺序出现的反射，包括：求偶反射、勃起反射、爬跨反射、插入反射和射精反射等。交配行为要求雌、雄两性个体协调配合。

（二）射精

射精（ejaculation）是指公畜将精液射入母畜生殖道内的过程，是交配行为的最终结果。

1. 射精的类型 阴道射精型将精液射至阴道深处和子宫颈附近（如牛和羊）；子宫射精型将精液射入母畜子宫内（如马）。

2. 精子、卵子在生殖道内的运行 雄性动物射精后，精子在母畜生殖道内运行，经过阴道、子宫和输卵管，最后到达受精部位。精子的运行，需要多种力量的配合，如：射精的力量、子宫颈的吸入作用、生殖道肌肉的收缩力、生殖道分泌液的推动力以及精子本身的运动力等。卵子进入输卵管伞后经数小时到达输卵管壶腹，并在此受精。卵子在输卵管内的运行主要依靠输卵管收缩，黏膜纤毛运动以及管腔液的流动。所有这些动力除物理因素外，都受神经内分泌调节。

四、受精

精子和卵子结合形成合子的过程称为受精（fertilization）。

（一）精子、卵子在受精前的准备

无论精子还是卵子都要经过一定时间才能到达壶腹，在这一过程中它们都需要经历一定的变化，为受精做好准备。

1. **精子在受精前的准备** 精子在雌性生殖道内需经历一系列变化而获得使卵子受精的能力，称为精子获能。在附睾和精液中存在一种叫"去能因子"的物质，它使精子的受精能力受到抑制。当精子进入雌性生殖道内后，"去能因子"被解除，从而获得受精能力。

2. **卵子在受精前的准备** 卵子排出后要运行至壶腹部才能受精。它在运行过程中也与精子一样发生一系列变化，以达到成熟程度。各种动物卵子的成熟过程并不一样。牛、绵羊和猪排出的卵子虽然已经过第一次减数分裂，但还需要进一步发育才能达到受精所需的要求。马排出的卵子仅处于初级卵母细胞阶段，在输卵管中需要进行又一次成熟分裂。

（二）受精过程

受精过程主要分为以下3个步骤。

1. **精子与卵子相遇** 由于卵子外周存在由放射冠、透明带组成的保护层，因此，获能精子与卵子在受精部位相遇后，两者并不能结合，只有待卵子的保护层溶解后才能实现受精。精子的顶体是由膜包裹的溶酶体样结构，当精子与卵子相遇后，顶体破裂形成许多囊泡，各种酶溢出，以溶解放射冠，使精子穿过放射冠，到达透明带的外侧。顶体结构的囊泡形成和顶体内酶的激活与释放，称为顶体反应。

2. **精子进入卵子** 精子穿过放射冠后，附着于透明带。此后，精子穿过透明带，并实现精、卵质膜的融合。

精子穿过透明带：透明带表面存在有种属特异性的精子受体，以利于精子、卵子之间的识别，防止异种精子的闯入。由精子顶体反应释放的蛋白酶，顶体酶等破坏糖蛋白结构，进而引起透明带的溶解，最后精子穿过透明带。

精卵质膜的融合：一旦精子穿过透明带后，在质膜融合时发生了皮质反应、透明带反应和卵黄膜反应，以防止多精受精作用。皮质反应是最初的反应，当精、卵膜接触时，卵膜发生局部电位变化，整个反应从精子入卵处开始，并向四周扩展，以制止其他精子膜与卵膜融合。此后，出现透明带反应，这种反应的实质是穿过透明带的精子触及卵黄膜后，可引起卵黄膜的收缩，卵黄膜内有关物质进入透明带，进而使透明带变性硬化，并重新封闭，以阻止随后到达的精子进入。当精子头部与卵黄膜接触时，随着卵黄的紧缩，卵黄膜增厚，并排出部分液体，进入卵囊周围，这一过程称为卵黄膜反应。此后，不再允许其他精子通过卵黄膜，这种反应是保证单精子受精的又

一道屏障。

3. 精子与卵子融合成为合子 精子进入卵细胞后，激发卵细胞完成第2次成熟分裂，排出第二极体，形成核仁和核膜，成为雌性原核。进入卵细胞的精子也发生一系列变化，精子尾部迅速退化，细胞核膨大，出现核仁、核膜，形成雄原核，随即与雌性原核融合，形成一个拥有2n染色体的受精卵，即合子。

五、妊娠和分娩

（一）妊娠

妊娠（pregnancy）是指受精卵在动物子宫内生长发育为成熟胎儿的过程。妊娠主要生理变化有：

1. 受精卵的卵裂和胚泡附植 受精卵沿输卵管向子宫移行的同时，进行细胞分裂称卵裂。约3d，即变成16~32个细胞的桑葚胚。约4d，桑葚胚进入子宫，继续分裂，体积扩大，中央形成含有少量液体的空腔，此时的胚胎称囊胚。囊胚逐渐埋入子宫内膜而被固定，这个过程称为附植。此时胚胎与母体建立密切联系，开始由母体供应营养和排出代谢产物。从受精到附植所需时间：牛为45~75d，羊为16~20d。

2. 胎膜和胎盘的形成与胎儿的发育

（1）胎膜：附植后胚泡继续发育，逐渐形成一个由羊膜、尿囊膜和绒毛膜组成的结构，成为胎膜。

羊膜：包围着胎儿，形成羊膜囊，囊内充满羊水，胎儿浮于羊水中。羊水有保护胎儿和分娩时有润滑产道的作用。

尿囊膜：在羊膜的外面，形成囊腔，叫尿囊，内有尿囊液。

绒毛膜：位于最外层，紧贴在尿囊膜上，表面有绒毛。牛和羊的绒毛散布于绒毛膜的表面，并聚集成许多丛，叫绒毛叶。除绒毛叶外，绒毛膜的其余部分是平滑的。猪和马的绒毛分布于整个绒毛膜的表面。

（2）胎盘：由胎膜的绒毛膜和妊娠子宫黏膜共同构成。前者称为胎儿胎盘，后者称为母体胎盘。两种胎盘都有丰富的血管分布，并相互交换物质。

3. 妊娠时母畜的变化 母畜妊娠后，为了适应胎儿的生长发育，各器官的生理功能都发生一系列的变化。①妊娠黄体分泌大量孕酮，促进附植、抑制排卵和降低子宫平滑肌的兴奋性，刺激乳腺发育准备分泌乳汁。②随胎儿发育，子宫体积和重量逐渐增加，腹部内脏器官受子宫挤压向前移动，引起消化、循环、呼吸和排泄等一系列变化。如胸式呼吸，呼吸浅而快，肺活量降低；血浆容量增加，血液凝固能力提高，血沉加快。到妊娠末期，血中碱储减少，出现酮体，形成生理性酮血症；心脏工作负担增加，出现代偿性心肌肥大；排尿排粪次数增加，尿中出现蛋白质等。③为了适应胎儿发育的特殊需要，甲状腺、甲状旁腺、肾上腺和脑垂体表现为妊娠性增大和机能亢进；母畜代谢增强，食欲旺盛，对饲料的利用率增加，显得肥壮，被毛光亮平直。妊娠后期，由于胎儿的迅速生长，母体需要养料较多，如饲料和饲养管理条件差，就会逐渐消瘦。

4. 妊娠期 从卵子受精到正常分娩所经历的时间，称为妊娠期。各种动物妊娠期见表23-2。

表23-2 动物的妊娠期

动物种别	平均妊娠期（d）	变动范围（d）
牛	282	240~311
水牛	310	300~327
绵羊、山羊	152	140~169
猪	115	110~140
马	340	307~402
兔	30	28~33
狗	62	59~65

（二）分娩

母体怀孕期满，发育成熟的胎儿被母畜通过生殖道将胎儿、胎水、胎衣排出的生理过程称为分娩（parturition）。一般可分为3个时期：开口期、胎儿产出期和胎衣排出期。

1. 开口期 开口期的关键是子宫颈的开放。这一过程是子宫间歇性收缩的结果，开始时收缩频率较低，以后频率增加，时间延长，但间歇时间缩短，一直到子宫颈完全开放。此阶段外表无明显症状，主要动力是阵缩。

2. 胎儿产出期 从子宫颈完全开放至胎儿排出。子宫更为频繁而持久地收缩，此期腹肌、膈肌收缩，努责明显，外表症状显著。

3. 胎衣排出期 从胎儿排出后到胎衣完全排出。胎儿排出后，经短时间的间歇，子宫又收缩，使胎衣与子宫壁分离，随后排出体外。胎衣排出后，子宫收缩压迫血管裂口，阻止继续出血。

第二节 泌 乳

一、乳腺的生长发育

家畜的乳腺生长发育呈明显的年龄特点：

（一）出生到初情期

只有简单的导管，并以乳头为中心向四周辐射。

（二）初情期

乳腺快速增长，并伴随着脂肪的积聚，乳导管系统生长迅速。

（三）妊娠期

妊娠早期乳腺导管系统进一步扩展并分支，形成腺小叶间的导管，并出现腺泡，此后小叶日益明显，至最后两个月，腺泡明显增大，并充满大量脂肪球分泌物。临产前腺泡分泌初乳。

（四）泌乳期

乳腺细胞数目增加，乳腺组织发育完全，直至泌乳高峰期。泌乳动物经过泌乳高峰期之后，腺泡的体积开始逐渐缩小，分泌腔渐趋消失，与此同时，导管系统也渐渐萎缩，腺组织相继被结缔组织和脂肪组织所代替，这一生理过程称为乳腺回缩。乳腺进入回缩期后乳房体积缩小，泌乳量逐渐减少，最后泌乳停止。到第2次妊娠后，乳腺实质从新生长发育。为了完成上述的改建过程，母牛需要有40~60d的干乳期。

二、乳的分泌

乳的分泌是指乳腺的腺泡上皮细胞，从血液摄取营养物，生成乳后，分泌进入腺泡腔内的生理过程。当大量血液流经乳腺毛细血管时，腺泡上皮细胞能选择性地吸收血浆中的营养物质，并将其中的一部分物质浓缩，而将另一部分物质经酶的作用，改变成乳的成分。乳中的酪蛋白是血液中的氨基酸合成的；乳糖则是血液中的葡萄糖合成的；乳中的球蛋白、酶、维生素和无机盐则是乳腺上皮细胞由血液选择性的吸收后，加以浓缩而形成的。

三、乳

乳分为初乳和常乳，雌性动物分娩后最初3d或5d内所产的乳称为初乳。初乳期过后，乳腺所分泌的乳称为常乳。

（一）初乳

初乳浓稠，呈黄色，稍有咸味。与常乳比较，初乳中脂肪、蛋白质、无机盐含量较高，而乳糖含量较低。磷、钙、钠和钾含量大约为常乳的1倍，而铁的含量则比常乳高10~17倍。富含镁盐，有缓泻作用，能促进初生动物排出胎粪。初乳富含维生素，特别是维生素A、维生素C和维生素D分别比常乳高10倍、10倍和3倍。特别有意义的是初乳中含有丰富的免疫球蛋白，新生仔畜在产后24~36h，免疫球蛋白可以通过肠壁，建立仔畜的被动免疫体系，故出生后及时吃上初乳是至关重要的。初乳成分逐日改变，乳糖不断增加，蛋白质和无机盐逐渐减少，6~15d后成为常乳，见表23-3。

表23-3 乳牛初乳化学成分的逐日变化情况

产犊后天数	1	2	3	4	5	8	10
干物质（%）	24.58	22.0	14.55	12.76	13.02	12.48	12.53
脂肪（%）	5.4	5.0	4.1	3.4	4.6	3.3	3.4
酪蛋白（%）	2.68	3.65	2.22	2.88	2.47	2.67	2.61
清蛋白及球蛋白（%）	12.40	8.14	3.02	1.80	0.97	0.58	0.69
乳糖（%）	3.34	3.77	3.77	4.46	4.89	3.88	4.74
灰分（%）	1.20	0.93	0.82	0.85	0.80	0.81	0.76

（二）常乳

各种哺乳动物的常乳都含有水、蛋白质、脂肪、无机盐和维生素等成分，见表23-4。

表23-4　各种家畜乳的化学成分

畜别	干物质（%）	脂肪（%）	蛋白质（%）	乳糖（%）	灰分（%）
乳牛	12.8	3.8	3.5	4.8	0.7
山羊	13.1	4.1	3.5	4.6	0.9
绵羊	17.9	6.7	5.8	4.6	0.8
猪	16.9	5.6	7.1	3.1	1.1
马	11.0	2.0	2.0	6.7	0.3

乳中的蛋白质主要是酪蛋白和乳清蛋白，此外，还有乳脂肪球蛋白。乳中的脂肪叫乳脂，乳脂的主要成分是甘油三酯，还有甘油一酯，甘油二酯，游离脂肪酸，以及磷脂和固醇，它们形成很小的脂肪球悬浮于乳汁中。乳中唯一的糖是乳糖，可被乳酸菌分解为乳酸。无机盐包括钠、钾、钙和镁的氯化物，硫酸盐和磷酸盐的形式存在。乳中钙、磷的含量比较丰富，铁的含量比较缺乏，特别对仔猪，为避免贫血，通常初生仔猪都需补铁。

四、排乳

乳汁从腺泡和导管系统向乳池迅速转运的过程称为排乳（ejection）。排乳是一个复杂的反射过程，涉及神经和内分泌调节途径。

①感受器主要分布在乳头和乳房皮肤，哺乳或挤乳是最重要的兴奋性刺激，此外，温热刺激，刺激生殖道、仔畜对乳房的冲撞都可引起排乳反射。②传入神经是精索外神经。③排乳反射的基本中枢是丘脑的室旁核和视上核。④传出途径有两个，一个为神经途径，传出纤维存在于精索外神经和交感神经中；神经-体液调节通过下丘脑—垂体途径，起关键作用的是神经垂体分泌的催产素。⑤效应器是腺泡和细小乳导管四周的肌上皮细胞和平滑肌。结果使腺泡和细小乳导管四周的肌上皮细胞和平滑肌，乳被挤压到乳池，引起排乳。

排乳反射是受大脑皮层控制的。在生产中，挤乳的时间、地点、各种挤乳设备、环境吵闹、不规范操作等异常刺激干扰而发生排乳抑制，以致产奶量下降。这是因为上述的不良刺激，可以阻止神经垂体中催产素的释放，并能引起肾上腺髓质释放肾上腺素，使乳房的小动脉收缩、血液流量下降，以致到达肌上皮的催产素减少，从而引起腺泡和细小乳导管四周的肌上皮细胞和平滑肌收缩抑制，腺泡乳排出减少，导致产奶量下降。

复习思考题

1. 认识性成熟、体成熟的内涵对于生产实践有何指导意义？
2. 初乳和常乳有何不同？
3. 为什么初生仔猪通常都需补铁？

第二十四章 家禽的生理特点

知识目标

1. 了解鸡血液、血液循环的生理特点。
2. 熟悉鸡消化生理、呼吸生理、泌尿生理和生殖生理的特点。

一、消化生理特点

（一）口腔内消化

禽类主要靠视觉和触觉寻找食物，用角质喙采食。禽类采食后不经咀嚼，借助舌很快咽下。禽类吞咽食物主要靠头部上举，在食物的重力和反射活动作用下，食管扩大，经食管的蠕动推动食物下移并进入嗉囊（或食管的扩大部）。

口腔壁和咽壁分布有丰富的唾液腺，它的导管直接开口于黏膜，主要分泌黏液，有润滑食物的作用。唾液呈弱酸性，平均pH值为6.75，含有少量淀粉酶。

（二）嗉囊内消化

嗉囊主要功能是储存食物。黏膜内有丰富的黏液腺分泌黏液，使饲料润湿和软化。嗉囊内的温度、含水量以及经常保持中性至弱酸性（pH值为6.0~7.0），不仅为唾液淀粉酶，也为植物性饲料本身所含的酶的作用提供了适宜的环境。鸽嗉囊的上皮细胞在育雏期增殖而发生脂肪变性，脱落后与分泌的黏液形成一种乳状液叫做嗉囊乳（或鸽乳），含有大量的蛋白质、脂肪、无机盐、淀粉酶及蔗糖酶等，用以哺育幼鸽。

嗉囊的肌层由外纵肌层和内环肌层组成。嗉囊的运动主要有2种形式：一种为蠕动，始于食管扩展至嗉囊，再达腺胃和肌胃，常成群出现。一般2~15次为一群，每群间隔1~40min。另一种为排空运动，与食管的收缩相配合，扩展至整个嗉囊。这种运动为1~1.5min/次，每次均伴有嗉囊紧张度的增高。嗉囊运动使食物混合并间断地向胃内排入。

嗉囊内的环境条件适宜于微生物的栖居和活动。成年鸡嗉囊的微生物区系中乳酸菌占优势，能对饲料中的糖类进行初步发酵分解，产生有机酸。这些有机酸一部分可经嗉囊壁吸收，大部分随食物下行至消化道后段再被吸收。

（三）胃内消化

1. 腺胃消化 禽类腺胃分泌含盐酸和胃蛋白酶的胃液。但禽类胃腺没有壁细胞，盐酸和胃蛋白酶都由主细胞所分泌。禽类的胃液呈连续性分泌，鸡的胃液分泌量为5~30ml/h，饲喂可提高分泌水平，饥饿则使其降低。按每千克体重计算，禽类胃液分泌量和盐酸的浓度高于人、犬、大鼠和猴等，胃蛋白酶的分泌量也较哺乳动物高。腺胃虽然分泌胃液，但因为体积小，食物停留时间短，所以胃液的消化作用并不在腺胃，而主要在肌胃内进行。

2. 肌胃消化 肌胃的主要机能是靠胃壁肌肉强有力的收缩磨碎来自嗉囊的粗硬食物。肌胃的内容物相当干燥，含水量平均占44.44%，pH值为2~3.5，适于胃蛋白酶的消化作用。

肌胃具有周期性运动，平均每隔20~30s收缩1次，饲喂时及饲喂后半小时内收缩频率增加。肌胃收缩时内压很高，鸡的内压为13~20kPa，鸭为24kPa，鹅为35~37kPa。禽类采食时所吞食的沙砾，在肌胃内有助于磨碎较坚硬的食物。

（四）小肠内消化

1. **机械性消化**　小肠运动有典型的蠕动和分节运动。逆蠕动比较明显，食糜常在肠内前后移动，往往将食糜由肠返回肌胃。由于受胃液流入的影响，十二指肠内容物常呈弱酸性反应并继续胃液的消化作用。

2. **化学性消化**

（1）胰液：禽类胰液的性状、组成以及消化酶种类与哺乳动物相似。鸡的胰液呈连续性低水平分泌。饲喂后急剧升高，持续9~10h，然后逐渐下降至原来水平。

（2）胆汁：禽类的肝脏连续不断地分泌胆汁。不进食期间，肝胆汁一部分流入胆囊而浓缩，另有少量直接经肝胆管流入小肠。进食时胆囊胆汁和肝胆汁输入小肠的量显著增加，持续3~4h。

禽类的胆汁呈酸性，鸡pH值为5.88，鸭pH值为6.14，含有淀粉酶。禽类胆汁中所含胆汁酸主要是鹅胆酸、胆酸和别胆酸，而缺乏哺乳动物胆汁中普遍存在的脱氧胆酸。胆色素主要是胆绿素，胆红素很少。胆色素随粪排泄，而胆盐大部分被重吸收，由肠肝循环促进胆汁分泌。

（3）小肠液：禽类的小肠黏膜分布有肠腺，但没有哺乳动物的十二指肠腺。肠腺分泌弱酸性至弱碱性的肠液，其中，含有蛋白酶、脂肪酶、淀粉酶、多种糖酶和肠激酶。

（五）大肠内消化

1. **盲肠内消化**　直肠的逆蠕动使食糜进入盲肠，再借盲肠本身的蠕动，食糜从盲肠颈部向顶部推送。直肠逆蠕动时，回盲括约肌紧闭，所以，直肠内容物不会逆回小肠。

盲肠消化主要是将饲料中的粗纤维进行微生物的发酵分解。鸡对饲料中粗纤维的消化率为0%~43.5%（取决于粗纤维的来源及日粮中粗纤维的含量），几乎全部是在盲肠内被消化的。对于以吃草为主的禽类，盲肠消化尤为重要。

粗纤维经细菌发酵的终产物是较简单的挥发性脂肪酸，总含量占内容物的0.2%~1.0%。其中，乙酸的比例最高（约61%），丙酸次之（27%），丁酸最少（1%），还有少量较高级的脂肪酸。

2. **直肠内消化**　禽类的直肠很短，食糜在其中停留时间也不长，因此，消化作用不重要。主要是吸收一部分水和盐类，形成粪便后排入泄殖腔，与尿混合后排出体外。

二、呼吸生理特点

（1）禽类不具有像哺乳动物那样明显完善的膈肌，胸腔和腹腔之间仅由一层薄膜相隔，胸腔内的压力与腹腔内压几乎完全相等，不存在经常性负压，即使造成气胸，也不像哺乳动物那样导致肺萎缩。

（2）禽类的肺比较小，弹性较差，紧贴在胸腔的背侧面，被相对固定在肋骨间。禽类的呼吸运动主要靠强大的吸气肌和呼气肌的收缩来完成。

（3）气囊是禽类特有的器官，有储存气体、减少体重、增大发音气流和散发体温等功能。

① 气囊的空气在呼气和吸气时能进入肺，增大了肺通气量，从而能够适应禽体旺盛的新陈代谢需要。

② 对于水禽，气囊内储存有大量空气，在其潜水寻觅食物呼吸暂停情况下仍可利用气囊的气体在肺部进行气体交换。

③ 气囊的位置都偏向身体背侧，既可调节飞禽在飞翔时的重心，又利于水禽在水上漂浮。

④ 在呼气时能呼出气囊内的一定水气，可带走一定的体热，协助调节体温。

⑤ 腹气囊紧贴着睾丸，能降低睾丸的温度，有利于精子的形成。

（4）禽类吸气时，胸腔容积加大，气囊容积也加大，内压下降。肺受牵拉而稍有扩张，肺内压也下降，气体进入肺，再由肺进入气囊。呼气肌收缩时，则发生相反的过程。在平静呼吸时，呼气也是主动过程。

（5）禽类吸气时，外界空气进入支气管和侧支气管后，其中的一部分气体继续经副支气管、细支气管到达毛细血管。毛细血管壁上有许多膨大部，叫做肺房，相当于哺乳动物的肺泡，是气体交换的场所。气体也经各级支气管、肺房进入气囊。在呼吸周期中，气体运行在肺内的同时，气囊中的部分气体经回返支气管，最后也到达毛细气管通道区进行气体交换。这样，禽类每呼吸1次就能在肺内进行2次气体交换，这是禽类呼吸生理最突出的特征，其意义在于使禽类有足够的机会满足气体交换的需要。

三、泌尿生理特点

（1）禽类没有膀胱，尿沿输尿管输送到泄殖腔与粪混合，形成浓稠灰白色的粪便一起排出体外。

（2）禽类的尿液一般是黄色，较浓稠，饮水多时变稀薄些。尿pH值为5.8～8.0，变动范围较大。泄殖腔中尿液的水可被重吸收，渗透压较高。禽尿成分与哺乳动物比较，主要区别在于禽尿内尿酸含量大于尿素，肌酸含量大于肌酸酐。尿酸的毒性小，微溶于水，一般以糊状沉淀形式排出。鸟类粪便中的白色半固体部分即是尿酸。

（3）禽类肾小球有效滤过压低于哺乳动物，为1～2kPa，生成尿液过程中滤过作用不如哺乳动物重要。小管液中99%的水，全部葡萄糖，部分氯、钠和碳酸盐等成分可被重吸收。禽类肾小管的分泌与排泄作用在尿生成过程中较为重要。90%左右的尿酸是由肾小管分泌和排泄的；禽类肾小管还能分泌马尿酸、鸟便酸和对乙氨基苯甲酸等代谢产物。

（4）在鸭、鹅和一些海鸟等水禽中，具有一种叫做鼻腺的组织。鼻腺并非都位于鼻腔内，多数海鸟是位于头顶或眼眶上方，只是其分泌物是从鼻腔中流出而已。鼻腺能分泌大量的氯化钠，可以补充肾脏的排盐功能，对维持体内水盐和渗透压平衡起重要作用。

四、生殖生理特点

（一）公禽生殖生理特点

1. 精液　精液由精子和精清组成。

（1）精子：禽类的精子呈细长的纤维状，体积较小。精子在细精管形成后，即进入附睾管和输精管，主要在输精管中成熟和储存。公鸡1次排出的精液量平均为0.12~1ml。禽类频繁交尾时，射精量和精子数都会减少。禽类的精子射出后，在体外有较强的活力，对温度变化的耐受范围较宽（2~34℃）。禽类的精子在雌禽生殖道内保持受精能力可达数周之久。

（2）精清：禽类没有的副性腺，精清由主要由曲精小管的支持细胞、睾丸输出小管、附睾管和输精管等的上皮细胞所分泌，是阴茎海绵组织中的淋巴滤过液。

2. 交配和受精 禽类卵受精的部位仅局限于输卵管漏斗部，卵排入输卵管漏斗部后，如在15min内与精子相遇，即可受精。鸡在交配或受精后在2~3d内受精率最高，在最后一次交配或受精后的5~6d内仍有良好的受精率。一般认为，鸡在下午进行交配或受精较适宜，有利于提高受精率。

（二）母禽生殖生理特点

母禽生殖生理突出特点是卵生。雌禽为适应卵生的需要，在蛋的形成过程中发生一系列显著变化，主要表现为：没有发情周期；只有左侧卵巢和输卵管发育完全；胚胎不在母体内发育，而在体外孵化，没有妊娠过程；在一个产卵周期，能连续产卵；卵泡排卵后不形成黄体；卵中含有大量卵黄和蛋白质，可满足胚胎发育全部需要，卵外包有坚硬的卵壳。

1. 卵的形成、发育和排卵

（1）卵的形成和发育：雌雏在胚胎孵化的中期，卵巢生殖上皮就开始增殖，并生成许多卵原母细胞。雌雏出壳后，形成初级卵母细胞，至排卵前形成次级卵母细胞。处于次级卵母细胞阶段的卵排出后，在输卵管漏斗部与精子相遇并受精，则次级卵母细胞转变为成熟卵。

（2）排卵规律及其调节：在自然光照条件下，排卵常在早晨进行，午后排卵现象较为罕见。此外，排卵时间都在上次产蛋之后，母鸡一般在产蛋后的15~75min开始排卵。

排卵受腺垂体所分泌的黄体生成素调节。鸡在排卵前6~8h血浆中黄体生成素含量出现高峰。此外，孕酮对排卵也有一定的调节作用，小剂量孕酮能引起垂体分泌黄体生成素，诱发排卵；大剂量孕酮对垂体释放黄体生成素起负反馈作用，使排卵延迟或受到抑制。

2. 蛋的形成和产蛋

（1）蛋的形成：蛋黄是在卵巢形成的，蛋白、壳膜和蛋壳是在输卵管各段形成的。

①蛋黄。是由肝合成，经血液循环转运到卵巢的卵泡中逐渐蓄积形成的卵黄物质。主要成分是卵黄蛋白和磷脂。卵黄物质在卵中以同心圆的成层排列方式沉积，每昼夜可形成相间排列方式沉积，与体内物质代谢尤其是叶黄素含量的昼夜间差异有关。在排卵时，输卵管前端的伞状漏斗开始活跃，将卵巢排出的卵细胞卷入，并将卵细胞沿输卵管向后端移送。卵在漏斗部停留15~25min，此处也是受精部位。在输卵管壁肌肉收缩的作用下，卵黄被后移。

②蛋白。卵到输卵管卵白分泌部，在此处停留3h，卵白分泌部的大量腺体，分泌浓稠的胶状蛋白围绕在卵黄的四周，构成蛋的全部蛋白。

③壳膜。在输卵管推动下至峡部，在此处停留约1.25h，形成主要由角蛋白和少量碳水化合物组成的内外壳膜。在蛋白的钝端部，两层壳膜互相分离，形成气室，其内储有空

气，满足禽胚在早期发育阶段对氧的需求。

④蛋壳。卵在子宫部停留19~20h。子宫黏膜下有壳腺细胞，能分泌大量钙盐和少量蛋白质。在壳膜上有许多小突起，是钙盐沉积的部位。当卵到达壳腺部后，壳腺细胞即开始从血液中转运钙，沉积在壳膜上形成蛋壳。蛋壳的色素在子宫内最后4~5h形成。

⑤壳外膜。前述形成的蛋，当其通过阴道产出时，在蛋壳上被覆一层薄的透明角质，称为壳外膜。有防止蛋内水分蒸发，阻止蛋外微生物侵入和润滑阴道部等作用。

从卵黄进入输卵管到蛋完全形成，大约需要25h（表24-1）。

表24-1 蛋的形成

部位	对蛋形成的作用	需要时间
卵巢	蛋黄	7~9h
输卵管	所有非蛋黄部分	24~25h
漏斗部	受精	15 min
卵白分泌部	形成蛋白	3h
峡部	形成壳膜	1.25h
子宫	形成蛋壳	19~20h
阴道	形成壳外膜	1~10min

（2）产蛋：家禽产蛋大多数是连续性的。连续多天产蛋后，停产1~2d。然后又连续多天产蛋，又停产1~2d。如此循环就叫做产蛋周期。

蛋在输卵管中完全形成后，在输卵管的强烈收缩作用下很快产出，禽类神经垂体所释放的8-精催产素能激发子宫收缩，是引起产蛋的主要激素。蛋在输卵管内停留期间，蛋的尖端始终朝后，在即将产出时，蛋在壳腺部旋转180°，钝端向后产出。蛋产出时，阴道和泄殖腔外翻，蛋不与泄殖腔直接接触，使产出的蛋表面比较干净。

3. **抱窝** 又称就巢性，是多数母禽的母性行为，表现为愿意孵卵和育雏，在抱窝期间，卵巢萎缩，停止产蛋。

卵巢就巢性受激素刺激控制，催乳素能引起就巢。注射雄激素或雌激素能终止抱窝。随着现代育种业的发展，家禽的就巢性正在逐渐消失。

五、血液生理特点

（一）血液组成及理化特性

1. **血液组成** 由血细胞和血浆组成，但血细胞比容较小。血浆蛋白中，白蛋白的含量较少。非蛋白含氮物主要是氨基酸、尿酸氮，几乎没有肌酸。血糖的水平高，平均每230~300mg/100ml。无机盐中有较多的钾和较少的钠。

2. **理化特性** 血液呈弱碱性，pH值为7.35~7.5。血液的黏滞性较大，为蒸馏水的3~5倍。公鸡全血黏滞度为3.67，母鸡全血黏滞度为3.08，鹅为4.6，鸭为4.0。由于家禽血浆中白蛋白的含量较少，其形成的胶体渗透压也较低，如鸡的血浆胶体渗透压仅有1.50kPa。禽类全血的密度变动范围为1.045~1.060，公鸡为1.054，母鸡为1.043，鹅为1.056，鸭为1.056。公鸡血量为其体重的9%，母鸡为7%；鸭为10.2%；鸽为9.2%。

（二）血细胞

血细胞包括红细胞、白细胞和凝血细胞，无血小板。

1. **红细胞** 呈卵圆形，体积较大而有核，数量比家畜少。红细胞比容（或压积）也较低，成年鸡为30%～33%，母鸡约为29%，公鸡可达35%～40%。红细胞中血红蛋白的含量，为130～150g/L。家禽红细胞的存活期较短，鸡为28～35d，鸭为42d，鸽为35～45d。

2. **白细胞** 包括异嗜性细胞、嗜酸性细胞、嗜碱性细胞、单核细胞和淋巴细胞5种。其中，以淋巴细胞最多，异嗜性细胞次之，嗜碱性细胞最少（表24-2）。白细胞数量比家畜多。

表24-2 家禽血液的若干指标

动物		红细胞量 10^{12}/L	白细胞量 10^9/L	血红蛋白 g/L	白细胞分类（%）				
					淋巴细胞	异嗜性粒细胞	嗜酸性粒细胞	嗜碱性粒细胞	单核细胞
鸡	♂	3.8	16.6	117.6	64.0	25.8	1.4	2.4	6.4
	♀	3.0	29.4	91.1	76.1	13.3	2.5	2.4	5.7
北京鸭	♂	2.7	24.0	142.0	31.0	52.0	9.9	3.1	3.7
	♀	2.5	26.0	127.0	47.0	32.0	10.2	3.3	6.9
鹅		2.7	18.2	149.0	36.0	50.0	4.0	2.2	8.0
鸽	♂	4.0	13.0	159.7	65.5	23.0	2.2	2.6	6.6
	♀	2.2	—	147.2					
火鸡	♂	2.2	—	125.0～140.1	—	—	—	—	—
	♀	2.4		132.0					

3. **凝血细胞** 它由骨髓的单核细胞分化而来，细胞呈卵圆形，细胞中央有一圆形核。多3～5个凝集在一起。在胞内有着色鲜红的酸性颗粒。凝血细胞内含有较多的5-羟色胺（5-HT），其功能与哺乳动物的血小板相似。当组织受损时，5-HT可引起损伤部位的血管收缩。凝血细胞也可黏聚于破损的血管壁处，形成栓塞，防止出血。

（三）血液凝固

家禽血浆中几乎不含有促凝血酶原激酶（因子Ⅸ，即抗血友病因子B）、接触因子（因子Ⅻ）、因子Ⅴ和因子Ⅶ，因而不能形成促凝血酶原激酶和凝血酶，也就不易发生内源性凝血。家禽的凝血主要靠组织释放的促凝血酶原激酶，促进凝血酶的形成，而发生外源性凝血。此外，凝血时还需有充足的维生素K。维生素K能在肝内参与凝血酶原的形成，故有促进凝血的作用。若维生素K缺乏，可引起鸡皮下和肌肉出血。

六、血液循环生理特点

（一）心的泵血功能

心壁内有特殊的传导系统，但房室束周围没有纤维鞘围绕，来自心房的冲动易于广泛地沿束扩散到心室各部，认为这与禽类心率较高有关。

1. **心动周期** 禽类的心动周期也包括心房收缩期、心室收缩期和间歇期,不过各期的持续时间要短得多。禽类的特点是在心房充盈期,心房内压有2次升高,第1次与房室瓣关闭,血液向心房方向返回同时发生,第2次出现在心房充满达最大程度时。

2. **心率** 禽类的心率一般高于哺乳动物。幼禽较高,随年龄增长,心率有下降的趋势;公鸡的心率比母鸡和阉鸡低,但鸭和鸽的心率性别差异不显著。公鸡302次/min,母鸡357次/min,成年鸭200次/min,鹅120~160次/min。禽类的心率与个体大小有关,个体愈大,心率愈慢;个体愈小,心率愈快。

3. **心输出量** 成年的公鸡较母鸡心输出量高,但按每千克体重计算,通常母鸡较高。运动、环境温度和代谢状态对心输出量有显著影响,饥饿或限制食物量可使心输出量减少。虽有报道说短期的热刺激最初可能引起心输出量增加,但长期的热适应(夏季)往往使心输出量降低。

（二）血管活动

血压成年公鸡收缩压约为25kPa,舒张压约为19kPa,脉压约为5.4kPa;成年母鸡收缩压约为21.3kPa,舒张压约为18.6kPa,脉压约为3.3kPa,较公鸡低15%~25%。鸽和鸭的血压无性别差异。

对哺乳动物具有加压和降压作用的药物和激素大都对禽类有同样的作用,但异丙去甲肾上腺素对鸡则有降压作用。

禽类对催产素和加压素的反应与哺乳动物不同。鸡在注射催产素时几乎都表现降压作用,加压素在有些情况下虽可获得升压反应,但在另外的情况下也有降压作用出现,而哺乳动物对这2种激素都表现为升压反应。

七、神经生理特点

（1）禽类的外周神经系统中粗大的神经纤维相对要少,传导速度比较慢。脊髓的上传径路较不发达,只有少数脊髓束纤维到达延髓,所以外周感觉较差。

（2）禽类的延髓发育较好,除具有调节呼吸、心血管活动等生命中枢外,延髓的前庭核与迷路联系,维持和恢复正常姿势,并调节头、翼、腿和尾在空间方位的平衡。

（3）禽类的小脑相当发达,控制身体各部分的肌紧张。中脑的视叶较其他动物发达。破坏视叶,禽类失明。

（4）禽类的纹状体非常发达,而皮质相对较薄。切除皮质后,禽类仍然存在感觉和运动反应,但不能主动啄食,对外界环境的变化无反应;在繁殖季节并不失去求偶和准备产蛋的特殊活动。

八、内分泌生理特点

（一）垂体

1. **腺垂体** 主要分泌生长激素和催乳素。还分泌促甲状腺激素、促性腺激素以及促肾上腺皮质激素。

（1）生长激素（GH）:参与禽类的生长调节,但鸡的生长很大程度上并不依赖于GH水平,而受控于肝脏产生的IGF-I。如蛋鸡的GH水平要高于生长速度快的肉鸡,而肉鸡血浆中IGF-T的浓度显著高于蛋鸡。因此肝脏的受体及受体后机制是调节鸡生长的关键因素。

（2）催乳素（PRL）：禽类催乳素的分泌与性周期密切相关。以火鸡为例，抱窝期内PRL明显增加，而静止期内较低。PRL能促进鸽嗉囊乳的分泌，对雌禽则表现为抱窝和性功能的抑制。

2. **神经垂体** 下丘脑视上核和室旁核伸进神经垂体内的神经纤维末梢能释放催产素（OXT）、8-精催产素（AVT）、8-异亮催产素和加压抗利尿激素（ADH）。催产素和8-异亮催产素均有促进输卵管收缩的作用，但前者的作用较强。AVT能诱导母鸡产蛋和公鸡的爬跨行为，并能降低泌尿活动。

（二）甲状腺

禽类的甲状腺位于颈部腹外侧气管两旁。禽类甲状腺生成的是T_3和T_4总体上与哺乳动物相似。T_3和T_4的分泌受控于腺垂体分泌的TSH，T_3和T_4能促进肝、肾、心和肌肉内糖原的分解，提高血糖；加强细胞呼吸，增加耗氧量，提高代谢率。甲状腺激素调节禽类换羽，换羽能诱发甲状腺分泌，而分泌的激素又能促进换羽。甲状腺参与生长发育的调节。例如：鸡甲状腺有重要的生理功能：它的大小，与总体重成正比，而且随性别、年龄等因素而变化。

（三）甲状旁腺

甲状旁腺分泌甲状旁腺激素（PTH），它能促进禽体破骨细胞的分化。破骨细胞的水解酶能使骨髓端、骨内板和骨髓溶解，引起血钙升高。PTH也能增强肾小管对钙的重吸收和磷酸盐排出，进而提高肾脏轻化酶的活性，以形成$1,25-(OH)_2-D_3$，促进肠管对钙的吸收，以供给母鸡产蛋所需的钙，以及维持禽体钙的正常代谢。

（四）鳃后腺

禽类有单独的鳃后腺，其C细胞产生的降钙素能促进钙在骨质中沉积，并可抑制骨钙的溶解，降低血钙、磷酸盐和镁的浓度。

（五）性腺

1. **雄性激素** 睾丸间质细胞分泌的睾酮能刺激雄性性器官发育，促进雄性鸡冠的生长，出现第二性征。睾酮对视前区的刺激，可诱发公鸡的交配行为。光照可引起下丘脑释放促性腺激素释放激素（GnRH），使腺垂体分泌LH，通过LH促进睾酮释放。

2. **雌激素** 主要有雌激素（雌二醇和雌酮）和孕酮，其分泌受光照和温度的影响。

（1）雌激素：能促进母鸡卵黄磷脂蛋白生成，增加脂肪沉积，有助于育肥；增加血脂、血钙和血清蛋白的含量；增加羽毛色泽，促进第二性征的发育；并能促进输卵管生长发育。

（2）孕酮：禽类无黄体，其孕酮由卵泡内颗粒细胞产生，可直接作用于腺垂体，引起LH的释放，诱发排卵。

复习思考

1. 鸡消化生理有哪些特点？
2. 鸡气囊的作用。

参考文献

［1］周其虎. 畜禽解剖生理. 北京：中国农业出版社，2006
［2］程会昌. 畜禽解剖生理学. 第2版. 郑州：河南科学技术出版社，2008
［3］程会昌，李敬双. 畜禽解剖与组织胚胎学. 第2版. 郑州：河南科学技术出版社，2008
［4］程会昌，李敬双. 动物生理学. 郑州：河南科学技术出版社，2008
［5］曲强. 动物生理. 北京：中国农业大学出版社，2007
［6］范作良. 家畜解剖. 北京：中国农业出版社，2001
［7］范作良. 家畜生理. 北京：中国农业出版社，2001
［8］程会昌. 畜禽解剖学与组织胚胎学. 北京：中国农业大学出版社，2007
［9］马仲华. 家畜解剖学及组织胚胎学. 第3版. 北京：中国农业出版社，2001
［10］沈霞芬. 家畜组织学与胚胎学. 第3版. 北京：中国农业出版社，2002
［11］董常生. 家畜解剖学. 第4版. 北京：中国农业出版社，2009
［12］陈杰. 家畜生理学. 第4版. 北京：中国农业出版社，2003
［13］杨维泰，安铁洙，王玉忠. 家畜解剖学. 北京：中国科学技术出版社，2004
［14］陈耀星. 家畜解剖学. 北京：中国农业大学出版社，2000
［15］南京农业大学. 家畜生理学. 第3版. 北京：中国农业出版社，2001
［16］谭文雅. 家畜组织学与胚胎学实验指导. 北京：中国农业出版社，2006
［17］南京农业大学. 家畜生理学实验指导. 北京：中国农业出版社，2006
［18］雷治海. 动物解剖学实验教程. 北京：中国农业大学出版社，2006
［19］张庆茹. 动物生理. 北京：中国农业大学出版社，2010